21世纪 高等学校计算机规划教材

Java Web 开发技术教程

李西明 陈立为 邵艳玲 ◎ 主编
曾裕宗 ◎ 副主编

人 民 邮 电 出 版 社
北 京

图书在版编目（CIP）数据

Java Web开发技术教程 / 李西明，陈立为，邵艳玲主编. -- 北京 : 人民邮电出版社，2021.5（2024.1重印）
21世纪高等学校计算机规划教材
ISBN 978-7-115-53151-3

Ⅰ. ①J… Ⅱ. ①李… ②陈… ③邵… Ⅲ. ①JAVA语言－程序设计－高等学校－教材 Ⅳ. ①TP312.8

中国版本图书馆CIP数据核字(2019)第294112号

内 容 提 要

本书从初学者的角度出发，详细介绍了 Java Web 开发需要掌握的相关技术。全书分 4 部分共 17 章，由浅入深地介绍了 HTTP、Tomcat、Servlet、Maven、数据库基础知识、JDBC、MyBatis、JSP、框架原理、设计框架，以及在线购书商城、个人云文件系统、论坛、个人博客项目开发的完整过程。

本书理论联系实际，不但能让读者全面掌握 Java Web 开发基本技术，而且能让读者开发出自己的 Java Web 框架。

本书适合使用 Java Web 进行开发的初中级读者和编程爱好者，既可作为高校和社会培训机构的教材，也可作为软件开发人员的参考书。

◆ 主　　编　李西明　陈立为　邵艳玲
副 主 编　曾裕宗
责任编辑　张　斌
责任印制　王　郁　马振武

◆ 人民邮电出版社出版发行　　北京市丰台区成寿寺路 11 号
邮编　100164　　电子邮件　315@ptpress.com.cn
网址　https://www.ptpress.com.cn
固安县铭成印刷有限公司印刷

◆ 开本：787×1092　1/16
印张：16.25　　2021 年 5 月第 1 版
字数：437 千字　　2024 年 1 月河北第 5 次印刷

定价：59.80 元

读者服务热线：(010)81055256　印装质量热线：(010)81055316
反盗版热线：(010)81055315
广告经营许可证：京东市监广登字 20170147 号

前言 FOREWORD

编写目的与背景

本书为有一定 Java 基础但无 Java Web 开发其他课程基础的学习者提供了一个完整的学习路线与知识体系，也为有一定基础的读者提升 Java Web 开发技能提供了帮助。本书的目的是全方位地帮助初学者快速掌握 Java Web 开发技能，让有志于从事 Java Web 开发工作岗位的本专业或跨专业读者顺利步入职场。

本书特色

本书从零基础出发，讲解了 Web 原理、Tomcat 服务器、Servlet、Maven、数据库、HTML、JavaScript、JSP、框架原理、MVC、开发框架等，涉及 Java Web 开发的大部分重点内容，有助于读者深刻理解 Java Web 框架原理并能设计出自己的框架，后面几章提供了数个使用自己设计的 EFM 框架开发的完整项目案例。除了 Servlet+JSP 这些常规的 Java Web 开发技术外，从零开始设计一个框架是本书的重要特色，也有一定技术难度与深度，对读者提高技术水平有很大帮助。

编写方法

本书在理论联系实际的原则下，提炼实际项目开发所需的主要知识点，知识点由浅入深、循序渐进，在讲解完知识点后还安排了相应的案例，以帮助读者理解所学知识。本书还提供了完整的项目，帮助读者巩固与掌握全套 Web 开发技术。

鸣谢

广州砺锋信息科技有限公司作为多年进行 Java 开发的专业公司，为本书的出版提供了大力的技术支持。广州砺锋信息科技有限公司的林丽静总经理给予了本书很多宝贵的指导意见，提供了很多技术资料，做了大量的前期准备工作，在此表示诚挚的感谢。

读者服务

本书提供源码、PPT 课件等配套资源，读者可登录人邮教育社区（www.ryjiaoyu.com）下载。

由于相关的技术发展很快，加之编写时间仓促，作者水平有限，书中难免有不足之处，欢迎读者提出宝贵意见，如有问题可联系作者 QQ：609296634。读者交流 QQ 群：1108179147。

编　者

2020 年 9 月于广州

目录 CONTENTS

第1部分 Web是怎样工作的

第1章 Web开发基础知识……2

1.1 Web的相关概念……3
1.2 通信协议……3
1.2.1 TCP/IP……4
1.2.2 DNS服务……6
1.2.3 URI和URL的区别……8
1.3 HTTP……8
1.3.1 HTTP的主要特点……8
1.3.2 HTTP常用的请求方法……9
1.3.3 HTTP的状态……9
1.3.4 HTTP工作原理……11
1.3.5 HTTP报文……12
1.3.6 HTTP状态码……13
1.4 浏览器与Web服务器的交互……14
1.5 本章小结……16
1.6 习题……16

第2章 使用Java进行Web开发……17

2.1 常用的Web服务器……18
2.2 Tomcat服务器……19
2.2.1 Tomcat的下载及安装……19
2.2.2 Tomcat服务器中项目的部署……20
2.2.3 Tomcat虚拟目录映射……21
2.2.4 web.xml文件简介……21
2.3 初识Servlet……22
2.3.1 Servlet简介……22
2.3.2 第一个Servlet程序……23
2.3.3 Servlet执行过程……25
2.3.4 HttpServlet类……25
2.3.5 Servlet的URL路径映射……26
2.4 Servlet的生命周期……27
2.4.1 Servlet的初始化……28
2.4.2 Servlet的销毁……28
2.4.3 Servlet生命周期案例……29
2.5 Servlet响应方法及对象详解……31
2.5.1 常用的处理请求方法……31
2.5.2 HttpServletRequest对象……32
2.5.3 HttpServletResponse对象……39
2.5.4 请求转发与重定向……41
2.5.5 Cookie对象……44
2.5.6 Session对象……49
2.5.7 ServletContext对象……56
2.5.8 ServletConfig对象……57
2.6 本章小结……57
2.7 习题……58

第3章 Java Web开发工具……59

3.1 常用Java Web开发工具……60
3.2 Maven简介……60
3.3 Maven的安装与配置……61
3.4 在IDEA中配置Maven属性……63
3.5 搭建Java Web项目框架……64
3.6 完善Java Web项目……67
3.6.1 编写Servlet类……67
3.6.2 编写JSP页面……68
3.7 部署运行Web应用……68
3.8 本章小结……70
3.9 习题……70

第4章 使用数据库……71

4.1 数据库简介……72
4.1.1 基本概念……72

4.1.2 SQL 概述……72
4.2 设计数据库……75
4.3 JDBC 简介……76
4.4 使用 JDBC 操作数据库……76
4.5 使用 MyBatis 操作数据库……83
4.5.1 MyBatis 简介……83
4.5.2 使用 MyBatis……83
4.6 本章小结……88
4.7 习题……88

第 2 部分 你应该知道的语法

第 5 章 HTML 基础知识……90
5.1 HTML 简介……91
5.2 HTML 的标签、元素和属性……91
5.2.1 标签的概念……91
5.2.2 元素的概念……91
5.2.3 属性的概念……91
5.3 常用的标签……92
5.3.1 基础标签……92
5.3.2 格式标签……92
5.3.3 图像标签……93
5.3.4 链接标签……94
5.3.5 表单标签……94
5.3.6 框架标签……95
5.4 本章小结……96
5.5 习题……96

第 6 章 JavaScript 基础……97
6.1 JavaScript 简介……98
6.2 在 HTML 中嵌入 JavaScript……99
6.3 面向对象的程序设计……101
6.3.1 原型模式……101
6.3.2 继承……103
6.4 JSON……104
6.4.1 语法……104
6.4.2 解析与序列化……104
6.5 Ajax……105
6.5.1 XHR 对象……105
6.5.2 使用 jQuery 实现 Ajax……107
6.6 本章小结……110
6.7 习题……110

第 7 章 JSP 技术……111
7.1 JSP 简介……112
7.2 第一个 JSP 页面……112
7.3 JSP 语法……112
7.3.1 基本语法……112
7.3.2 声明变量……113
7.3.3 表达式……113
7.3.4 JSP 注释……113
7.3.5 JSP 指令……113
7.3.6 JSP 标签……114
7.4 流程控制语句……115
7.4.1 判断语句……115
7.4.2 循环语句……116
7.5 表单处理……116
7.5.1 GET 方法……117
7.5.2 POST 方法……117
7.5.3 读取表单数据……117
7.5.4 使用 URL 的 GET 方法实例……117
7.5.5 使用表单的 GET 方法实例……118
7.5.6 使用表单的 POST 方法实例……119
7.5.7 传递 Checkbox 数据到 JSP 程序……119
7.5.8 读取所有表单参数……120
7.6 JSP 隐式对象……121
7.7 EL 表达式……123
7.7.1 获取数据……123
7.7.2 进行运算……125
7.8 JSTL 标签……126
7.8.1 通用标签……127
7.8.2 条件标签……127
7.8.3 迭代标签……128
7.9 分页查询……130
7.10 过滤器……134
7.11 文件上传与下载……142
7.11.1 文件上传……142

7.11.2 文件下载 143
7.11.3 实践案例 143
7.12 本章小结 147
7.13 习题 147
第 8 章 Java 注解的使用 148
8.1 注解的概念 149
8.2 注解的属性、定义和使用 149
8.2.1 属性 149
8.2.2 定义 149
8.2.3 使用 149
8.3 元注解 149
8.4 Java 预置注解 151
8.5 注解与反射 151
8.6 注解的使用场景 152
8.7 本章小结 152
8.8 习题 152
第 3 部分 设计我们的框架
第 9 章 EFM 框架 154
9.1 IoC 容器 155
9.1.1 IoC 简介 155
9.1.2 实现 IoC 的核心类 155
9.2 AOP 增强 156
9.2.1 JDK 动态代理 157
9.2.2 CGLib 动态代理 158
9.2.3 实现 AOP 的核心类 159
9.3 Dispatcher 转发器 159
9.4 本章小结 160
9.5 习题 160
第 10 章 IoC 特性的实现 161
10.1 优化目标 162
10.2 使用 IoC 的原因 162
10.3 动态加载 163
10.3.1 动态加载的含义 163
10.3.2 动态加载存在的不足 163
10.4 实现 IoC 特性 163
10.4.1 pom.xml 配置 163
10.4.2 创建读取配置文件的类 ConfigUtil 165
10.4.3 创建获取包下所有类的类 GetclassUtil 166
10.4.4 创建自定义注解 168
10.4.5 创建获取类的帮助类 ClassHelper 169
10.4.6 创建 Class 类与实例的映射关系 170
10.4.7 创建实现 IoC 的类 IocHelper 172
10.5 本章小结 173
10.6 习题 173
第 11 章 服务器端开发优化 174
11.1 优化目标 175
11.2 Servlet 详解 175
11.3 MVC 简介 176
11.4 开发自己的 MVC 177
11.4.1 创建返回类型 ModelAndView 177
11.4.2 创建注解 177
11.4.3 创建注入参数类 ParamUtil 180
11.5 测试 MVC 182
11.6 本章小结 184
11.7 习题 184
第 12 章 类动态增强 185
12.1 AOP 简介 186
12.1.1 AOP 的含义 186
12.1.2 AOP 的主要功能及主要意图 186
12.1.3 AOP 和 OOP 的区别 186
12.1.4 AOP 的具体应用 187
12.1.5 AOP 的事务代理的实例 187
12.2 实现 AOP 特性 189
12.2.1 创建注解 189
12.2.2 创建增强抽象类 AbstractProxy 189
12.2.3 创建实现代理的类 ProxyUtil 189

12.2.4 创建实现动态代理的类 ProxyHelper……191
12.3 本章小结……192
12.4 习题……192

第4部分 使用我们的框架

第13章 框架的调用方法……194
13.1 把框架导入本地仓库……195
13.2 创建新工程并调用……196
13.3 本章小结……199

第14章 在线购书商城……200
14.1 需求分析……201
14.1.1 背景……201
14.1.2 系统功能……201
14.1.3 基本要求……201
14.2 详细设计……201
14.2.1 总述……202
14.2.2 功能模块……202
14.2.3 模块关系……202
14.2.4 主要功能的实现……203
14.2.5 项目的配置……203
14.3 功能实现……205
14.3.1 登录功能……206
14.3.2 搜索功能……209
14.3.3 付款功能……214
14.4 本章小结……218

第15章 个人云文件系统……219
15.1 需求分析……220
15.2 详细设计……220
15.3 功能实现……221
15.3.1 Util 类……221
15.3.2 DAO 层……221
15.3.3 Service 层……221
15.3.4 Controller 层……222
15.4 测试图片……224
15.5 本章小结……226

第16章 论坛……227
16.1 需求分析……228
16.2 详细设计……228
16.3 功能实现……230
16.4 本章小结……235

第17章 个人博客……236
17.1 需求分析……237
17.2 详细设计……237
17.3 功能实现……238
17.4 界面与测试……250
17.5 本章小结……252

第 1 部分
Web 是怎样工作的

初学者要学习 Java Web 框架编程，首先要知道 Web 是怎样工作的，还要了解其原理和基本的概念。本部分需要学习的知识点包括 TCP/IP、DNS 服务、HTTP、Tomcat 服务器的部署、Servlet 原理及应用、JSP 基础知识、Maven 原理等，以及如何使用 Maven 搭建 Java Web 框架，从而成功部署并运行一个 Web 应用。

第 1 章 Web 开发基础知识

本章学习目标：

- ✧ 掌握 Web 的基础知识
- ✧ 熟悉 HTTP 及其工作原理
- ✧ 理解浏览器与 Web 服务器的交互原理

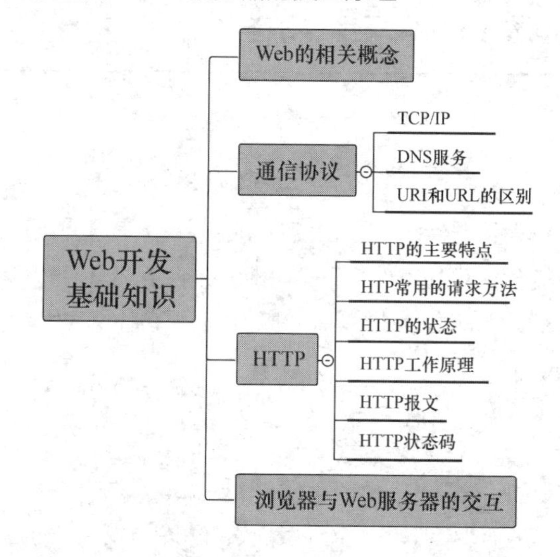

1.1 Web 的相关概念

我们其实经常与 Web 打交道，例如，大家经常上百度查找资料，上淘宝购物等。那么什么是 Web? Web 是一个可通过互联网来访问的、由许多互相链接的超文本（HyperText）组成的系统。

Web 的主要角色是浏览器（又称为客户端）和服务器（网站），它们的交互过程是这样的：用户打开浏览器，输入网址后按回车键，这时浏览器就会向网址所代表的服务器（网站）发出 HTTP 请求，该请求经过网络传输后到达服务器，服务器做出响应后再把结果（Web 页面）返回给浏览器。简单来说就是浏览器发出请求，服务器做出响应。

Web 服务器又称为 WWW（World Wide Web，万维网）服务器、HTTP 服务器或网站服务器，它将信息用超文本组织起来，并为用户在 Internet 上搜索和浏览信息提供服务。

Web 服务器实际上是安装在高性能、高可靠性的计算机上的软件系统。常见的 Web 服务器有 Microsoft IIS、IBM WebSphere、Oracle WebLogic、JBoss、Apache Tomcat 等。一个 Web 服务器可以安装多个 Web 应用，一个 Web 应用就是一个相对独立的提供信息服务的“网站”，每个 Web 应用又包含多个 Web 页面。

Web 应用在提供信息服务之前，所有信息都必须以文件的方式事先存放在 Web 服务器磁盘中的某个文件夹下，其中包含了由超文本标记语言（HyperText Markup Language，HTML）组成的文本文件，这些文本文件就称为 Web 页面或网页文件。

Web 页面是一种可供人们通过网络访问的 Web 资源，Web 资源又分为两部分：静态 Web 资源与动态 Web 资源。静态 Web 资源是指 Web 页面中供人们浏览的数据始终是不变的，如 HTML 页面、CSS 文件、图片等。动态 Web 资源是指 Web 页面中供人们浏览的数据是由程序产生的，不同时间点访问 Web 页面看到的内容各不相同，如 Java 服务器页面（Java Server Pages，JSP）。

Java Web 是用 Java 技术来解决 Web 领域的相关技术的总和。Web 包括 Web 服务器和 Web 客户端两部分。Java 在服务器端（简称服务器或服务端）的应用非常丰富，如 Servlet 技术、JSP 技术和第三方框架等。其中，Servlet 和 JSP 技术也是本书要重点讲解的内容。

Java 的 Web 框架虽然各不相同，但基本都遵循特定的路线：使用 Servlet 或者 Filter 拦截请求，使用 MVC 的思想设计架构，使用约定、XML（可扩展标记语言）或 Annotation 实现配置，运用面向对象编程思想实现请求与响应的流程，使用 JSP、FreeMarker、Velocity 等实现视图。

上面提到的 MVC 是“模型（Model）- 视图（View）- 控制器（Controller）”的缩写，是一种软件设计典范，它用一种业务逻辑、数据、界面显示分离的方法组织代码，将业务逻辑聚集到一个部件里面，在改进和个性化定制界面及用户交互的同时，不需要重新编写业务逻辑。而 XML 则是“EXtensible Markup Language”的缩写，是标准通用标记语言的子集，是一种用于标记电子文件，使其具有结构性的标记语言。

1.2 通信协议

在 Web 里，一般客户端访问 Web 网页都会遵循超文本传输协议（HyperText Transfer Protocol，HTTP）。HTTP 是一个客户端和服务器端发送请求及响应请求的标准，是用于从 WWW 服务器传输超文本到本地浏览器的传送协议。

HTTP 常用于客户端与服务器端的通信。在 HTTP 里，必定有一方担任客户端，另一方担任服务器端，如图 1.1 所示。请求都是由客户端发起的，而服务器端则是响应客户端发起的请求。例如，通过浏览器访问网址 www.baidu.com 的时候，浏览器是发起请求的一方，所以浏览器是客户端；而百度的服务器根据相应的请求，给浏览器返回其想要的资源，所以它是服务器端。

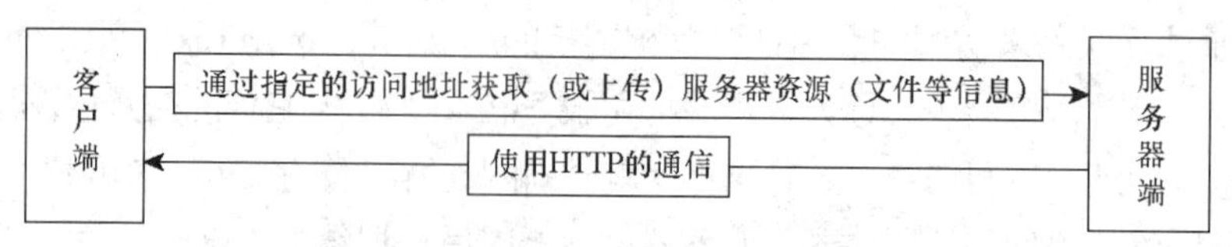

图 1.1　客户端与服务器端的通信

当在客户端输入 www.baidu.com 的时候，浏览器会发送一个请求到某个服务器，服务器响应后就给客户端发回一个页面。而当客户端向服务器发送请求的时候，客户端需要遵循一定的协议才能与之进行交流。正如一个只会说中文的人和一个只会说英文的人是无法通过语言进行交流的！只有当他们都说中文或者英文的时候才能通过语言进行交流，这语言就是他们之间必须遵循的协议。

1.2.1　TCP/IP

为了更好地理解 HTTP，我们先来了解一下 TCP/IP 协议簇。人们通常使用的网络（包括互联网）都是在 TCP/IP 协议簇的基础上运作的，而 HTTP 就是它们内部的一个子集。

1. TCP/IP 的分层管理

TCP/IP 协议簇按层次可分为应用层、传输层、网络层和链路层。把 TCP/IP 层次化是有好处的。假设没有把 TCP/IP 层次化，当其中的某一部分需要改变时，整个 TCP/IP 都要被替换掉。但是 TCP/IP 层次化之后，层与层之间是通过接口进行通信的，若是其中一层内部发生了变化，而它的接口没有变化，这样只需要把这一层替换掉就行了。由此引申可知，程序员在设计程序的时候，也应该对程序进行层次化/模块化的划分，这样当程序的某一个模块发生改变时，只需改动某一个模块就行了，不用进行整体上的修改。TCP/IP 协议簇的层次如图 1.2 所示。

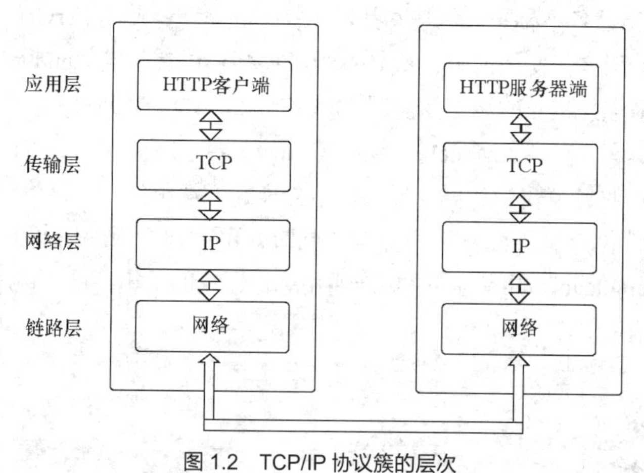

图 1.2　TCP/IP 协议簇的层次

（1）应用层

应用层决定了向用户提供应用服务时通信的活动。TCP/IP 协议簇内预存了各类通用的应用服务。

例如，文本传输协议（File Transfer Protocol，FTP）和域名系统（Domain Name System，DNS）就是其中的两类。

HTTP 也处于该层，且大部分网络应用程序的编程都是基于应用层进行的。

（2）传输层

传输层实现了处于网络连接的两台计算机之间的数据传输。传输层有两个性质不同的协议：传输控制协议（Transmission Control Protocol，TCP）和用户数据报协议（User Data Protocol，UDP）。

（3）网络层

网络层可用来处理在网络上流动的数据包（数据包是网络传输的最小数据单位）。该层规定了通过怎样的路径（即传输线路）到达对方计算机，并把数据包传送给对方。与对方计算机之间通过多台计算机或网络设备进行传输时，网络层所起的作用就是在众多可选的路线中选择一条传输路线。

（4）链路层

链路层是为网络层提供数据传送服务的，其最基本的服务是将源自网络层的数据可靠地传输到相邻节点的目标机网络层。链路层包括物理链路（物理线路）和数据链路（逻辑线路）。物理链路是由传输介质与硬件设备组成的；数据链路是指在一条物理线路之上，通过一些规则或协议控制数据的传输，以保证被传输数据的正确性。

数据的封装与解封装是客户端与服务器端的数据交换需要经过封装、传输与解封装的过程。封装是将一端发送的数据变为比特流的过程。封装过程中，在 TCP/IP 模型的每一层需要添加特定的协议报头，如图 1.3 左图所示。数据封装完毕，转变为比特流，经过网络传输到服务器端，服务器端则对比特流进行解封装。解封装是封装的逆过程，即数据从比特流还原为原始数据的过程。解封装是从底层往高层依次解封装，每解封一层，都会将该层的那个协议报头去掉，如图 1.3 右图所示，最终还原为原始数据。

TCP/IP 协议簇中最重要的协议就是 TCP 和 IP。

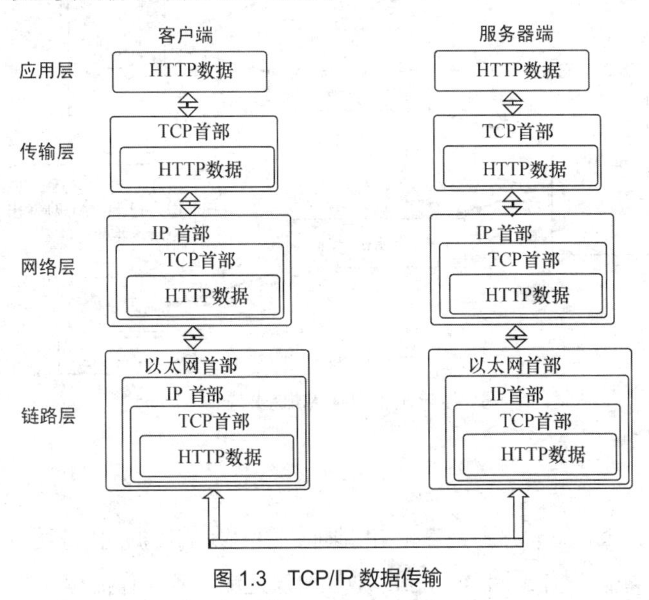

图 1.3　TCP/IP 数据传输

2. TCP

TCP 是一种面向连接的、可靠的、基于字节流的传输层通信协议。TCP 位于传输层，提供了可靠的字节流服务（Byte Stream Service，BSS）。字节流服务是指为了方便传输，将大块数据分割成报文段

（Segment）为单位的数据包以便进行管理。TCP 通过“三次握手”（见图 1.4）确保数据能够到达目标。而客户端与服务器端“三次握手”之后的主要目的是建立连接，接下来双方就可以进行通信了。

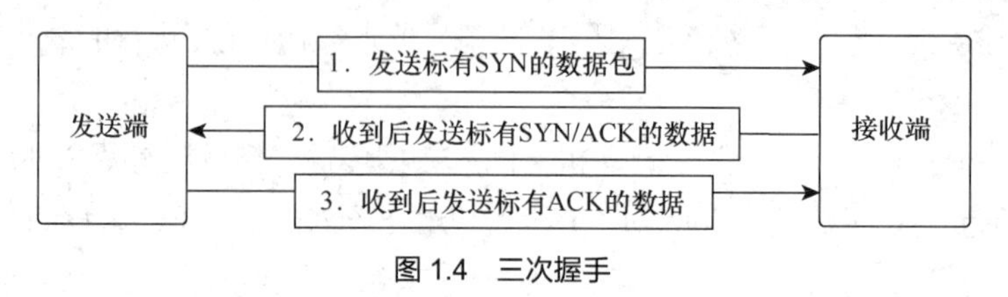

图 1.4　三次握手

3．IP

IP（Internet Protocol，网际协议）的作用是把各种数据包传送给对方，要保证确实传送给了对方，需要满足各类条件。其中最重要的就是 IP 地址和媒体访问控制地址（Media Access Control Address，MAC）。IP 地址指明了节点被分配到的地址，MAC 则是指网卡所属的固定地址。

在网络上，经过多台计算机和网络设备中转才能连接到对方。而在进行中转的时候，会利用下一站中转的设备的 MAC 来搜索下一个中转目标，这时就要用到地址解析协议（Address Resolution Protocol，ARP）。ARP 是一种用以解析地址的协议，它根据通信方的 IP 可以反查对应的 MAC。图 1.5 所示为使用 ARP 凭借 MAC 进行 IP 间的通信。

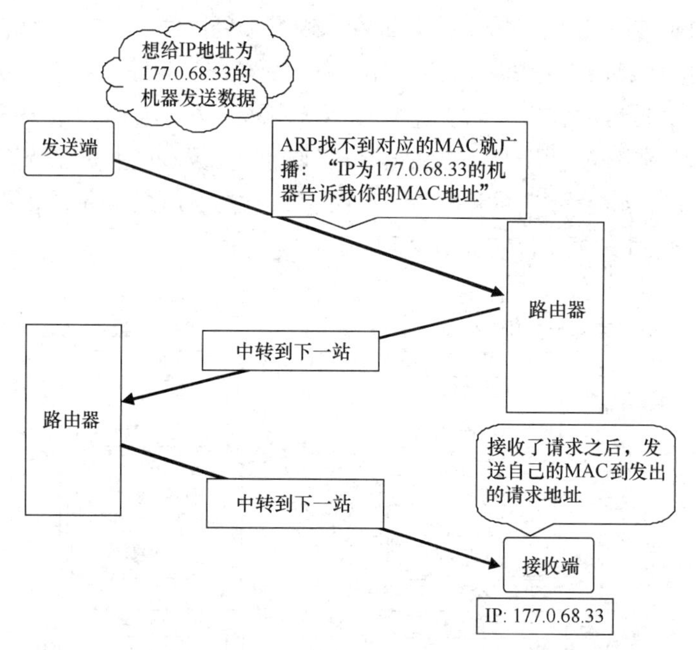

图 1.5　使用 ARP 凭借 MAC 进行 IP 间的通信

1.2.2　DNS 服务

前面提到的 www.baidu.com 并不是一个 IP 地址，但是我们根据网址还是能够访问它的。其原因就是 DNS 解析了这个域名，并返回对应的 IP 地址给发送端。其工作流程如图 1.6 所示。

例如，客户端发送一个想要浏览 http://javaweb.com/xss/Web 的请求，这时 DNS 负责解析域名，并返回给客户端对应的 IP 地址。而 HTTP 则会生成一个针对目标 Web 服务器的 HTTP 请求报文。为了方便通信，TCP 将 HTTP 请求报文分割成多个报文段，并保证会将之可靠地传给对方。路由器传递报文段的时候需要 IP 的协助，搜索对方的地址，边中转边传送，直到找到对应的服务器。这时 TCP 开始发挥作用，它将多个报文段按原来的顺序重组请求报文，而 HTTP 的职责就是对请求的内容进行处理，最后处理结果也是同样按照 TCP/IP 通信协议向用户进行回传。所有的流程如图 1.7 所示。

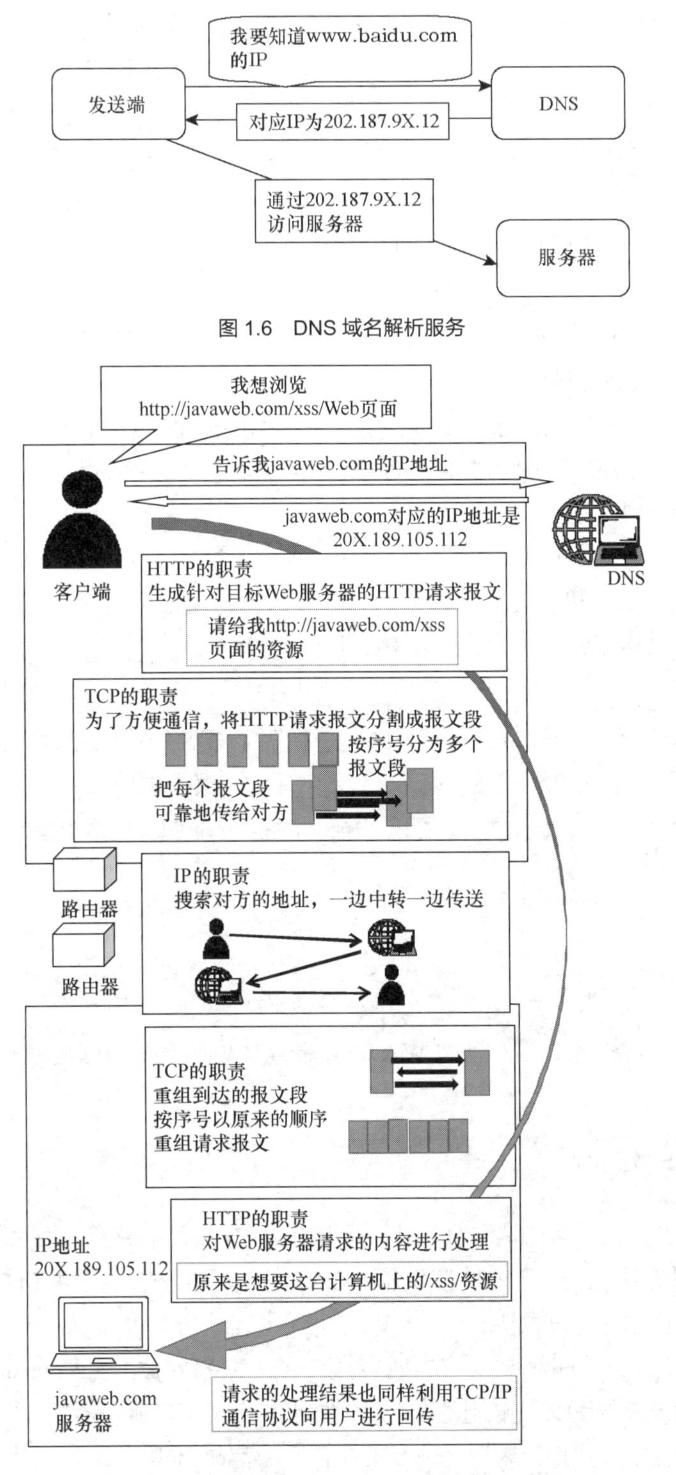

图 1.6　DNS 域名解析服务

图 1.7　DNS 域名解析服务

1.2.3 URI 和 URL 的区别

1. URI

统一资源标识符（Uniform Resource Identifier，URI）用来唯一地标识一个资源。Web 上可用的每种资源，如 HTML 文档、图像、视频片段、程序等都是用 URI 定位的。

URI 一般由三部分组成。

（1）访问资源的命名机制。

（2）存放资源的主机名。

（3）资源自身的名称，由路径表示，着重强调资源。

2. URL

统一资源定位器（Uniform Resource Locator，URL）是一种具体的 URI，可用来标识一个资源，而且还会指明如何定位这个资源。

URL 是 Internet 上用来描述信息资源的字符串，主要用在各种 WWW 客户程序和服务器程序上。URL 可以用一种统一的格式来描述各种信息资源，包括文件、服务器的地址和目录等。

URL 一般由三部分组成。

（1）协议（或称为服务方式）。

（2）存有该资源的主机 IP 地址（有时也包括端口号）。

（3）主机资源的具体地址，如目录和文件名等。

3. 区别

URI 和 URL 都能唯一标识资源，但 URL 还指明了该如何访问资源。URL 是一种具体的 URI，是 URI 的一个子集，它不仅唯一标识资源，而且提供了定位该资源的信息。URI 是一种语义上的抽象概念，可以是绝对的，也可以是相对的；而 URL 必须提供足够的信息来定位，是绝对的。

1.3 HTTP

HTTP 可用来定义 Web 客户端如何向 Web 服务器请求 Web 页面，以及服务器如何把 Web 页面传送给客户端。

1.3.1 HTTP 的主要特点

（1）简单快速：客户向服务器请求服务时，只需传送请求方法和路径。请求方法常用的有 GET、HEAD、POST。每种方法规定的客户与服务器联系的类型都不相同。由于 HTTP 简单，HTTP 服务器的程序规模小，因而通信速度很快。

（2）灵活：HTTP 允许传输任意类型的数据对象。正在传输的类型由 Content-Type 加以标记。

（3）无连接：无连接的含义是限制每次连接只处理一个请求。服务器处理完客户的请求，并收到客户的应答后，即会断开连接。采用这种方式可以节省传输时间。

（4）无状态：HTTP 是无状态协议。无状态是指协议对于事务处理没有记忆能力。缺少状态意味着如果后续处理需要前面的信息，则它必须重传，这样可能导致每次连接传送的数据量增大。另外，在服务器不需要先前信息时它的应答就比较快。HTTP 协议支持浏览器/服务器（Browser/Server，B/S）和客户端/服务器（Client/Server，C/S）两种模式。

1.3.2　HTTP 常用的请求方法

HTTP 常用的两种请求方法是 GET 方法和 POST 方法。GET 和 POST 的区别如下。

（1）通过 GET 方法提交的数据会放在 URL 之后，以“?”分割 URL 和传输数据，参数之间以“&”相连，如“EditPosts.aspx?name=test1&id=123456”。POST 方法则是把提交的数据放在 HTTP 包的 Body 中。

（2）通过 GET 方法提交的数据大小有限制（因为浏览器对 URL 的长度有限制），而通过 POST 方法提交的数据大小没有限制。

（3）GET 方法需要使用 Request.QueryString 来取得变量的值，而 POST 方法则可通过 Request.Form 来获取变量的值。

（4）通过 GET 方法提交数据会带来安全问题，例如，一个登录页面通过 GET 方法提交数据时，用户名和密码将出现在 URL 上，如果页面可以被缓存或者其他人可以访问这台机器，他人就可以从历史记录中获得该用户的账号和密码。

1.3.3　HTTP 的状态

HTTP 是一种不保存状态的（即无状态的）协议。也就是说，HTTP 不具有保存之前发送过的请求或者响应的功能。在使用 HTTP 的时候，每当有新的请求就会有对应的新响应产生。这样就会产生一个问题，例如，访问某系统的时候，由于 HTTP 是不保存状态的，也就是说在第一个页面登录之后，再到其他页面（如由网上选课页面到课表页面）的时候，是需要重新登录一遍的，这样显然是不合理的。而且在实际操作当中并没有每到一个页面都要重新登录一遍。这是如何完成的呢？其实这里引入了 Cookie 对象对登录的信息进行保存，而且值得注意的是，在 HTTP 的 1.1 版本中有持久连接。

1. 持久连接与管线化

假设这样一个场景，小明打电话给小强，让小强帮他带一份饭回来。如果没有建立持久连接，则拨通/挂掉电话就会建立/断开连接，每次说话都相当于请求/响应。

从图 1.8 中可以看到，如果每次发送或响应请求都需要建立连接，这样就会消耗很多的时间。看起来这个例子里面的消耗不是很多，但是当访问量达到百万级、千万级的时候，服务器中的资源就会浪费很多。所以为了解决上述问题，HTTP 1.1 版本中就提出了建立持久连接。持久连接的特点是，只要任意一端没有明确提出断开连接，就会一直保持 TCP 的连接状态。

此时，发出请求和响应请求的速度明显加快了，但是这样还不够。从图 1.9 中可以看到，当小明（客户端）发出一个请求的时候，必须等待小强（服务器端）对这个请求响应之后，才能对下一个请求进行发送。

小明在等待小强响应的过程中可能还会发出其他的请求。为了解决这一问题，我们可以用一种管线化的方式发送请求。再用之前的例子来说明。不管小强有没有对小明刚刚的请求进行响应，只要他们之间建立了连接，小明就可以对小强发出请求。实现管线化之后的例子如图 1.10 所示。

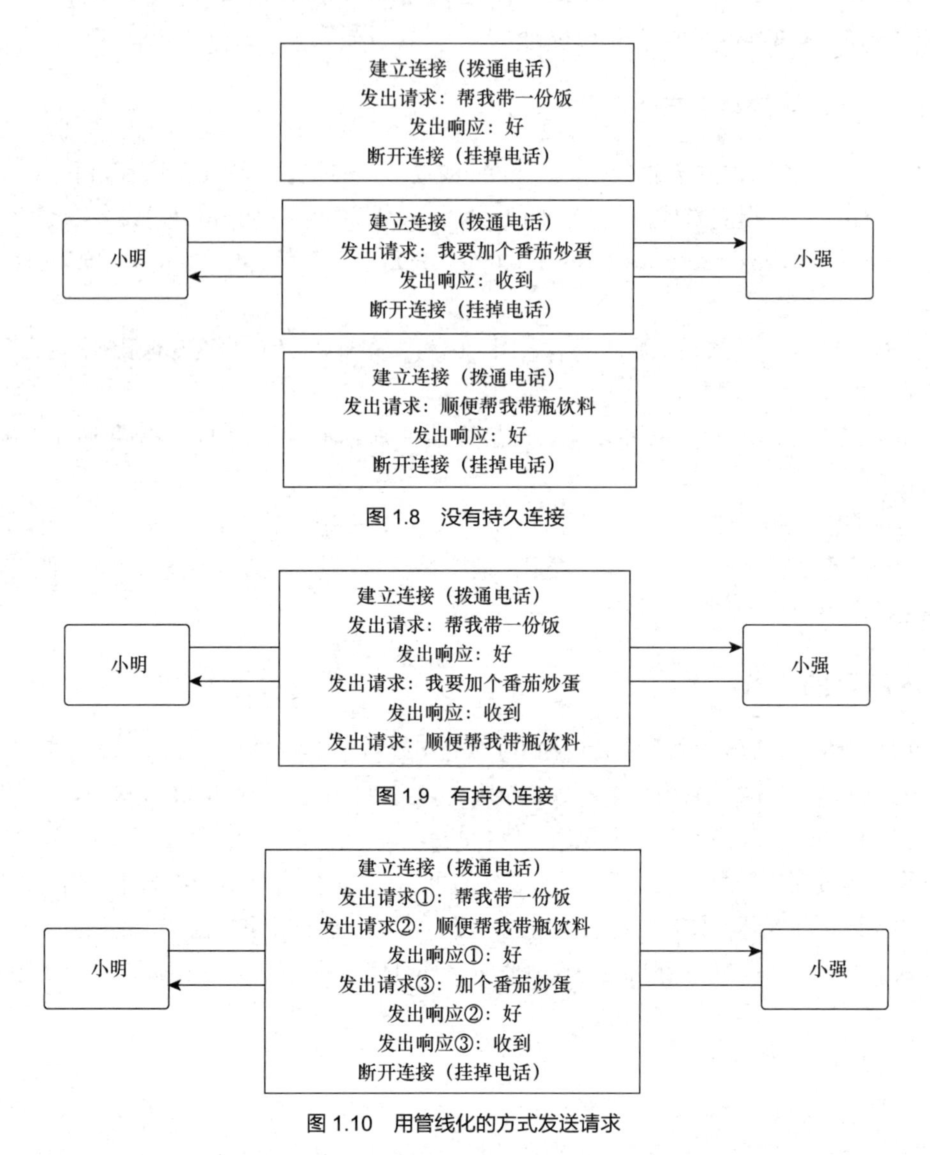

图 1.8　没有持久连接

图 1.9　有持久连接

图 1.10　用管线化的方式发送请求

2. Cookie 的状态管理

前面提到过，HTTP 是无状态的协议，不管之前发生过什么请求或响应，都是不会保存的。也就是说每次的页面跳转都要重新进行用户登录的操作，这样就会浪费很多资源，并且十分麻烦。所以就引入了 Cookie 对象，用来保存这些用户的状态信息。

第一次发送请求如图 1.11 所示，客户端发送的请求是没有 Cookie 信息的，当服务器端进行响应时，服务器就会在响应请求中包含一个 Cookie 信息，并且在响应行里标明信息，让客户端对 Cookie 信息进行保存。

当客户端发送第二次请求的时候（见图 1.12），就会找到刚刚保存的 Cookie，并在请求行里标明 Cookie 信息，把 Cookie 随着请求一起发送到服务器端。服务器端解析 Cookie 信息，就知道这是谁发送的请求。

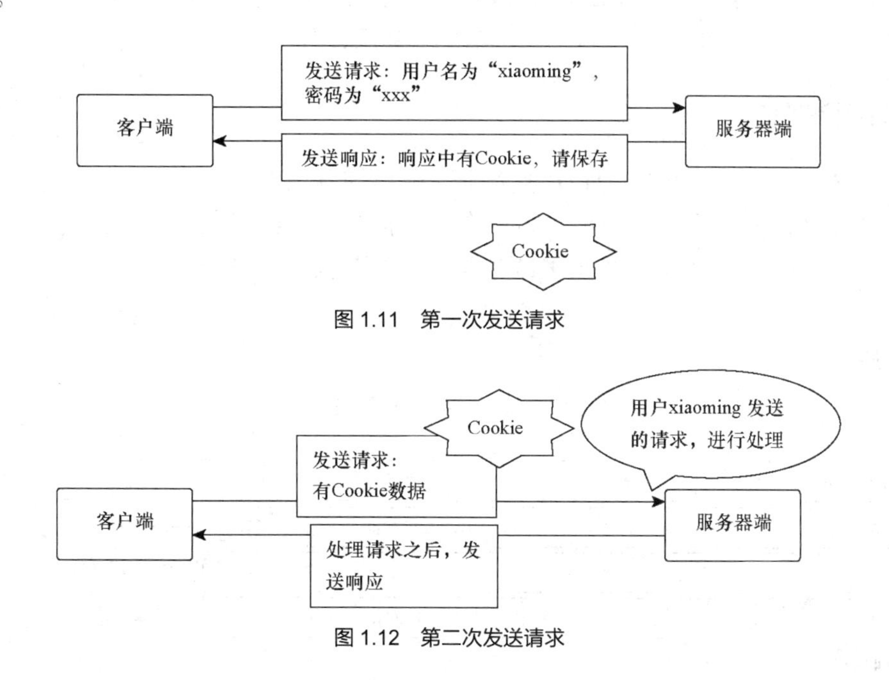

图 1.11　第一次发送请求

图 1.12　第二次发送请求

1.3.4　HTTP 工作原理

HTTP 采用了请求/响应模型。客户端向服务器发送一个请求报文，请求报文中包含请求的方法、URL、协议版本、请求头部和请求数据。服务器以一个状态行作为响应，响应内容包括协议的版本、成功或者错误代码、服务器信息、响应头部和响应数据。

HTTP 请求/响应的步骤如下。

（1）客户端连接到 Web 服务器

一个 HTTP 客户端通常是浏览器，与 Web 服务器的 HTTP 端口（默认为 80）建立一个 TCP 套接字连接。例如，http://www.baidu.com。

（2）发送 HTTP 请求

通过 TCP 套接字，客户端向 Web 服务器发送一个文本的请求报文。一个请求报文由请求行、请求头部、空行和请求数据 4 部分组成。

（3）服务器接受请求并返回 HTTP 响应

Web 服务器解析请求，定位请求资源。服务器将资源复本写到 TCP 套接字，由客户端读取。一个响应报文由状态行、响应头部、空行和响应数据 4 部分组成。

（4）释放/保持 TCP 连接

若 connection（连接）模式为 close，则服务器主动关闭 TCP 连接，客户端被动关闭连接，释放 TCP 连接；若 connection（连接）模式为 keepalive，则该连接会保持一段时间，在该时间内可以继续接收请求。

（5）客户端浏览器解析 HTML 内容

客户端浏览器首先解析状态行，查看标明请求是否成功的状态代码。然后解析每一个响应头，响应头告知以下为若干字节的 HTML 文档和文档的字符集。客户端浏览器读取响应数据 HTML，根据 HTML 的语法对其进行格式化，并在浏览器窗口中显示数据。

1.3.5 HTTP 报文

用于 HTTP 交互的信息可称为 HTTP 报文。请求端(客户端)的 HTTP 报文叫作请求报文，响应端（服务器端）的叫作响应报文。而报文也可以分为报文首部和报文主体两块，如图 1.13 所示，报文首部和报文主体中间有一个空行。

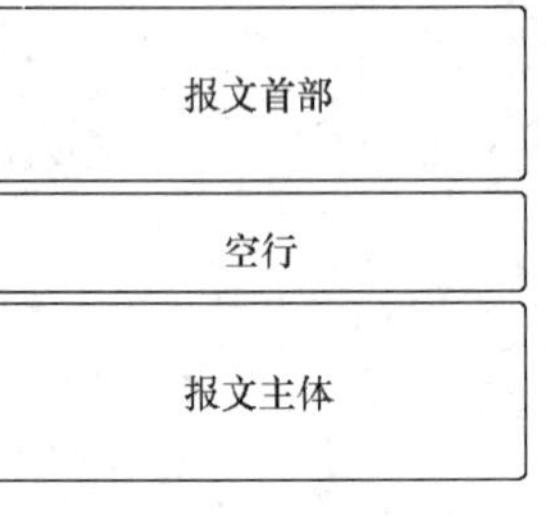

图 1.13 HTTP 报文的格式

1. 请求报文

HTTP 请求报文的首部也可以继续细分成请求头和请求行，如图 1.14 所示。

请求方法	空格	URL	空格	协议版本	回车符	换行符	请求行
头部字段名	…	值	回车符	换行符			请求头
…							
头部字段名	…	值	回车符	换行符			
回车符	换行符						
							请求数据

图 1.14 HTTP 请求报文

（1）GET 请求例子，使用 Charles 抓取的请求：

```
GET /562f25980001b1b106000338.jpg HTTP/ 1.1
Host img.mukewang.com
User-Agent Mozilla/5.0(Windows NT10.0; WOW64) AppleWebKit/537.36(KHTML.like Gecko)
    Chrome/51.0.2704.106 Safari/537.36
Accept image/webp.image/**/;
q=0.8 Referer http://www.imooc.com/
Accept-Encoding gzip, deflate, sdch
```

第一部分：请求行，用来说明请求类型、要访问的资源以及所使用的 HTTP 版本。GET 说明请求类型为 GET，“/562f25980001b1b106000338.jpg”为要访问的资源，该行的最后一部分说明使用的是 HTTP 1.1 版本。

第二部分：请求头部，紧接着请求行（即第一行）之后的部分，用来说明服务器要使用的附加信息。从第二行起为请求头部，Host 将指出请求的目的地“User-Agent”，服务器端和客户端脚本都能访问它，它是浏览器类型检测逻辑的重要基础。该信息由浏览器来定义，并且在每个请求中自动发送。

第三部分：空行，请求头部后面的空行是必需的，即使第四部分的请求数据为空，也必须有空行。

第四部分：请求数据（也叫作主体），可以添加任意的其他数据。这个例子的请求数据为空。

（2）POST 请求例子，使用 Charles 抓取的请求：

```
POST/HTTP/1.1
Host:www.wrox.com
```

```
User-Agent:Mozilla/4.0(compatible; MSIE6.0; Windows NT5.1; SV1; .NET CLR
    2.0.50727; .NET CLR 3.0.04506.648; .NET CLR3.5.21022)
Content-Type:application/x-www-form-urlenco ded
Content-Length:40
Connection:Keep-Alive

name =Professional%20Ajax&publisher=Wiley
```

第一部分：请求行，第 1 行说明了是 POST 请求，以及 HTTP 1.1 版本。

第二部分：请求头部，第 2～6 行。

第三部分：空行，第 7 行。

第四部分：请求数据，第 8 行。

2. 响应报文

一般情况下，服务器接收并处理客户端发过来的请求后会返回一个 HTTP 的响应信息。HTTP 响应也由 4 个部分组成：状态行、消息报头、空行和响应正文，如图 1.15 所示。

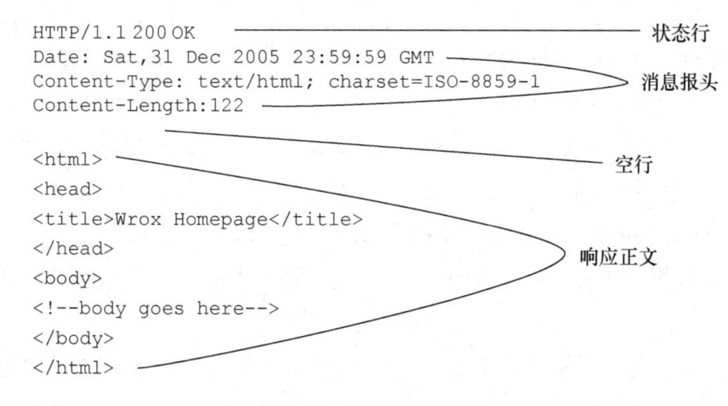

图 1.15　HTTP 响应报文

第一部分：状态行，由 HTTP 版本号、状态码、状态消息三部分组成。在第一行中，HTTP/1.1 表明 HTTP 版本为 1.1，状态码为 200，状态消息为 OK。

第二部分：消息报头，用来说明客户端要使用的一些附加信息。第二行和第三行为消息报头，Date 是生成响应的日期和时间，Content-Type 指定了 MIME 类型的 HTML（text/html），编码类型是 UTF-8。

第三部分：空行，消息报头后面的空行是必需的。

第四部分：响应正文，服务器返回给客户端的文本信息。

1.3.6　HTTP 状态码

1. 状态码的种类

状态代码由三位数字组成，第一个数字定义了响应的类别。状态代码分为以下几种。

（1）1xx：指示信息，表示请求已接收，继续处理。

（2）2xx：成功，表示请求已被成功接收、理解、接受。

（3）3xx：重定向，表示完成请求必须进行更进一步的操作。

（4）4xx：客户端错误，表示请求有语法错误或请求无法实现。

（5）5xx：服务器端错误，表示服务器未能实现合法的请求。

2. 常见状态码

（1）200 OK：客户端请求成功。

（2）400 Bad Request：客户端请求有语法错误，不能被服务器所理解。

（3）401 Unauthorized：请求未经授权，这个状态码必须与 WWW-Authenticate 报头域一起使用。

（4）403 Forbidden：服务器收到请求，但是拒绝提供服务。

（5）404 Not Found：请求资源不存在，如输入了错误的 URL。

（6）500 Internal Server Error：服务器发生不可预期的错误。

（7）503 Server Unavailable：服务器当前不能处理客户端的请求，一段时间后可能恢复正常。

1.4 浏览器与 Web 服务器的交互

下面以访问百度网站 www.baidu.com 为例，介绍浏览器与 Web 服务器的交互过程。

（1）当用户第一次访问 www.baidu.com 时，浏览器并不知道 www.baidu.com 的 IP 地址，将请求报文发向 DNS 服务器，DNS 服务器查询到 www.baidu.com 对应的 IP 地址后，将地址发回浏览器，浏览器将这个 IP 地址缓存到本地，下次访问 www.baidu.com 时将直接读取缓存中的 IP 地址。然后浏览器根据 IP 地址向 www.baidu.com 对应的 Web 服务器发送请求报文。

（2）Web 服务器接收请求报文后，解析请求报文，将请求的资源存放到响应报文中，将响应报文发回浏览器。

（3）浏览器接收响应报文，解析响应报文，将请求到的资源显示在浏览器页面上。此时完成一个交互过程。

这里可以写一个小程序模仿浏览器和 Tomcat 的交互。

```
import java.io.IOException;
import java.io.InputStream;
import java.io.OutputStream;
import java.net.InetAddress;
import java.net.ServerSocket;
import java.net.Socket;

/**
* @author yezl
* @date 2018年4月26日 下午1:51:35
* @version 1.0.0
*/
public class SimpleTomcat {
    public static void main(String[] args) throws IOException {
        ServerSocket serverSocket = null;
        int port = 8050;
        serverSocket = new ServerSocket(port, 1, InetAddress.getByName("127.0.0.1") );
        while(true)  {
            Socket socket = null;
            InputStream input = null;
            OutputStream output = null;
            socket = serverSocket.accept();
```

```
            input = socket.getInputStream();
            output = socket.getOutputStream();
            //获取浏览器发送的请求，这里是在控制台输出
            dorequest(input);
            //回应浏览器，这里返回一个字符串
            String responseMessage = "<h1>Hello world, I am a simple server</h1>";
            output.write(responseMessage.getBytes() );
            socket.close();
        }
        //serverSocket.close();
    }
    /**
    * 输出浏览器发送的请求
    * @author yezl
    * @date 2018 年 4 月 26 日
    * @version 1.0.0
    * @param input
    */
    public static void dorequest(InputStream input)   {
        // 接受请求
        StringBuffer request = new StringBuffer(2048);
        int i;
        byte[] buffer = new byte[2048] ;
        try {
            i = input.read(buffer);
        } catch(IOException e)   {
            e.printStackTrace();
            i = -1;
        }
        for(int j = 0; j < i; j++)   {
            request.append((char) buffer[j] );
        }
        System.out.print(request.toString() );
    }
}
```

上面这个 Java 类比较简单，用 Java 自带的 Socket（套接字）进行编程，模拟了服务器应答请求的全过程。首先服务器监听本地的 8050 端口，127.0.0.1 表示本地 IP，input 指向网络流的输入，output 指向网络流的输出，利用 dorequest( )函数解析输入流的内容，并且在控制台输出，然后写入“<h1>Hello world，I am a simple server</h1>”到输出流 output，使之返回到发出请求的客户端浏览器，并显示在页面上。

① 运行上面的程序，在浏览器中输入 http://127.0.0.1:8050/，按回车键，待出现图 1.16 所示的画面就表示运行成功了。

② 在控制台可以看到图 1.17 所示的输出，这些就是浏览器发送给服务器端的请求。

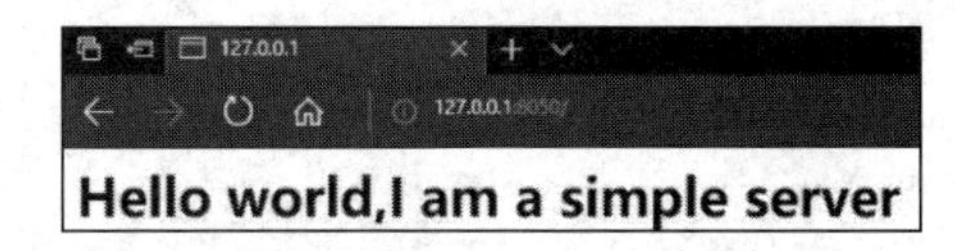

图 1.16　浏览器显示服务器发送的“Hello world”

```
GET / HTTP/1.1
Accept: text/html, application/xhtml+xml, image/jxr, */*
Accept-Language: zh-Hans-CN,zh-Hans;q=0.5
User-Agent: Mozilla/5.0 (Windows NT 10.0; Win64; x64) AppleWebK
Accept-Encoding: gzip, deflate
Host: 127.0.0.1:8050
Connection: Keep-Alive
```

图 1.17　浏览器发送给服务器端的请求

1.5　本章小结

本章主要讲解了以下内容：

- Web 概念；
- HTTP 的基础知识；
- 浏览器与服务器的交互原理。

第 2 章将会介绍 Java Web 中关于 Servlet 以及 JSP 的相关知识，并利用 IDEA 使用 Maven 搭建一个简单的 Web 应用。

1.6　习题

1. TCP/IP 协议簇分为哪几层？各层的主要功能是什么？
2. 简述 DNS 的工作流程。
3. URI 和 URL 有什么区别？
4. HTTP 的常见状态码有哪些？

2

第2章　使用Java进行Web开发

本章学习目标：

- ✧ 掌握 Tomcat 服务器的配置方法
- ✧ 理解 Servlet 的作用及 Servlet 的生命周期
- ✧ 掌握 Servlet 响应方法和对象

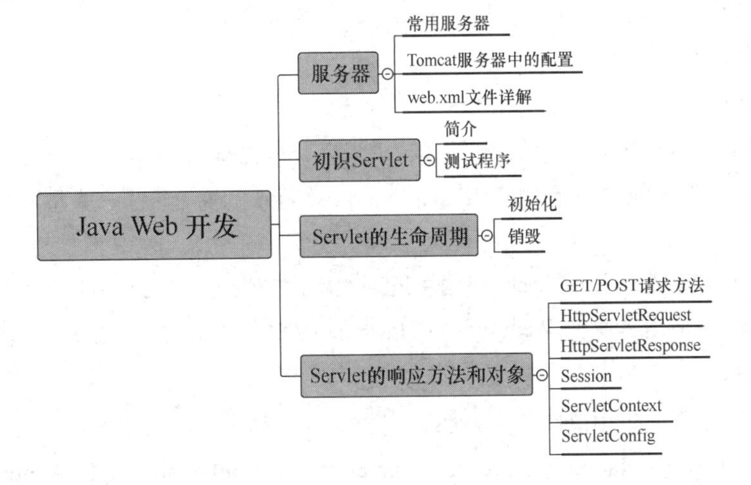

使用 Java 进行 Web 开发，需要完成的主要任务如下。

（1）安装 Web 服务器，这里使用 Tomcat 服务器。

（2）在 Web 应用中创建 Servlet，即一种能处理客户端 HTTP 请求并能做出响应的 Java 类。

（3）在 Web 应用中创建 JSP 页面，提供操作界面或展示数据。

（4）将 Web 应用部署到 Tomcat 服务器并运行。

本章主要介绍使用 Java 进行 Web 开发所必需的 Tomcat 服务器和 Servlet 技术，相关的 JSP 技术将在第 7 章详细介绍。

2.1 常用的 Web 服务器

进行 Java Web 开发，需要安装一台 Web 服务器，然后在 Web 服务器中放置 Web 资源，供用户使用浏览器访问。Web 服务器一般指网站服务器，是指建立在 Internet 之上并且驻留在某种计算机上的程序。它可以向浏览器等 Web 客户端提供文档；也可以放置网站文件，供全世界用户浏览；还可以放置数据文件，供全世界用户下载。

下面介绍常用的 Web 服务器。

1. WebLogic

WebLogic 是用于开发、集成、部署和管理大型分布式 Web 应用、网络应用和数据库应用的 Java 应用服务器。它将 Java 的动态功能和 Java Enterprise 标准的安全性引入大型网络应用的开发、集成、部署和管理之中。

WebLogic 拥有处理关键 Web 应用系统问题所需的性能、可扩展性和高可用性。与 WebLogic Commerce ServerTM 配合使用，WebLogic 可为部署适应性个性化电子商务应用系统提供完善的解决方案。

2. Apache

Apache 是世界上应用最广泛的 Web 服务器之一，其市场占有率可达 60%左右。它源于美国国家超级计算应用中心（National Center for Supercomputer Applications，NCSA）httpd 服务器，当 NCSA WWW 服务器项目停止后，那些使用 NCSA WWW 服务器的人们开始交换用于此服务器的补丁，这也是 Apache 名称的由来。世界上很多知名的网站都是 Apache 的产物，Apache 的成功之处主要在于它的源代码是开放的、有一支开放的开发队伍、支持跨平台的应用（可以运行在绝大多数的 UNIX、Windows、Linux 系统平台上）以及它的可移植性等方面。

3. JBoss

JBoss是一个基于Java EE的开放源代码的应用服务器。JBoss代码可以在任何商业应用中免费使用，而不必支付费用。JBoss 是一个管理 EJB（Enterprise Java Beans，企业 Java 组件）的容器和服务器，它支持 EJB 1.1、EJB 2.0 和 EJB 3 的规范。但 JBoss 的核心服务不包括支持 Servlet/JSP 的 Web 容器，它一般与 Tomcat 或 Jetty 绑定使用。

4. Tomcat

Tomcat 是一个免费开放源代码、运行 Servlet 和 JSP Web 应用软件、基于 Java 的 Web 应用软件容器。Tomcat Server 是根据 Servlet 和 JSP 规范运行的，因此可以说 Tomcat Server 也实行了 Apache 规范，且比绝大多数商业应用软件服务器要好。

Tomcat是Java Servlet 2.2和Java Server Pages 1.1技术的标准实现，是基于Apache许可证下开发的自由软件。Tomcat是完全重写的Servlet API 2.2（API的全称为Application Programming Interface，即应用程序编程接口）和JSP 1.1兼容的Servlet/JSP容器。Tomcat使用了Java Servlet的一些代码，特别是Apache服务适配器。随着Catalina Servlet引擎的出现，Tomcat第4版的性能得到提升，使得它成为一个值得选择的Servlet/JSP容器，因此许多Web服务器都采用Tomcat。本书后面的Java Web学习就是基于Tomcat服务器的。

2.2 Tomcat服务器

2.2.1 Tomcat的下载及安装

进入Tomcat官网进行下载，其安装文件有多种格式，其中ZIP文件是Windows系统下的压缩版本。本书下载的是Tomcat 8.5压缩版本。压缩包下载后，将之解压到一个无中文名称的目录下，如D:\apache-tomcat-8.5.37。解压后其文件结构如图2.1所示。

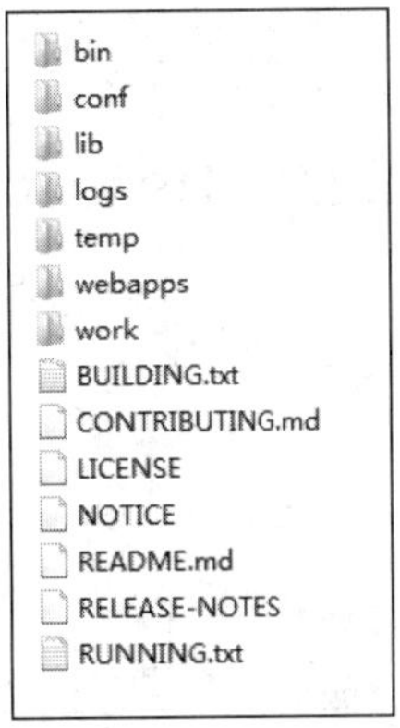

bin
conf
lib
logs
temp
webapps
work
BUILDING.txt
CONTRIBUTING.md
LICENSE
NOTICE
README.md
RELEASE-NOTES
RUNNING.txt

图2.1　Tomcat目录结构

其中的各个子文件夹说明如下。

- bin：存放启动和关闭Tomcat的脚本文件。
- conf：存放Tomcat服务器的各种配置文件。
- lib：存放Tomcat服务器的支撑JAR包。
- logs：存放Tomcat的日志文件。
- temp：存放Tomcat运行时产生的临时文件。
- webapps：存放各种Web应用。
- work：Tomcat的工作目录。

启动Tomcat前，先要确定计算机是否安装有JDK，笔者的计算机安装了JDK 1.8，还要配置如下环境变量。

- JAVA_HOME：其值设置为JDK的主目录，如C:\Program Files\Java\jdk1.8.0_181。
- CATALINA_HOME：其值设置为Tomcat的主目录，如D:\apache-tomcat-8.5.37。

然后进入Tomcat主目录下的bin子目录，找到其中的startup.bat文件，双击运行文件，等待片刻，若命令窗口出现如下信息，则表示启动完毕。

```
Server startup in 5012 ms
```

打开浏览器，输入地址http://localhost:8080，若出现图2.2所示的页面，则表示Tomcat安装与启动成功。

【注意】8080是Tomcat默认的端口，但有时候可能会被占用，这时可以修改Tomcat端口号以解决此冲突。

打开Tomcat主目录下的conf子目录，找到server.xml文件，可看到如下内容。

```
<Connector port="8080" protocol="HTTP/1.1"
        connectionTimeout="20000"
        redirectPort="8443" />
```

修改其中的8080为其他值，如改为8090，重启Tomcat，这时测试Tomcat的URL就变成了http://localhost:8090。如果双击startup.bat文件后仅闪烁一下就再无反应，则需要配置环境变量

JAVA_HOME，设置其值为 JDK 的安装路径。

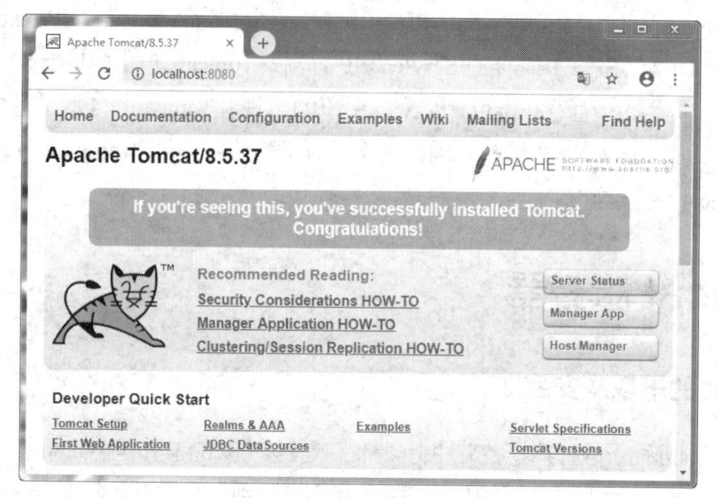

图 2.2　Tomcat 的启动页面

2.2.2　Tomcat 服务器中项目的部署

典型的编译好的 Java Web 应用项目的目录组织结构如图 2.3 所示。

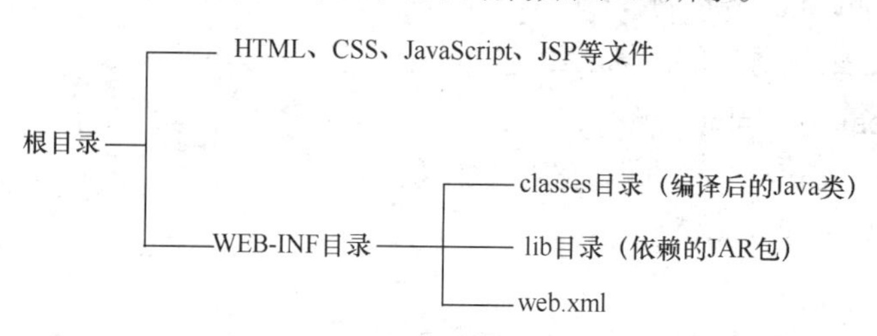

图 2.3　Java Web 的目录组织结构

图 2.4 所示是一个用 IDEA 开发工具创建的 Java Web 项目，项目名称为 uname，其目录结构就符合图 2.3 的要求。

在 IDEA 中，一个名为 uname 的项目编译完成后，接下来只需要把这个项目复制到 Tomcat 所在的 webapps 文件夹下即可，如图 2.5 所示。接着回到 Tomcat 文件夹，找到 bin 文件夹下的 startup.bat 文件并打开文件（注意：startup.bat 文件运行成功后不能关闭，如果关闭了就相当于把 Tomcat 服务器关闭了）。之后打开浏览器输入 http://localhost:8080/uname/，就能对这个文件夹里面的资源进行访问了。

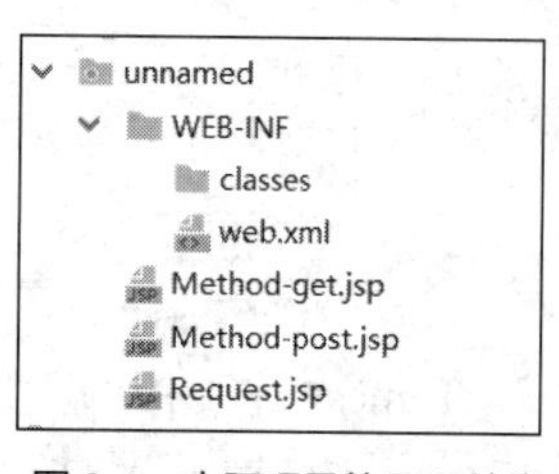

图 2.4　实际项目的目录结构

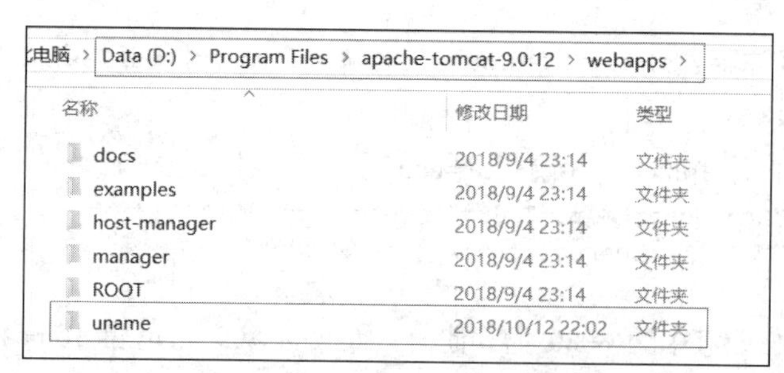

图 2.5　webapps 文件夹

2.2.3　Tomcat 虚拟目录映射

一个 Java Web 项目开发并编译好后，只需要把这个项目复制到 Tomcat 安装目录下的 webapps 子目录，启动 Tomcat 后即可供客户端浏览器访问。但如果不想复制项目过去，可以做成虚拟目录映射，即把项目实际目录映射为可供浏览器访问的目录。例如，项目的真实目录为 d:/uname，如果不想把它复制到 webapps 下，但又希望通过 http://localhost:8080/uname/能访问到，可以打开 Tomcat 文件夹 conf 目录下的 server.xml 文件，找到<Host>标签，在<Host>与</Host>之间添加下述语句。

```
<Context path="/uname" docBase="d:\uname"/>
```

其中参数说明如下。

- docBase：代表应用的真实路径。
- path：代表网络访问的虚拟目录名，表示将 docBase 指定的真实目录映射为 path 指定的虚拟目录，配置完成后重启 Tomcat 即可实现。这样开发好的项目就不需要每次都复制到 Tomcat 安装目录下的 webapps 子目录中了。

2.2.4　web.xml 文件简介

通过 Java Web 项目下的 web.xml 文件可以初始化配置信息，例如，welcome 页面、servlet、servlet-mapping、filter、listener、启动加载级别等。

本节应主要掌握：通过配置 web.xml 文件，将 Web 应用中的某个 Web 资源配置为网站首页；将 Servlet 程序映射到某个 URL 地址上（下面学习 Servlet 时会讲到）。

下面来了解 web.xml 文件中的常用标签及掌握如何配置默认首页。

（1）XML 文档有效性检查标签

```
<span style="font-family:Times New Roman; ">
<!DOCTYPE web-app PUBLIC
"-//Sun Microsystems, Inc.//DTD Web Application 2.3//EN"
"http://java.sun.com/dtd/web-app\_2\_3.dtd" >
</span>
```

这段代码主要是为了指定文档类型定义（Document Type Definition，DTD），通过它可以检查 XML 文档的有效性。下面显示的<!DOCTYPE>有几个特性，这些特性主要用于描述关于 DTD 的信息。

① web-app 定义了该文档（部署描述符，不是 DTD 文件）的根元素。

② PUBLIC 意味着 DTD 文件可以被公开使用。

③ “-//Sun Microsystems, Inc.//DTD Web Application 2.3//EN” 意味着 DTD 由 Sun Microsystems, Inc. 维护。该信息也表示它描述的文档类型是 DTD Web Application 2.3，而且 DTD 是用英文书写的。

④ URL “http://java.sun.com/dtd/web-app_2_3.dtd” 表示 DTD 文件的位置。

（2）<web-app></web-app>标签

部署描述符的根元素是 web-app。DTD 文件规定 web-app 元素的子元素的语法如下。

```
<span style="font-family:Times New Roman; ">
<!ELEMENT web-app (icon?, display-name?, description?, distributable?, context-param*, filter*, filter-mapping*, listener*, servlet*, servlet-mapping*, session-config?, mime-mapping*, welcome-file-list?, error-page*, taglib*, resource-env-ref*, resource-ref*, security-constraint*, login-config?, security-role*, env-entry*, ejb-ref*, ejb-local-ref*) >
</span>
```

web-app 元素中含有 23 个子元素，且这些子元素都是可选的。问号（?）表示子元素是可选的，而且只能出现一次；星号（*）表示子元素可在部署描述符中出现 0 次或多次。有些子元素还可以有它们自己的子元素。web.xml 文件中 web-app 元素声明的是下面每个子元素的声明。

（3）<distributable/>标签

<distributable/>可以使用 distributable 元素“告诉” Servlet/JSP 容器，Web 容器中部署的应用程序适合在分布式环境下运行。

（4）<context-param></context-param>标签

```
<context-param>
<param-value>business.root</param-value>
</context-param>
<!- - spring config - ->
<context-param>
<param-name>contextConfigLocation</param-name>
<param-value>/WEB-INF/spring-configuration/*.xml</param-value>
</context-param>
```

（5）配置默认首页

举例：在 web.xml 的<web-app></web-app>标签内添加如下内容。

```
<welcome-file-list>
   <welcome-file>index.html</welcome-file>
   <welcome-file>index.htm</welcome-file>
   <welcome-file>index.jsp</welcome-file>
   <welcome-file>default.html</welcome-file>
   <welcome-file>default.htm</welcome-file>
   <welcome-file>default.jsp</welcome-file>
 </welcome-file-list>
```

上述配置表示将 index.html 设置为默认主页，若找不到则设置下一个资源（index.htm）为默认主页，依此类推，若都找不到会报错。若设置 index.html 为默认主页，浏览器访问时，其 URL 不需要有 index.html 也能访问到该页面。例如，完整的 URL 是 http://localhost:8080/demo/index.html，简化后的 URL 是 http://localhost:8080/demo/，同样能访问到主页 index.html。

【注意】 web.xml 文件必须放在 WebContent\WEB-INF 目录下。

2.3 初识 Servlet

介绍了 Tomcat 后，下面我们在 Web 项目中创建一个能接收浏览器的 HTTP 请求并做出响应的 Servlet。

2.3.1 Servlet 简介

Servlet 是运行在 Web 服务器上的小型 Java 程序，我们通常把实现了 Servlet 接口的 Java 类称为 Servlet。Servlet 通过 HTTP（超文本传输协议）接收和响应来自 Web 客户端的请求，它是作为来自 Web 浏览器或其他 HTTP 客户端的请求和 HTTP 服务器上的数据库或应用程序之间的中间层。

Servlet 应用在 Web 程序中的位置如图 2.6 所示。

由图 2.6 中可以看出 Servlet 在 Web 中主要是充当一个业务处理的角色。Servlet 主要执行以下任务。

（1）读取客户端（浏览器）发送的显式的数据。包括网页上的 HTML 表单，或者是来自 applet 或自定义的 HTTP 客户端程序的表单。

（2）读取客户端（浏览器）发送的隐式的 HTTP 请求数据。包括 Cookies、媒体类型和浏览器能理解的压缩格式等。

（3）处理数据并生成结果。这个过程可能需要访问数据库，执行 RMI 或 CORBA 调用，调用 Web 服务，或者计算得出对应的响应。

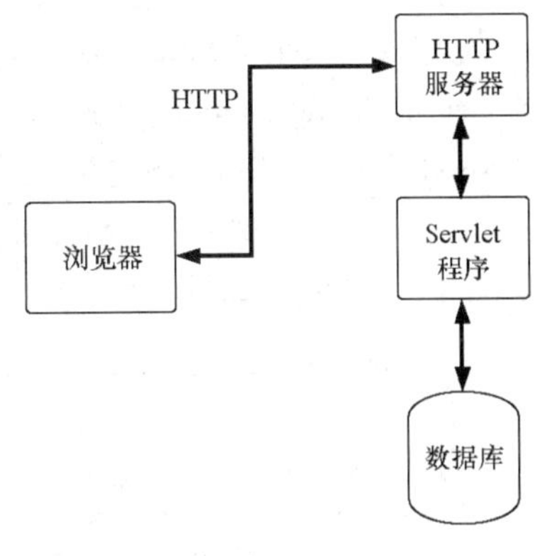

图 2.6　Servlet 在 Web 中的位置

（4）发送显式的数据（即文档）到客户端（浏览器）。该文档的格式可以是多种多样的，包括文本文件（HTML 或 XML）、二进制文件、Excel 文件等。

（5）发送隐式的 HTTP 响应到客户端（浏览器）。包括告诉浏览器或其他客户端返回的文档类型（如 HTML），设置 Cookies 和缓存参数，以及其他类似的任务。

2.3.2　第一个 Servlet 程序

开发一个 Java 程序向浏览器输出“My First Servlet”，需要完成以下两个步骤。

① 创建 Web 项目，编写一个 Java 类，实现 Servlet 接口，重写其所有的抽象方法。

② 把开发好的 Web 项目部署到 Web 服务器中。

还需要考虑两个问题，一是输出数据的 Java 代码应放在 Servlet 的哪个方法里，二是如何输出数据到客户端。可在以下内容中找到答案。

下面先来认识 Servlet 接口的抽象方法。

（1）init 方法：初始化方法，可以利用该方法进行相应的初始化工作。当 Servlet 第一次被访问时，该方法被调用，而且整个 Servlet 生命周期该方法只被调用一次。

（2）service 方法：用来处理客户端的请求，客户端每次请求 Servlet 时，都会调用这个方法。第一次访问 Servlet 时会调用 init 方法和 service 方法，后续的访问将只调用 service 方法。该方法的完整定义如下。

```
public void service(ServletRequest servletRequest, ServletResponse servletResponse)
throws ServletException, IOException {
}
```

解释：对于每次访问请求，Servlet 容器都会创建一个新的 ServletRequest 请求对象和一个新的 ServletResponse 响应对象，然后将这两个对象作为参数传递给它调用的 Servlet 的 service 方法，开发者可以在此方法中接收用户的请求数据，做出相应的响应返回给客户端。在 service 方法里面，利用 servletResponse 对象的 getWriter 方法，可以创建一个 PrintWrite 对象，再利用 PrintWrite 对象的 print 方法，即可向客户端输出数据。

（3）destroy 方法：销毁方法，当卸载应用程序或关闭服务时会自动调用此方法。以上三个方法都是 Servlet 生命周期方法，下面即将介绍的 getServletInfo 和 getServletConfig 方法则是非生命周期方法。

（4）getServletInfo 方法：返回 Servlet 的描述信息，可以返回有用的或为 null 的任意字符串。

（5）getServletConfig 方法：返回由 Servlet 容器传给 init 方法的 ServletConfig 对象。但 init 方法的 ServletConfig 对象属于局部变量，无法在本方法中使用，所以要使用这个功能需要定义一个全局的 ServletConfig 变量。不使用的话返回 null 即可。

接下来编写一个简单的 Servlet 程序。

（1）在 IDEA 中创建 Java EE 项目 TestServlet，在 src 下创建包 com.lifeng.servlet。在包下创建一个 Java Class，并将之命名为 SimpleServlet，实现 Servlet 接口，代码如下（重点是 service 方法中的代码）。

```
package com.lifeng.servlet;
import java.io.IOException;
import java.io.PrintWriter;
import javax.servlet.*;
@WebServlet("/simpletest")
public class SimpleServlet implements Servlet {
    @Override
    public void init(ServletConfig servletConfig) throws ServletException {
    }
    @Override
    public ServletConfig getServletConfig()  {
        return null;
    }
    @Override
    public void service(ServletRequest servletRequest, ServletResponse servletResponse)
throws ServletException, IOException {
        PrintWriter out=servletResponse.getWriter();
        out.print("<h1>my first servlet</h1>");
    }
    @Override
    public String getServletInfo()  {
        return null;
    }
    @Override
    public void destroy()  {
    }
}
```

这只是实现 Servlet 的多种方式中的一种。实现 Servlet 有三种方式：实现 Servlet 接口、继承 GenericServlet 抽象类、继承 HttpServlet 抽象类。上述的示例代码就是第一种。

要使这段 Servlet 代码发挥作用，还得对请求路径进行配置，以便客户端能调用到它，这里采用的是比较方便的注解。上述代码中，注解@WebServlet（"/simpletest"）定义了访问该 Servlet 的 URL，表示浏览器中使用 http://localhost:8080/TestServlet/simpletest 这个 URL 就可以调用（访问）到这个 Servlet。同样也可以用 XML 方式来配置，例如在 Web 项目中加入下面的这段代码。

```
<servlet>
      <servlet-name>SimpleServlet</servlet-name>
      <servlet-class> com.lifeng.servlet.SimpleServlet</servlet-class>
</servlet>
<servlet-mapping>
      <servlet-name>SimpleServlet</servlet-name>
      <url-pattern>/simpletest</url-pattern>
</servlet-mapping>
```

标签<servlet>可用来定义 Servlet，指定 Servlet 的名称（别名）和实际路径，其子标签<servlet-class>

指定了该 Servlet 的完整路径，子标签<servlet-name>指定了 Servlet 的自定义名称。标签<servlet-mapping>可用来指定 Servlet 名称与访问该 Servlet 的 URL 路径，其子标签<servlet-name>指定了 Servlet 名称，子标签<url-pattern>指定了 URL 访问路径（自定义，但不能重复）。使用注解和 XML 创建 URL 这两种方式不能同时使用，否则会报错。

（2）部署项目到 Tomcat 服务器，运行程序，在地址栏输入“http://localhost:8080/TestServlet/simpletest”，使用浏览器访问，效果如图 2.7 所示。

图 2.7　第一个 Servlet 程序

2.3.3　Servlet 执行过程

根据上述第一个 Servlet 程序来理解 Servlet 的执行过程。

（1）客户端发出请求 http://localhost:8080/TestServlet/simpletest。

（2）服务器根据 web.xml 文件的配置，找到 url-pattern 子元素的值为“/simpletest”的 servlet-mapping 元素。

（3）读取 servlet-mapping 元素的 servlet-name 子元素的值，由此确定要访问的 Servlet 的名字为“SimpleServlet”。

（4）找到<servlet-name>值为“SimpleServlet”的 Servlet 元素。

（5）读取 Servlet 元素的 servlet-class 子元素的值，由此确定 Servlet 的类名为 com.lifeng.servlet.SimpleServlet。到 Tomcat 安装目录/webapps/TestServlet/WEB-INF/classes/com/lifeng/servlet 下查找到 SimpleServlet.class 文件。最终找到要执行的目标 Servlet。

【注意】 *如果 URL 不是在 web.xml 中配置，而是采用注解方式，道理仍然是一样的。*

Servlet 是通过实例对象来提供服务的，接下来介绍 Servlet 实例对象的创建过程。

Servlet 程序由 Web 服务器调用，Web 服务器收到客户端的 Servlet 访问请求后会执行以下操作。

① Web 服务器首先检查是否已经装载并创建了该 Servlet 的实例对象。如果是，就直接执行第④步，否则，执行第②步。

② 装载并创建该 Servlet 的一个实例对象。

③ 调用 Servlet 实例对象的 init 方法。

④ 创建一个用于封装 HTTP 请求消息的 ServletRequest 对象和一个代表 HTTP 响应消息的 ServletResponse 对象，然后调用 Servlet 的 service 方法，并将请求和响应对象作为参数传递进去。

⑤ Web 应用程序被停止或重新启动之前，Servlet 引擎将卸载 Servlet，并在卸载之前调用 Servlet 的 destroy 方法。

2.3.4　HttpServlet 类

前面提到，创建 Servlet 除了实现 Servlet 接口外，还有继承 GenericServlet 类，或者继承 HttpServlet

类也可以实现，所以共有三种创建 Servlet 的方法。其实 GenericServlet 类和 HttpServlet 类本身已经实现了 Servlet 接口，所以跟第一种方法比是间接实现了 Servlet 接口。

在这三种方法中，第一种方法必须给 Servlet 接口中的所有方法都提供实现，即使有些方法用不上，所以我们一般不用这种方法。GenericServlet 类提供了 Servlet 接口的基本实现，其子类都必须实现 service 方法，GenericServlet 并不常用。由于大多数 Web 应用都通过 HTTP 和客户端交互，所以最常用的是继承 HttpServlet 类的 Servlet。

HttpServlet 类扩展了 GenericServlet 并且提供了 Servlet 接口中应用于 HTTP 的实现，其中定义了两种形式的 service 方法。

```
public service(ServletRequest req, ServletResponse res)
```

其代码如下：

```
public service(ServletRequest req, ServletResponse res)  throws ServletException,
IOException {
    HttpServletRequest request;
    HttpServletResponse response;
    try {
         request=(HttpServletRequest)req;
         response=(HttpServletResponse)res;
    } catch(ClassCastException e) {
         throw new ServletException("non-HTTP");
    }
    service(request, response);
    }
```

该方法用 public 修饰，是 GenericServlet 的 service 方法的实现，它把 Servlet 容器的 request、response 对象分别转化为 HttpServletRequest 和 HttpServletResponse，并且调用下面重载的 service 方法。

```
protected void service(HttpServletRequest request, HttpservletResponse response) throws
ServletException, java.IO.IOException
```

该方法用 protected 修饰，用 HTTP 的 request、response 对象作为参数，并且由上面的方法调用，HttpServlet 实现这种方法后就成为一个 HTTP 请求的分发者，把请求代理给 doGet、doPost 等 doXxx 方法。

当容器为 Servlet 收到一个请求时，容器先调用公共的 service 方法把参数转换为 HttpServletRequest，这个公共的 service 方法再调用受保护的 service，根据 HTTP 请求方法的类型调用 doXxx 方法之一。其中最常用的有下面两种方法。

① doGet 方法，是当得到一个 GET 类型的请求时调用的。

② doPost 方法，是当得到一个 POST 类型的请求时调用的。

HttpServlet 从 GenericServlet 继承而来，间接实现 Servlet 接口，因此 HttpServlet 也有 init 和 destroy 这两个生命周期函数以及 service 方法，但 HttpServlet 还有两个重要的 doPost 方法和 doGet 方法，并用它们来支持 HTTP 的 POST 和 GET 方法，由于 HttpServlet 中的 service 方法用来调用相应的 doGet 或 doPost 方法，所以一般不重写，只需重写 doGet 或 doPost 即可，如果 service 方法被开发者重写了，则访问该 Servlet 只会调用改写后的 service 方法，而不会去调用 doGet 或 doPost 方法。

2.3.5 Servlet 的 URL 路径映射

1. 多重映射

多重映射是指一个 Servlet 可以被多个 URL 路径访问。其实现方法就是在 web.xml 中配置 Servlet

的时候，在原来的基础上再多创建一个或多个<servlet-mapping>标签及其子标签，<servlet-mapping>的子标签<url-pattern>中使用不同的值即可。示例如下。

```
<servlet>
       <servlet-name>SimpleServlet</servlet-name>
       <servlet-class> com.lifeng.servlet.SimpleServlet</servlet-class>
</servlet>
<servlet-mapping>
       <servlet-name>SimpleServlet</servlet-name>
       <url-pattern>/simpletest</url-pattern>
</servlet-mapping>
<servlet-mapping>
       <servlet-name>SimpleServlet</servlet-name>
       <url-pattern>/simpletest2</url-pattern>
</servlet-mapping>
```

以上代码表示使用 URL 路径/simpletest 或者/simpletest2 都能访问到同一个 SimpleServlet。

2. 映射路径中通配符的使用

上述配置可以有多个路径访问到同一个 Servlet，但有时希望某个目录下的所有任意路径都能访问到同一个 Servlet，这时可以在映射路径中使用通配符（*）代表任意个字符，具体用法如下。

（1）"*.扩展名"，例如，"*.action" 表示任意以 ".action" 结尾的 URL 均能访问到该 Servlet。

（2）"/*"，例如，"/aaa/*" 可以匹配以 "/aaa" 开头的所有 URL。

【注意】上述两种格式不能混合使用，如/aaa/*.action 就是错误的。

3. 默认 Servlet

如果浏览器访问了不存在的Servlet，服务器找不到该Servlet会反馈404错误页面。可以在web.xml中进行默认 Servlet 的配置，服务器会将找不到的请求交给默认的 Servlet 处理，在这个 Servlet 里面进行简单处理，就不会弹出 404 页面了。配置方法为，在 web.xml 中另配置一个 URL 为"/"的 Servlet。示例代码如下。

```
<servlet>
       <servlet-name>DefaultServlet</servlet-name>
       <servlet-class> com.lifeng.servlet.DefaultServlet</servlet-class>
</servlet>
<servlet-mapping>
       <servlet-name>DefaultServlet</servlet-name>
       <url-pattern>/</url-pattern>
</servlet-mapping>
```

这样，其他找不到的请求，都会转到上述配置中的 DefaultServlet 进行处理，例如在 DefaultServlet 中输出一个界面温馨友好的找不到资源的提示。

2.4 Servlet 的生命周期

在 Java 编程中，每一个类都可以看作一个对象，而所有的对象都是有生命周期的，Servlet 也不例外。在下面的讲解中会给出很多关于这些对象的例子，以便于读者能够更加清晰地了解到 Servlet 中各种对象的作用，也能帮助大家动手去调试，而不是抽象地记住这些概念。有兴趣的读者可以在计算机里把代码实现一遍再来感受这些对象。在下面的代码中会有少量涉及 JSP 的简单语法，读者也可以先学习 JSP 的语法再来看下面的例子。

2.4.1 Servlet 的初始化

在 Tomcat 启动的过程中，Tomcat 服务器首先是加载这个项目里的 web.xml 文件，了解这个项目下有哪些 Servlet 是可用的，而访问的 URI 对应调用的是哪些 Servlet 对这些请求进行处理。但是 Tomcat 启动过程中并没有加载 Servlet 对象，也就是说 Servlet 对象并没有被创建。那么 Servlet 对象什么时候被创建呢？在上述项目 TestServlet 的 com.lifeng.servlet 包下新建一个名为 ServletLifeCycle 的 Servlet，代码如下。

```
@WebServlet(name = "ServletLifeCycle", urlPatterns = "/lifeCycle")
public class ServletLifeCycle implements Servlet {
    @Override
    public void init(ServletConfig servletConfig) throws ServletException {
        System.out.println("invoke ServletLifeCycle.init method when visiting this
    servlet or opening server ...");
    }
    @Override
    public void service(ServletRequest servletRequest, ServletResponse servletResponse)
throws ServletException, IOException {
        System.out.println("This is ServletLifeCycle.service method ...");
    }
//省略其他方法
}
```

在这段代码中，@WebServlet( )注解所实现的内容相当于在 web.xml 文件中配置了一个 Servlet 的效果，并且访问这个 Servlet 的 URI 是“/lifeCycle”。init 方法是在这个 Servlet 对象初始化时被调用的，也就是说当控制台打印“invoke ServletLifeCycle.init method when visiting this servlet or opening server ...”这句话的时候，表明 Servlet 实例对象被创建了。而 service 方法就是用来处理实例对象的请求的，当用户访问这个 Servlet 实例对象的时候，它就会调用 service 方法进行处理。

这时候要代码编译并运行起来，然而在 Tomcat 服务器启动完成之后，控制台并没有打印任何代码中的输出信息。Tomcat 启动完毕后，在浏览器中输入地址访问这个 Servlet，这时控制台同时打印了 init 和 service 方法里面的内容，再刷新一下浏览器会发现这次只是打印了 service 方法的内容，如下所示。

```
invoke ServletLifeCycle.init method when visiting this servlet or opening server...
This is ServletLifeCycle.service method...
This is ServletLifeCycle.service method...
```

这说明当第一次访问对应的 Servlet 的时候，Servlet 实例对象才会被创建，而且不管多少次的访问，在 Tomcat 容器中相同种类的 Servlet 实例对象只有一个。多次访问相同的 Servlet，该 Servlet 每次都会调用 service 方法对客户端的请求进行处理。

但值得注意的是，当在 web.xml 或是在@WebServlet( )注解中配置了 loadOnStartup 项的时候，就意味着该 Servlet 实例对象在容器启动时会被创建。下面给出注解的配置方式，我们可以结合上面的代码进行调试。loadOnStartup 的值代表 Servlet 创建的顺序，如果有多个 Servlet，则数字小的先创建。

```
@WebServlet(name= "ServletLifeCycle", urlPatterns = "/lifeCycle", loadOnStartup = 1)
```

2.4.2 Servlet 的销毁

前面介绍的 Servlet 是在服务器启动后，一般是没有进行配置且第一次访问该 Servlet 的时候它才会被创建。那么它被创建了之后就会占用计算机中的内存。计算机的内存是宝贵的资源，这个对象也不可能一直占用内存资源。所以当 Tomcat 服务器关闭的时候，这个 Servlet 对象就会被销毁。当 Servlet 被销毁的时候，它会调用父类中的 destroy 方法，所以只需要重写这个方法即可。配合 Servlet 初始化给出的代码，只需要加上下面的代码。

```
@Override
public void destroy()  {
   System.out.println("invoke ServletLifeCycle.destroy method when closing server ...");
}
```

在关闭服务器时，服务器会在完全退出前输出 destroy( )里面的提示语句。

```
invoke ServletLifeCycle.destroy method when closing server ...
```

2.4.3　Servlet 生命周期案例

本案例可用来测试 Servlet 生命周期中的构造方法、init 方法、service 方法和 destroy 方法。注意各种方法的执行顺序及执行的次数。

（1）在项目 TestServlet 的 com.lifeng.servlet 包下创建一个新的 Servlet，并命名为 MyServlet，关键代码如下。

```
@WebServlet("/myservlet")
public class MyServlet implements Servlet {
   //构造方法
   //在 Servlet 第一次被访问时调用
   public MyServlet()  {
      System.out.println("***********构造方法 MyServlet 执行了*********");
   }
   //在 Servlet 第一次被访问时调用
   //初始化方法
   @Override
   public void init(ServletConfig servletConfig) throws ServletException {
      System.out.println("***********初始化方法 init 执行了*********");
   }
   //服务方法
   //每次访问 Servlet 时都会被调用
   @Override
   public void service(ServletRequest servletRequest, ServletResponse servletResponse)
throws ServletException, IOException {
      System.out.println("***********服务方法 service 执行了*********");
   }

   //销毁方法
   //服务器关闭时调用
   @Override
   public void destroy()  {
      System.out.println("***********销毁方法 destroy 执行了*********");
   }
   @Override
   public ServletConfig getServletConfig()  {
      return null;
   }
```

```
    @Override
    public String getServletInfo()  {
        return null;
    }
}
```

（2）部署运行后，Tomcat 启动完毕，控制台提示如下。

```
[2019-10-11 04:12:23, 520] Artifact TestServlet:war exploded: Artifact is deployed successfully
[2019-10-11 04:12:23, 520] Artifact TestServlet:war exploded: Deploy took 3, 495 milliseconds
```

这表示项目在 Tomcat 中成功部署和启动了。但控制台并未输出 Servlet 构造方法中的内容，证明 Servlet 实例对象并未被创建。

（3）在浏览器地址栏输入 http://localhost:8080/TestServlet/myservlet 并按回车键，发现控制台输出了如下内容。

```
***********构造方法 MyServlet 执行了*********
***********初始化方法 init 执行了*********
***********服务方法 service 执行了*********
```

这说明在第一次访问 Servlet 的时候，该 Servlet 实例对象创建成功，先执行构造方法，再执行初始化方法，最后执行 service 方法。

（4）刷新浏览器，再次访问 http://localhost:8080/TestServlet/myservlet，可发现控制台在原有基础上多了一条输出，控制台全部内容如下。

```
***********构造方法 MyServlet 执行了*********
***********初始化方法 init 执行了*********
***********服务方法 service 执行了*********
***********服务方法 service 执行了*********
```

可见 service 方法又执行了一次，说明每次访问 Servlet，service 方法都会被调用一次。但构造方法和初始化方法没有变化，证明构造方法和初始化方法仅在第一次访问的时候调用一次。

（5）单击停止服务按钮，控制台输出如下。

```
***********销毁方法 destroy 执行了*********
```

证明销毁方法在服务停止的时候被自动调用了。

（6）修改 MyServlet 的注解，添加 loadOnStartup=1，代码如下。

```
@WebServlet(urlPatterns = "/myservlet", loadOnStartup = 1)
```

重新运行项目，当 Tomcat 启动完毕后，发现控制台输出如下。

```
***********构造方法 MyServlet 执行了*********
***********初始化方法 init 执行了*********
```

这说明 Servlet 实例对象已随着 Tomcat 的启动而创建了，而不是第一次访问时才创建，即创建时间提前了。

（7）再创建一个 Servlet2，关键代码如下。注意其 loadOnStartup=2。

```
@WebServlet(urlPatterns = "/servlet2", loadOnStartup = 2)
public class Servlet2 implements Servlet {
    //构造方法
    //在 Servlet 第一次被访问时调用
    public Servlet2()  {
        System.out.println("***********构造方法 Servlet2 执行了*********");
```

```
}
//此处省略其他方法
}
```

重新启动服务器，Tomcat 服务器启动完毕后，发现控制台输出如下。

```
***********构造方法 MyServlet 执行了*********
***********初始化方法 init 执行了*********
***********构造方法 Servlet2 执行了*********
```

这表明两个 Servlet 实例对象都随着 Tomcat 的启动而创建了，并且创建的顺序与 loadOnStartup 的值有关，值小的先创建。将它们的值调换过来，可以发现控制台的输出顺序也调过来了。

2.5 Servlet 响应方法及对象详解

2.5.1 常用的处理请求方法

前面我们讨论过常用的请求方法有 get 和 post 方法，Servlet 给出了处理两种不同请求的方法——doGet 和 doPost 方法，但是同时也有其他的请求方法，这该怎么处理呢？其实在 Servlet 中处理请求的方法都必须经过 service 方法，在 HttpServlet 类中的 service 方法如果没有被重写，那么它就会根据请求的方法调用 doGet 或 doPost 方法进行处理。但如果重写了 service 方法，这样处理请求的逻辑就会根据重写后的代码去处理。下面在项目 TestServlet 的 com.lifeng.servlet 包下编写一个 ServletMethod 类。

```
@WebServlet("/method")
public class ServletMethod extends HttpServlet {
   @Override
   protected void doGet(HttpServletRequest req, HttpServletResponse resp) throws
ServletException, IOException {
       System.out.println("visiting ServletMethod.doGet method by get ...");
   }
   @Override
   protected void doPost(HttpServletRequest req, HttpServletResponse resp) throws
ServletException, IOException {
       System.out.println("visiting ServletMethod.doPost method by post ...");
   }
   @Override
   protected void service(HttpServletRequest req, HttpServletResponse resp) throws
ServletException, IOException {
       System.out.println("visiting ServletMethod.service method by get/post before
invoking doGet or doPost ...");
       //super.service(req, resp);
   }
}
```

接着写一个简单的请求表单，表单的提交方法可以尝试进行 get/post 切换。

```
<%@ page contentType="text/html; charset=UTF-8" language="java" %>
<html>
<head>
   <title>Method-Get</title>
```

```
    </head>
    <body>
        <form action="/method" method="get">
            用户名: <input type="text" name="username"><br>
            密码: <input type="password" name="password"><br>
            <input type="submit" name="submit" value="提交">
        </form>
    </body>
</html>
```

现在打开浏览器，然后进行访问，此时不管用 get 方法还是 post 方法进行访问，控制台都只会输出以下内容。

```
visiting ServletMethod.service method by get/post before invoking doGet or doPost ...
```

所以，不管是 get 请求还是 post 请求，Servlet 都会优先调用 service 方法，如果没有注释掉 super.service(req, resp)就会调用 doGet 或 doPost 方法，如果注释掉了当然就不会调用 doGet 或 doPost 方法了。值得注意的是，如果没有重写 service 方法，或者在 service 方法中调用了父类的 service 方法，但又没有对 doGet 或 doPost 方法重写的话，访问的时候可能会引发 405 错误。

2.5.2 HttpServletRequest 对象

对于 HttpServletRequest 对象（以下简称 request 对象），我们并不陌生，在之前的 service、doGet 或 doPost 方法中它都出现过，接下来讲解这个 request 对象。HTTP 中的请求报文有很多请求信息，包括请求头、请求行等。当请求报文到达 Tomcat 服务器后，服务器就要对这些信息进行解析和保存。而 request 对象最主要的作用就是用来保存 HTTP 请求报文里面的信息，开发人员通过这个对象的方法，可以获得客户的一些信息。request 对象是由服务器创建的，在一个请求处理完成之后它所保存的信息也就没有意义了，所以它的生命周期是一个请求内。值得注意的是，服务器每接收到一个请求，就会创建一个 request 对象来保存这些请求信息。

下面介绍 request 对象的常用方法。

（1）获得客户端信息的方法，如表 2.1 所示。

表 2.1　获得客户端信息的方法

方法名称	作用
getRequestURL	返回客户端发出请求时的完整 URL
getRequestURI	返回请求行中的资源名部分
getQueryString	返回请求行中的参数部分
getRemoteAddr	返回发出请求的客户端的 IP 地址
getRemoteHost	返回发出请求的客户端的完整主机名
getRemotePort	返回客户端所使用的网络端口号
getLocalAddr	返回 Web 服务器的 IP 地址
getLocalName	返回 Web 服务器的主机名
getMethod	返回客户端请求方式

（2）获得客户端请求头的方法，如表 2.2 所示。

表 2.2　获得客户端请求头的方法

方法名称	作用
getHeader(String name)	获取指定名称的请求头
getIntHeader(String name)	获取值为 int 类型的请求头
getHeaderNames	获取所有请求头的名称

（3）获得客户端请求参数（客户端提交的数据），如表 2.3 所示。

表 2.3　获得客户端请求参数的方法

方法名称	作用
getParameter(name)	通过指定名称获取参数值
getParameterValues(String name)	通过指定名称获取参数值数组
getParameterNames	获取所有参数名称列表
getParameterMap	获取所有参数对应的 Map

1. 获取请求信息案例

下面尝试从 request 对象中获取请求协议里面的信息。

（1）在上述项目中创建 Servlet，代码如下。

```
@WebServlet(name = "RequestServlet1 ", urlPatterns = "/request1")
public class RequestServlet1 extends HttpServlet {
  @Override
  protected void service(HttpServletRequest req, HttpServletResponse resp) throws
ServletException, IOException {
       /*请求头*/
       //获取请求方式
       String method = req.getMethod();
       System.out.println("request method is " + method);
       //获取请求 URL->值得注意的是此处返回的是 StringBuffer 对象
       StringBuffer requestURL = req.getRequestURL();
       System.out.println("request URL is " + requestURL);
       //获取请求 URI
       String requestURI = req.getRequestURI();
       System.out.println("request URI is " + requestURI);
       //获取协议
       String scheme = req.getScheme();
       System.out.println("request schema is " + scheme);
       /*请求行*/
       //获取指定头信息 getHeader("键名")     ->若指定的键名为空则返回 null
       String header = req.getHeader("User-Agent");
       System.out.println("the specified header User-Agent is " + header);
       //获取请求行中所有的键名，并且打印对应的头信息的值
       Enumeration<String> headerNames = req.getHeaderNames();
       while(headerNames.hasMoreElements() )  {
           String name = headerNames.nextElement();
           System.out.println(name + " : " + req.getHeader(name)  );
       }
```

```
        System.out.println(req.getContextPath() ); // TestServlet
        System.out.println(req.getRemoteAddr() );  // 方法返回发出请求的客户端的 IP 地址
        System.out.println(req.getRemoteHost() );      // 方法返回发出请求的客户端的完整主机名
        System.out.println(req.getRemotePort() );      // 方法返回客户端所使用的网络端口号
        System.out.println(req.getLocalAddr() );       // 方法返回 Web 服务器的 IP 地址
        System.out.println(req.getLocalName() );       // 方法返回 Web 服务器的主机名
    }
}
```

从上面的代码中我们了解了几个从 request 对象中获取数据的方法，以及如何向 request 对象里存入数据。值得注意的是，当一个请求需要多个 Servlet 对它进行处理的时候，可以把上一个 Servlet 处理的结果存到 request 对象里面，然后传递到下一个 Servlet 中，这就是请求转发的数据共享。当然，要验证这些数据的正确性可以使用火狐浏览器（使用其他浏览器也行，笔者认为火狐浏览器的显示较直观），按 F12 键，然后选择上方的“网络”，再选择右侧的“原始头”（见图 2.8），就会看到请求报文和响应报文的内容了。

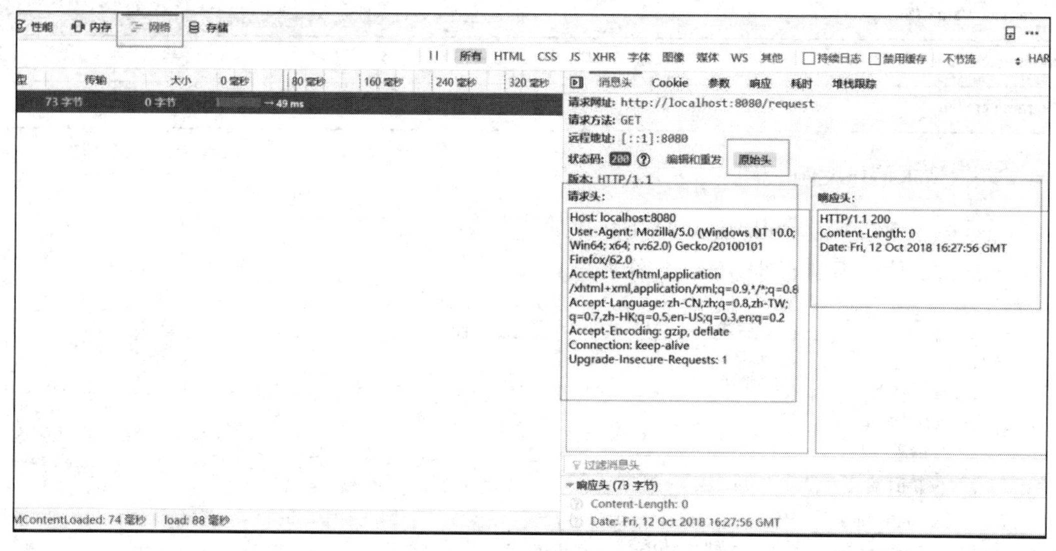

图 2.8　查看报文

（2）输入 http://localhost:8080/TestServlet/request1 后，控制台会输出下面的内容。

```
    request method is GET
    request URL is http://localhost:8080/TestServlet/request1
    request URI is /TestServlet/request1
    request schema is http
    the specified header User-Agent is Mozilla/5.0(Windows NT 10.0; Win64; x64) AppleWebKit/
537.36(KHTML, like Gecko) Chrome/72.0.3626.119 Safari/537.36
    host : localhost:8080
    connection : keep-alive
    upgrade-insecure-requests : 1
    user-agent : Mozilla/5.0(Windows NT 10.0; Win64; x64) AppleWebKit/537.36(KHTML, like
Gecko) Chrome/72.0.3626.119 Safari/537.36
    accept : text/html, application/xhtml+xml, application/xml; q=0.9, image/webp, image/apng,
*/*; q=0.8
    accept-encoding : gzip, deflate, br
    accept-language : zh-CN, zh; q=0.9
    /TestServlet
    0:0:0:0:0:0:0:1
    0:0:0:0:0:0:0:1
```

```
49618
0:0:0:0:0:0:0:1
acer-PC
```

【注意】代码中出现 0:0:0:0:0:0:0:1 是本机访问的结果，如果用其他人的计算机访问会得到更准确的结果。访问时，只需把 localhost 替换成本机的 IP 地址即可。

2. 利用 request 对象获取 URL 请求参数案例

可以在请求 URL 后面添加“?键=值”的格式传递参数，这属于 GET 传输方式。服务器端利用 request.getParameter("键")可以获取参数值。

（1）在项目 TestServlet 的 web 目录下创建一个网页文件 book.html，代码如下。

```
<!DOCTYPE html>
<html lang="en">
<head>
    <meta charset="UTF-8">
    <title>Title</title>
</head>
<body>
<br/>
<a href="book?id=1">1.西游记</a><br/>
<a href="book?id=2">2.水浒传</a><br/>
<a href="book?id=3">3.红楼梦</a><br/>
</body>
</html>
```

（2）在 com.lifeng.servlet 包下创建一个新的 Servlet，命名为 BookServlet。代码如下。

```
@WebServlet("/book")
public class BookServlet extends HttpServlet {
     protected void doGet(HttpServletRequest request, HttpServletResponse response) throws
     ServletException, IOException {
         //解决浏览器→服务器 POST 方法传输的中文乱码问题
         request.setCharacterEncoding("UTF-8");
         String id=request.getParameter("id"); //获取参数 id 的值
         //解决服务器→浏览器传输的中文乱码问题
         response.setContentType("text/html; charset=UTF-8");
         PrintWriter out=response.getWriter();
         out.write("你选择的是第"+id+"本书");
     }
     protected void doPost(HttpServletRequest request, HttpServletResponse response) throws
      ServletException, IOException {
         // TODO Auto-generated method stub
         doGet(request, response);
     }
}
```

（3）访问 book.html 页面，如图 2.9 所示。

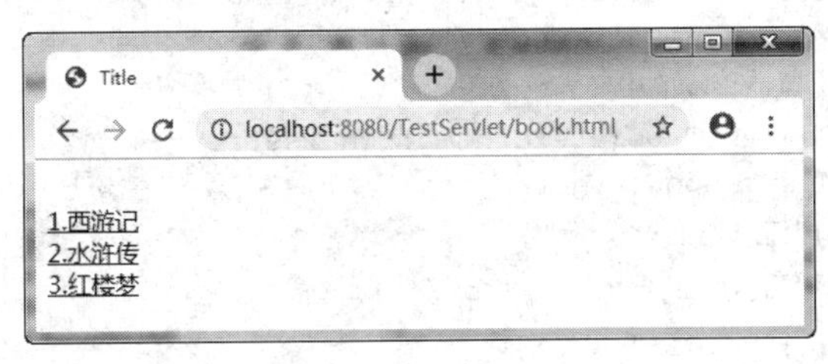

图 2.9　book.html

（4）单击超链接后，结果如图 2.10 所示。

（5）也可以直接在浏览器中输入 http://localhost:8080/TestServlet/book?id=5，结果如图 2.11 所示。

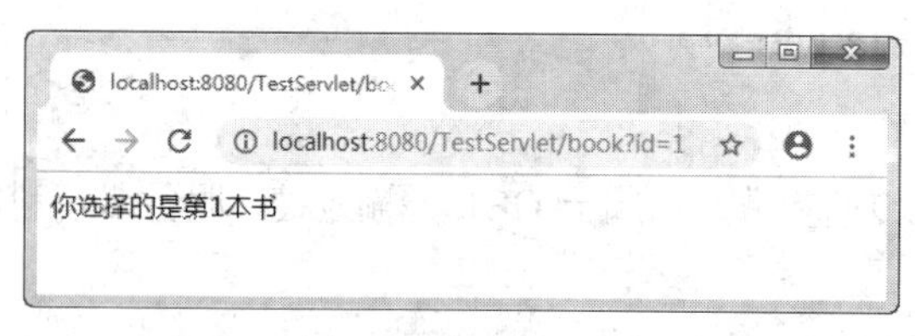

图 2.10　单击第一本书

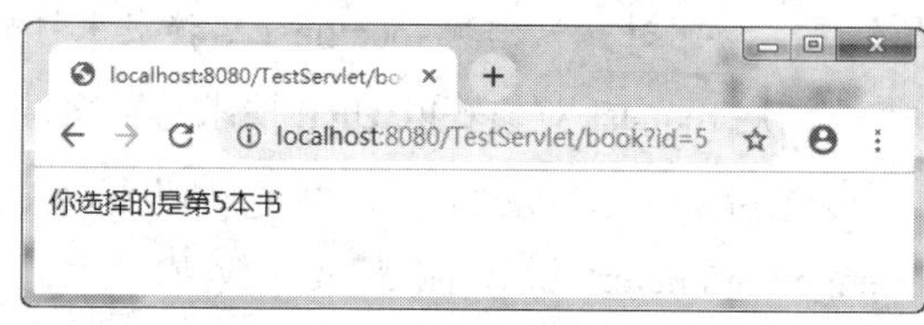

图 2.11　参数 id=5

如果要传递两个或两个以上的参数，需要用符号“&”进行连接，例如，<a href="book?id=4&price=50">4.三国演义</a>
，这样就能传递第一个参数 id=4 和第二个参数 price=50，若有更多参数，可依此类推。

3. 利用 request 对象获取个人信息案例

可以在表单中用 GET 方法传递参数，传输时其参数与值仍然会以“?键=值”格式附加到 URL 后面。

（1）在项目 TestServlet 的 web 目录下创建网页文件 info.html，代码如下。

```
<!DOCTYPE html>
<html lang="en">
<head>
    <meta charset="UTF-8">
    <title>Title</title>
</head>
<body>
<form action="info" method="get">
    姓名：<input type="text" name="username"/><br/>
    年龄：<input type="text" name="age"/><br/>
    <input type="submit" value="确定"/>
</form>
</body>
</html>
```

（2）在包 com.lifeng.servlet 下创建一个 Servlet，命名为 InfoServlet，代码如下。

```
@WebServlet("/info")
public class InfoServlet extends HttpServlet {
    protected void doGet(HttpServletRequest request, HttpServletResponse response) throws
    ServletException, IOException {
        //解决浏览器→服务器 POST 方法传输的中文乱码问题
        request.setCharacterEncoding("UTF-8");
        String username=request.getParameter("username");
        String age=request.getParameter("age");
        //解决服务器→浏览器传输的中文乱码问题
        response.setContentType("text/html; charset=UTF-8");
        PrintWriter out=response.getWriter();
        out.write("用户信息如下:<br/>");
        out.write("用户名："+username+"<br/>");
        out.write("年龄："+age+"<br/>");
    }
```

```
    protected void doPost(HttpServletRequest request, HttpServletResponse response) throws
     ServletException, IOException {
        doGet(request, response);
    }
}
```

（3）运行测试，访问 URL“http://localhost:8080/TestServlet/info.html”，如图 2.12 所示。

图 2.12　info.html 页面

（4）输入用户名及密码后，单击“确定”按钮，效果如图 2.13 所示。

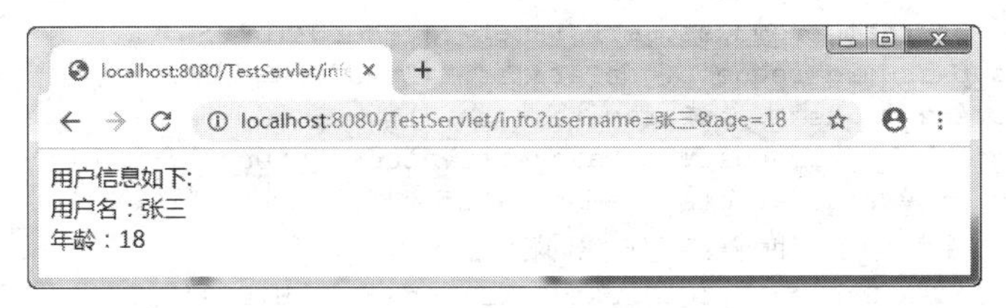

图 2.13　获取用户信息

从图 2.13 中可以发现以 get 方法提交表单，数据将会在浏览器地址栏中出现，情况类似上面的案例。如果以 post 方法提交，则数据不会在浏览器 URL 中出现，所以，get 方法的安全性会稍差些。get 方法通过 URL 携带数据还会有长度限制，而 post 方法传递数据没有长度限制。

4. 利用 request 对象获取用户注册表单信息案例

（1）在上述项目 TestServlet 的 web 目录下创建 register.html 文件，代码如下。

```
<!DOCTYPE html>
<html lang="en">
<head>
    <meta charset="UTF-8">
    <title>Title</title>
</head>
<body>
<form action="register" method="post">
    用户名：<input type="text" name="userName"/><br/>
    密码：<input type="password" name="pwd"/><br/>
    性别：<input type="radio" name="sex" value="男" checked="checked"/>男
    <input type="radio" name="sex" value="女"/>女 <br/>
    爱好：
    <input type="checkbox" name="hobby" value="basketball"/>篮球
    <input type="checkbox" name="hobby" value="singing"/>唱歌
    <input type="checkbox" name="hobby" value="coding"/>编码
    <br/>
    所在城市：
    <select name="city">
        <option>------请选择------</option>
```

```
            <option value="bj">北京</option>
            <option value="sh">上海</option>
            <option value="gz">广州</option>
        </select>
        <br/>
        <input type="submit" value="注册"/>
    </form>
    </body>
    </html>
```

（2）在包 com.lifeng.servlet 下创建名为 RegisterServlet 的 Servlet，代码如下。

```
@WebServlet("/register")
public class RegisterServlet extends HttpServlet {
     protected void doGet(HttpServletRequest request, HttpServletResponse response)
throws ServletException, IOException {
          //解决浏览器→服务器 POST 方法传输数据的中文乱码问题
          request.setCharacterEncoding("UTF-8");
          String username=request.getParameter("userName");
          String password=request.getParameter("pwd");
          String sex=request.getParameter("sex");
          String[] hobby=request.getParameterValues("hobby");
          String city=request.getParameter("city");
          //解决服务器→浏览器传输的中文乱码问题
          response.setContentType("text/html; charset=UTF-8");
          PrintWriter out=response.getWriter();
          out.write("注册成功!用户的注册信息如下:<br/>");
          out.write("用户名: "+username+"<br/>");
          out.write("密码: "+password+"<br/>");
          out.write("性别: "+sex+"<br/>");
          out.write("爱好: ");
          for(int i=0; i<hobby.length; i++)   {
             out.write(hobby[i] +"    ");
          }
          out.write("<br/>所在城市:"+city+"<br/>");
     }
     protected void doPost(HttpServletRequest request, HttpServletResponse response)
throws ServletException, IOException {
          doGet(request, response);
     }
}
```

（3）运行测试，在浏览器地址栏中输入 http://localhost:8080/TestServlet/register.html，将会出现图 2.14 所示的注册页面。

（4）填写数据，单击“注册”按钮，结果如图 2.15 所示。

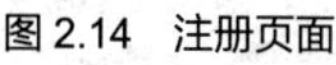
图 2.14　注册页面

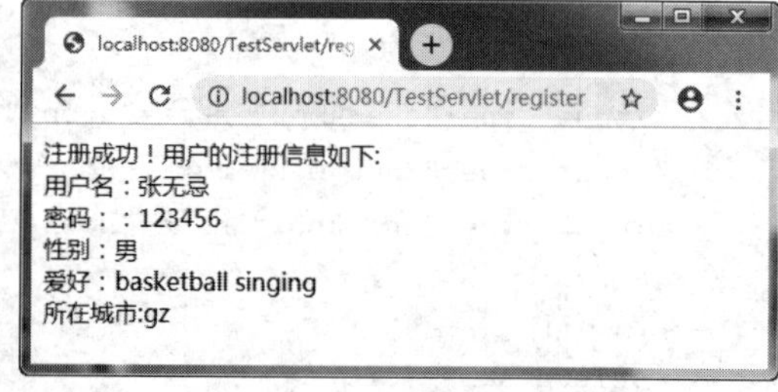

图 2.15　服务器返回结果

5. 客户端向服务器端传递中文数据乱码问题

乱码原因分析：浏览器在传递请求参数时，采用的编码方式是支持中文的 UTF-8（如本案例中的 register.html），但在服务器端解码时默认采用的是不支持中文的 ISO 8859-1。

解决方案：在 Servlet 中先用 request.setCharacterEncoding（"UTF-8"）设置解码方式为 UTF-8，再用 request.getParameter（"请求参数名"）获取数据，就可以解决乱码问题。示例代码如下。

```
request.setCharacterEncoding("UTF-8");
String username=request.getParameter("userName");
```

【注意】选择 UTF-8 或 GBK 要根据客户端的 charset 而定。

2.5.3 HttpServletResponse 对象

对应前面的请求报文 request 对象，那么就肯定有 HttpServletResponse 对象（以下简称 response 对象）用来保存响应报文的信息了，在请求处理完成之后，要返回响应报文就会把 response 解析并生成响应报文。这个 response 对象与 request 对象一般是成双成对出现的，而且它们的生命周期也是一样的。response 对象中封装了向客户端发送数据、发送响应头、发送响应状态码的方法。接下来编程演示一下 response 对象里面的一些常用方法。

```
@WebServlet(name = "ServletResponse", urlPatterns = "/response")
public class ServletResponse extends HttpServlet {
  @Override
  protected void service(HttpServletRequest req, HttpServletResponse resp) throws
ServletException, IOException {
        //setHeader 和 addHeader 的区别
        resp.setHeader("TestHeader1", "value 1");
        resp.setHeader("TestHeader1", "value 2");
        resp.addHeader("TestHeader2", "value 3");
        resp.addHeader("TestHeader2", "value 4");
        //设置状态码
        //resp.sendError(405, "the statue code is set to 405");
        //设置响应体
        resp.getWriter() .write("this is ServletResponse ...");
        //resp.getWriter() .write("<b>this is ServletResponse ...</b>");
    }
}
```

访问后，页面会显示：

```
this is ServletResponse ...
```

而且查看响应报文的时候能够看到添加的 TestHeader1 和 TestHeader2，如图 2.16 所示。

图 2.16 中有以下两个地方值得注意。

（1）setHeader 方法与 addHeader 方法的区别是，setHeader 和 addHeader 都可以在响应头中添加响应信息，但是当同键名时 setHeader 方法会覆盖之前的值，而 addHeader 方法不会。

（2）在 response 对象中可以手动设置返回的状态码。也就是说当我们访问某些网站的时候，有可能这个网站是不存在的，也有可能是这个网站的开发者手动设置这个 URL 无法访问，网页被隐藏起来了。

Response 对象的常见应用如下。

1. 向客户端输出（中文）数据

首先，为了解决中文数据乱码问题，使用这句代码 response.setContentType("text/html;charset=

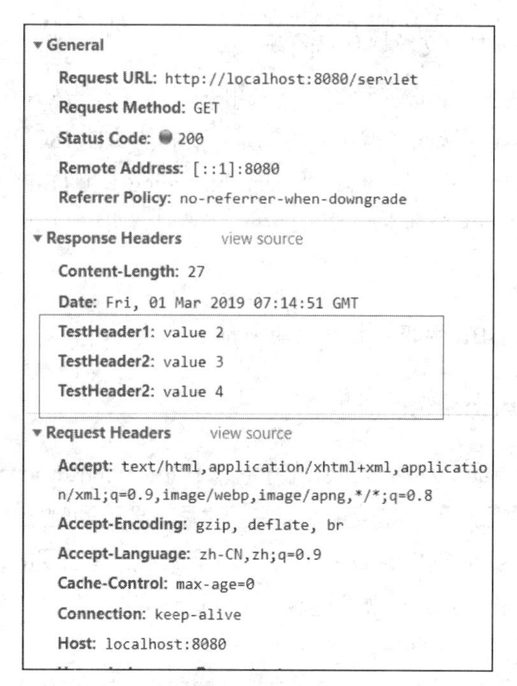

图 2.16　响应报文

UTF-8");规定服务器端采用支持中文的 UTF-8 进行编码,并通知客户端浏览器同样使用 UTF-8 解码，这样编码解码一致就不会出现乱码了。然后使用 response 对象的 getWriter 方法创建一个 PrintWriter 对象，再用 PrintWriter 对象的 write 方法向客户端浏览器输出数据，示例代码如下。

```
response.setContentType("text/html; charset=UTF-8");
PrintWriter out=response.getWriter();
out.write("注册成功!用户的注册信息如下:<br/>");
```

2. 向客户端输出（下载）图片

需要先将服务器端的一个图片对象创建为字节输入流 FileInputStream 对象，再利用 response 对象的 getOutputStream 方法创建输出流 ServletOutputStream 对象，然后进行循环边读边写即可。利用这个原理，可以在服务器端生成随机验证码图片，再输出给客户端。

（1）在项目 TestServlet 的 web 目录下创建 images 文件夹，放入图片“兰花.jpg”。

（2）在 com.lifeng.servlet 下创建一个 Servlet 名为 ImageServlet，代码如下。

```
@WebServlet("/image")
public class ImageServlet extends HttpServlet {
   protected void doGet(HttpServletRequest request, HttpServletResponse response)
throws ServletException, IOException {
        //输出图片
        String path=this.getServletContext() .getRealPath("/images/兰花.jpg");
        InputStream fis=new FileInputStream(path);
        ServletOutputStream sos=response.getOutputStream();
        //得到要下载的文件名
        String filename = path.substring(path.lastIndexOf("\\") +1);
        filename = URLEncoder.encode(filename, "UTF-8"); //将不安全的文件名改为 UTF-8 格式
        //告知客户端要下载文件
        response.setHeader("content-disposition", "attachment; filename="+filename);
        response.setHeader("content-type", "image/jpeg");
```

```
        int len = 1;
        byte[] b = new byte[1024] ;
        while((len=fis.read(b) ) !=-1) {
            sos.write(b, 0, len);
        }
        sos.close();
        fis.close();
    }

    protected void doPost(HttpServletRequest request, HttpServletResponse response)
throws ServletException, IOException {
        // TODO Auto-generated method stub
        doGet(request, response);
}
```

（3）运行测试，访问 URL“http://localhost:8080/TestServlet/image”，结果如图 2.17 所示。

（4）如果取消上面代码中的几行注释，则不是直接输出图片，而是变成了下载图片，结果如图 2.18 所示。

图 2.17　输出图片

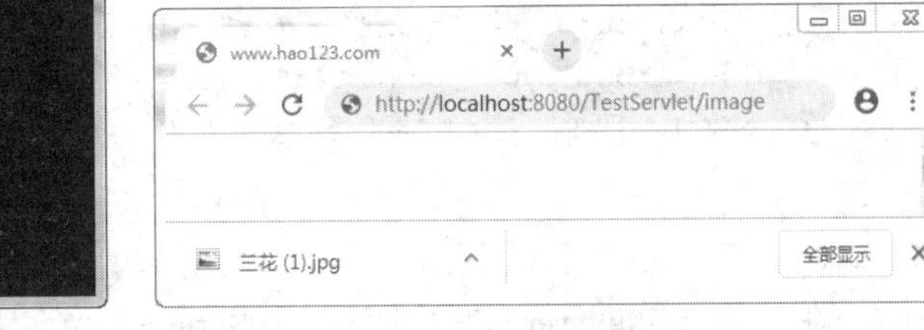

图 2.18　下载图片

【注意】 getOutputStream 和 getWriter 这两个方法互相排斥，调用了其中的任何一个方法后，就不能再调用另一个方法，否则会抛出异常。

3. 控制浏览器定时刷新网页

示例代码如下。

```
response.setContentType("text/html; charset=UTF-8");
response.getWriter().write("注册成功!5 秒跳到主页");
//设置 5 秒跳转
response.setHeader("refresh", "5; url=/TestServlet/index.jsp");
```

2.5.4　请求转发与重定向

请求重定向是指客户端先请求第一个 Web 资源，当第一个 Web 资源收到客户端请求后，再通知客户端去访问另外一个 Web 资源。第一个 Web 资源将会发送 302 状态码及 Location 响应头给客户端，客户端自动会向 Location 响应头中的 URL 发出第二次请求。所以整个重定向周期，客户端一共发出了二次相对独立的请求。表面特征是其浏览器地址栏中的信息会发生改变。此外请求参数数据在第二个 Web 资源中将会丢失，不能再用 request.getParameter 方法获取。

在第一个 Web 资源（Servlet）中使用 response.sendRedirect(目标 URL)方法，可以实现重定向到

指定目标。

示例代码：

```
response.sendRedirect("/TestServlet/simpletest");
```

请求转发是指客户端先请求第一个 Web 资源，当第一个 Web 资源收到客户端请求后，再通知服务器去调用另外一个 Web 资源进行处理。对于客户端而言，它只是发出了一次请求，所以表面上浏览器地址栏中的信息不会发生改变。此外请求参数数据在第二个 Web 资源中也不会丢失，仍然可用 request.getParameter 方法获取。

request 对象有一个 getRequestDispatcher 方法，该方法返回一个 RequestDispatcher 对象，再调用这个对象的 forward 方法可以实现请求转发。示例代码：

```
request.getRequestDispatcher("/TestServlet/simpletest ").forward(request, response);
```

下面介绍一个登录过程重定向与转发的应用案例。

（1）在项目 TestServlet 的 web 目录下新建一个网页文件 login.html，代码如下。

```
<!DOCTYPE html>
<html lang="en">
<head>
     <meta charset="UTF-8">
     <title>Title</title>
</head>
<body>
<form action="login" method="get">
     用户名：<input type="text" name="username" /><br>
     密　码：<input type="password" name="password" /><br>
     <input type="submit" value="登录" />
</form>
</body>
</html>
```

（2）在包 com.lifeng.servlet 下创建一个 Servlet，命名为 LoginServlet，代码如下。

```
@WebServlet("/login")
public class LoginServlet extends HttpServlet {
     protected void doGet(HttpServletRequest request, HttpServletResponse response)
throws ServletException, IOException {
          request.setCharacterEncoding("UTF-8");
          response.setContentType("text/html; charset=UTF-8");
          PrintWriter out=response.getWriter();
          String username = request.getParameter("username");
          String password = request.getParameter("password");
          if(username.equals("admin") &password.equals("123") )   {
              out.write("测试有无输出!"); //先写到缓冲区
              //转发到主页相关的 servlet
              request.getRequestDispatcher("home") .forward(request, response);
              //试试用重定向怎样
              //response.sendRedirect("home");
          } else {
              response.sendRedirect("error ");
          }
     }
     protected void doPost(HttpServletRequest request, HttpServletResponse response)
throws ServletException, IOException {
          // TODO Auto-generated method stub
          doGet(request, response);
     }
}
```

（3）创建一个 Servlet，命名为 HomeServlet，用于模拟主界面，代码如下。

```
@WebServlet("/home")
public class HomeServlet extends HttpServlet {
    protected void doGet(HttpServletRequest request, HttpServletResponse response)
        throws ServletException, IOException {
        request.setCharacterEncoding("UTF-8");
        response.setContentType("text/html; charset=UTF-8");
        PrintWriter out = response.getWriter();
        String username = request.getParameter("username");
        String password = request.getParameter("password");
        out.write("<h1>欢迎光临管理员主页</h1>");
        out.write("<h3>当前登录用户名:"+username+"</h3>");
        out.write("<h3>当前登录密码:"+password+"</h3>");
    }
    protected void doPost(HttpServletRequest request, HttpServletResponse response)
        throws ServletException, IOException {
        doGet(request, response);
    }
}
```

（4）创建一个 Servlet，命名为 LoginErrorServlet，用于处理登录失败的情况，代码如下。

```
@WebServlet("/error")
public class LoginErrorServlet extends HttpServlet {
    protected void doGet(HttpServletRequest request, HttpServletResponse response)
        throws ServletException, IOException {
        response.setContentType("text/html; charset=UTF-8");
        response.getWriter().write("用户名或密码错误!5 秒返回登录页!");
        //设置 5 秒跳转
        response.setHeader("refresh", "5; url=/TestServlet/login.html");
    }
    protected void doPost(HttpServletRequest request, HttpServletResponse response)
        throws ServletException, IOException {
        doGet(request, response);
    }
}
```

（5）测试运行，访问 URL“http://localhost:8080/TestServlet/login.html”，输入用户名和密码，单击“登录”按钮，如图 2.19 所示。

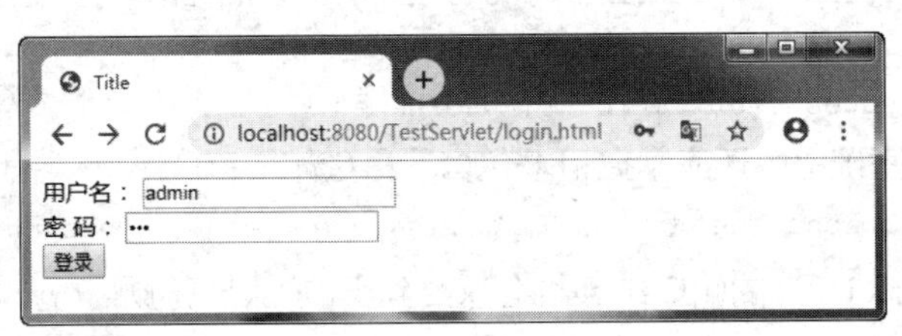

图 2.19　登录页面

（6）用户名及密码填写正确，登录成功的效果如图 2.20 所示。

（7）如果用户名或密码填写错误，将出现图 2.21 所示的页面。

（8）如果步骤（2）的 LoginServlet 中判断用户名和密码正确后，不用转发，改用重定向，则结果如图 2.22 所示。

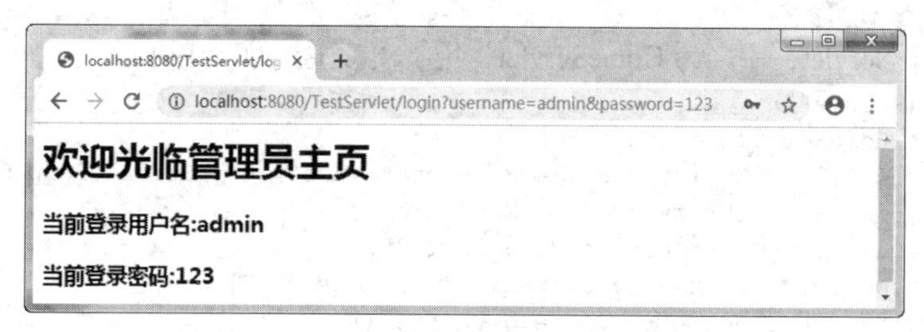

图 2.20　登录成功

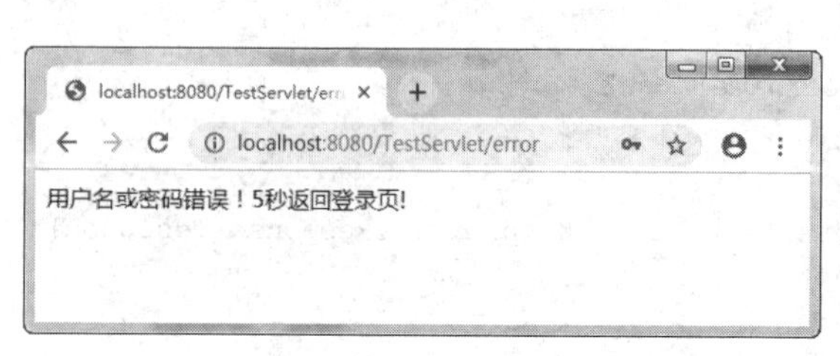

图 2.21　登录失败

图 2.22　重定向后

用户名和密码都要为 null，这说明了请求重定向的请求参数无法在第二个 Web 资源中获取。而请求转发没这个问题。此外观察 LoginServlet 中的 out.write（"测试有无输出！"）这行代码的输出情况，发现一直无输出，这是因为这个输出只是先输出到缓冲区，尚未真正输出，后面遇到请求转发语句，将会清空缓冲区。

在请求转发的情况下，request 对象可以作为域对象，在 Web 资源之间传递数据，将数据通过 request 对象带给其他 Web 资源处理。其原理是，在第一个 Servlet 中使用 request 对象的 setAttribute 方法，存储一个键值对，然后进行请求转发，再在请求转发的目标 Servlet 中使用 request 对象的 getAttribute 方法获取存储到 request 域中的值。

setAttribute 语法：

```
public void setAttribute(java.lang.String name, java.lang.Object o)
```

示例代码：

```
request.setAttribute("username", "zhangsan");
```

getAttribute 语法：

```
public java.lang.String getAttribute(java.lang.String name)
```

示例代码：

```
String username=request.getAttribute("username");
```

在掌握请求转发的基础上，还应掌握请求包含。语法如下：

```
request.getRequestDispatcher("目标URL").include(request, response)
```

这时请求转发的目标 URL 的响应结果将会返回到当前 Web 资源，与当前 Web 资源的输出合并在一起响应给客户端。

2.5.5　Cookie 对象

服务器端的应用程序把每个用户的数据以 Cookie 对象的形式写到用户各自的浏览器，当用户浏览器再次访问该应用程序时就会携带用户各自的数据，从而 Web 服务器可以处理用户各自的数据，这就是 Cookie 技术。

1. Cookie 对象的创建

Cookie 类的构造方法：

```
public Cookie(java.labg.String name, java.lang.String value)
```

Cookie 是以键值对的方式创建的，name 代表 Cookie 的名称（键），value 代表 Cookie 的值，示例如下：

```
Cookie cookie=new Cookie("uname", "zhangsan");
```

创建一个名为“uname”、值为“zhangsan”的 Cookie 对象，对象名为 Cookie。创建好该对象后，服务器端程序还需要用 response 对象的 addCookie(Cookie 对象)方法向客户端发送 Cookie，存入客户端浏览器，示例如下：

```
response.addCookie(Cookie);
```

调用该方法时，将会在 HTTP 响应头字段中增加 Set-Cookie 响应头字段，示例如下：

```
Set-Cookie:uname=zhangsan; Path=/;
```

其中 uname=zhangsan 是一个 Cookie 的键值对，如果一次发送多个 Cookie，则多个键值对之间可用分号隔开，Path 后面再解释。

2. Cookie 的常用方法

setMaxAge(int expiry)方法：用于设置 Cookie 在客户端的生存时间（秒）。若该方法中的参数为正整数，则该 Cookie 会写到客户端硬盘，且 Cookie 的有效时间为该正整数。若参数为负整数，则表示会存储到浏览器的缓存中，且只在浏览器生存期间有效，一旦浏览器关闭，Cookie 就会失效。若参数为 0，则表示删除同名 Cookie。默认参数值为−1。值得注意的是，没有直接删除 Cookie 的方法，只能用该方法来删除 Cookie。

setPath(String uri)方法：用于设置 Cookie 的有效目录路径，当客户端再次访问服务器其他资源时，根据访问路径来决定是否带着 Cookie 到服务器，当访问的是以 Cookie 中 path 开头的路径时，就带 Cookie，否则就不带。对应上述 Set-Cookie 响应头字段的 Path 部分。注意，删除 Cookie 时，path 必须一致，否则不会删除。例如，setPath("/")表示访问本服务器（Tomcat）下的所有网站都会携带此 Cookie，setPath("/web1")表示访问本服务器下的网站 web1 时都会携带此 Cookie，但访问本服务器下的其他网站时不会携带。setPath("/web1/demo1")表示访问本服务器下 web1 网站的 demo1 目录时会携带 Cookie，访问 web1 网站的其他目录则不会携带 Cookie。默认 Path 为发送该 Cookie 的 Servlet 所在路径。例如，如果某 Cookie 由“web1/demo1”目录下的 servlet1 创建，则只有访问“web1/demo1”目录时才会携带此 Cookie，其他目录不会携带。

getName 方法：返回 Cookie 对象的名称（Name）。

getValue 方法：返回 Cookie 对象的值（Value）。

一个 Cookie 只能标识一种信息，它至少含有一个标识该信息的名称和设置值。一个 Web 站点可以给一个 Web 浏览器发送多个 Cookie，一个 Web 浏览器也可以存储多个 Web 站点提供的 Cookie。浏览器一般只允许存放 300 个 Cookie，每个站点最多存放 20 个 Cookie，每个 Cookie 的大小限制为 4KB。

3. Cookie 的读取

当客户端浏览器带 Cookie 数据再次访问服务器端时，服务器端如何读取 Cookie 数据呢？这需要用到 request 对象的 getCookies 方法，该方法返回 Cookie 对象数组，再对数组进行遍历，结合 getName

和 getValue 方法获得需要的 Cookie 数据。

4. Cookie 简单案例

（1）新建 Web 项目 servletDemo，在 src 下新建包 com.lifeng.servlet，包下创建 CookieServlet1 代码如下。

```
@WebServlet("/test1/cookie1")
public class CookieServlet1 extends HttpServlet {
    private static final long serialVersionUID = 1L;
    public CookieServlet1()   {
        super();
    }
    protected void doGet(HttpServletRequest request, HttpServletResponse response)
throws ServletException, IOException {
            //1.创建 Cookie 对象
            Cookie  cookie1=new Cookie("ck1", "砺锋科技");
            //2.把 Cookie 写到浏览器
            response.addCookie(cookie1);
            //提示
            response.setContentType("text/html; charset=utf-8");
            PrintWriter out = response.getWriter();
            out.print("<h1>Cookie 成功写到浏览器</h1>");
    }
    protected void doPost(HttpServletRequest request, HttpServletResponse response)
throws ServletException, IOException {
            doGet(request, response);
    }
}
```

上面代码的功能是创建 Cookie，其访问 url 路径是 http://localhost:8080/CookieDemo/test1/cookie1，这里并没有调用 setPath 方法，则默认 path 为创建该 Cookie 的 Servlet 所在的目录，即 http://localhost:8080/CookieDemo/test1，下次只有访问该目录下的资源才会携带该 Cookie。

（2）接下来写一个 Servlet 来读取 Cookie 数据。

```
@WebServlet("/test1/cookie2")
public class CookieServlet2 extends HttpServlet {
    private static final long serialVersionUID = 1L;
    public CookieServlet2()   {
        super();
    }
    protected void doGet(HttpServletRequest request, HttpServletResponse response)
throws ServletException, IOException {
            response.setContentType("text/html; charset=utf-8");
            PrintWriter out = response.getWriter();
            //1.获取浏览器发送的所有 Cookie
            Cookie[] cookies=request.getCookies();
            //2.遍历所有 Cookie，查找指定的 Cookie，并输出
            for(Cookie cookie:cookies)   {
                if(cookie.getName().equals("ck1") )   {
                    out.write("<h1>取出 Cookie 成功: "+cookie.getValue() +"</h1>");
                    break;
                }
            }
    }
```

```
    protected void doPost(HttpServletRequest request, HttpServletResponse response)
throws ServletException, IOException {
        doGet(request, response);
    }
}
```

（3）先访问 CookieServlet1，再访问 CookieServlet2，结果如图 2.23 所示。

图 2.23　Cookie 写与读

5. Cookie 综合案例：记住用户名与密码

（1）在项目 CookieDemo 的包 com.lifeng.servlet 下创建 IndexServlet，代码如下。

```
@WebServlet("/index")
public class IndexServlet extends HttpServlet {
    protected void doGet(HttpServletRequest request, HttpServletResponse response)
throws ServletException, IOException {
        response.setContentType("text/html; charset=UTF-8");
        PrintWriter out = response.getWriter();
        String username ="";
        String checked = "";
        String password="";
        //得到客户端保存的 Cookie 数据
        Cookie[] cookies = request.getCookies();
        for(int i = 0; cookies!=null && i < cookies.length; i++)  {
            if("username".equals(cookies[i] .getName() ) )  {
                username = cookies[i] .getValue();
                checked = "checked='checked'";
            }
            if("password".equals(cookies[i] .getName() ) )  {
                password = cookies[i] .getValue();
            }
        }
       if("admin".equals(username) &&"123".equals(password) )  {
           response.sendRedirect("admin.html");
       }
        out.write("<form action='"+request.getContextPath() +"/login' method='post'>");
        out.write("用户名: <input type='text' name='username' value='"+username+"'/> <br/>");
        out.write("密码: <input type='password' name='password' value='"+password+"'/> <br/>");
        out.write("<input type='checkbox' name='remember' "+checked+" />记住用户名和
```

```
密码<br/>");
            out.write("<input type='submit' value='登录'/><br/>");
            out.write("</form>");
        }
        protected void doPost(HttpServletRequest request, HttpServletResponse response)
throws ServletException, IOException {
            // TODO Auto-generated method stub
            doGet(request, response);
        }
}
```

（2）再建一个 LoginServlet，代码如下。

```
@WebServlet("/login")
public class LoginServlet extends HttpServlet {
     public void doGet(HttpServletRequest request, HttpServletResponse response)
               throws ServletException, IOException {
          request.setCharacterEncoding("UTF-8");
          response.setContentType("text/html; charset=UTF-8");
          PrintWriter out = response.getWriter();
          //获取表单数据
          String username = request.getParameter("username");
          String password = request.getParameter("password");
          String remember = request.getParameter("remember");
          System.out.println(username);
          Cookie ck = new Cookie("username", username);
          Cookie ck2 = new Cookie("password", password);
          //登录判断
          if("admin".equals(username) &&"123".equals(password) ) {
             if(remember!=null) {
                 ck.setMaxAge(60); //设置 Cookie 的有效保存时间
                 ck2.setMaxAge(60); //设置 Cookie 的有效保存时间
             } else {
                 ck.setMaxAge(0); //删除 Cookie
                 ck2.setMaxAge(0); //删除 Cookie
             }
             response.addCookie(ck); //将 Cookie 写回到客户端
             //再存一个 Cookie 用于存储密码
             response.addCookie(ck2); //将 Cookie 写回到客户端
             response.sendRedirect("admin.html");
          } else {
             out.write("登录失败!");
             //设置 3 秒跳到重新登录
             response.setHeader("refresh", "3; url="+request.getContextPath() +"/index");
          }
     }
     protected void doPost(HttpServletRequest request, HttpServletResponse response)
throws ServletException, IOException {
          doGet(request, response);
     }
}
```

（3）在 Web 目录下创建 admin.html，关键代码如下。

```
<body>
<h1>欢迎进入管理员主页</h1>
</body>
```

（4）运行测试。访问 URL“http://localhost:8080/CookieDemo/index”，如图 2.24 所示。

（5）输入用户名为 admin、密码为 123，勾选“记住用户名和密码”复选框，登录成功后会进入主界面。关闭浏览器后，再次访问 URL“http://localhost:8080/CookieDemo/index”，则会发现用户名和密码都带有数据，如图 2.25 所示。

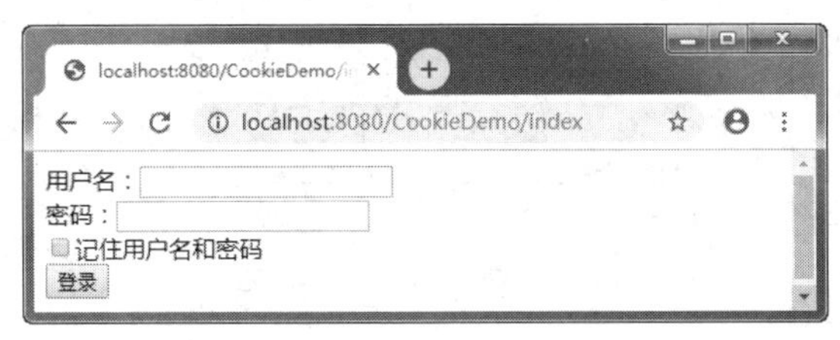

图 2.24　首次登录界面

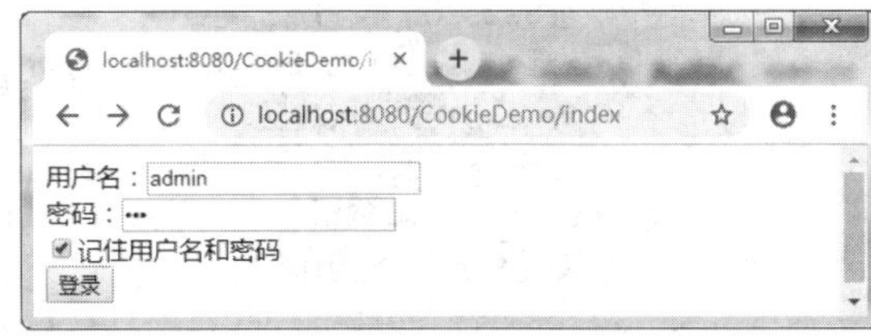

图 2.25　带数据的登录界面

如果不勾选“记住用户名和密码”复选框，则下次再访问该 URL 就不再有用户名和密码数据了。

（6）如果在 LoginServlet 中的输出表单前添加下列代码，则可以实现自动登录。即第一次登录成功后，下次再访问该 URL“http://localhost:8080/CookieDemo/index”，无须登录即可直接转到主页 admin.html。

```
if("admin".equals(username) &&"123".equals(password) )   {
     response.sendRedirect("admin.html");
}
```

2.5.6 Session 对象

1. Session 的概念

Session 是会话的意思。什么是会话？一次会话包含多次请求与响应，从打开浏览器访问 Web 网站开始，其间多次单击超链接，访问该 Web 站点的多个资源，最后关闭浏览器，整个过程就称为一个会话。每个用户在使用浏览器与服务器进行会话的过程中，会产生一些数据，例如，用户访问某个网上商城，某一时刻单击超链接通过一个 Servlet 购买了一个商品，在另外一个时刻又单击了另一个超链接购买了另一件商品，这些购物的数据需要保存起来，以便最后用户单击结算 Servlet 时，结算 Servlet 可以得到用户购买的各个商品信息，这时就需要使用 Session 对象来保存这些购物数据。Session 用于在同一个会话下，同一个应用的多个资源之间共享数据。

前面介绍过 HTTP 是无状态的协议，为了解决数据保存的问题，HTTP 加入了 Cookie 技术。通过 Cookie 可以让浏览器对 Cookie 里的信息进行保存。Session 对象是在 Cookie 上发展的。试想一下，如果一个账户用 Cookie 保存它的账号和密码，这是十分不安全的，因为 Cookie 是对所有人都可见的。最好的解决方法是把账户信息等保存在服务器上，并且在对话（一次对话中有多个请求）结束后把这个对象销毁，所以发展出了 Session 对象。

Session 对象是由服务器创建的，并且保存在服务器上，对客户端来说它是不可见的。而每一个 Session 对象都有一个属于自己的 JSESSIONID，通过 Cookie 把 Session 对象的 JSESSIONID 发送给客户端，当下一个请求里加入了这个 JSESSIONID 就能识别这个请求是哪一个客户请求的。

2. Session 的常用方法

通过以下代码学习 Session 的创建、存取、设置时间、失效等方法。

```
@WebServlet(name = "ServletSession", urlPatterns = "/session")
public class ServletSession extends HttpServlet {
```

```
    @Override
    protected void service(HttpServletRequest req, HttpServletResponse resp) throws
ServletException, IOException {
        String name = "Michael";
        //创建 Session 对象
        HttpSession session = req.getSession();
        //向 Session 里存数据
        session.setAttribute("name", name);
        //向 Session 里取数据
        String sessionAttribute = (String) session.getAttribute("name");
        System.out.println(sessionAttribute);
        //设置 Session 的存储时间(秒)
        //session.setMaxInactiveInterval(60);
        System.out.println(session.getId() );
        //设置 Session 强制失效
        //session.invalidate();
        resp.getWriter() .write("invoking ServletSession.service method ...");
    }
}
```

在上面的代码里，req.getSession 方法可以获取或创建 Session 对象。如果请求有 JSESSIONID，并且能在服务器里找到对应的 Session 对象，就使用这个 Session 对象；如果没有，则创建一个新的 Session 对象，并在 response 对象里添加 Cookie 数据。

Session 对象在服务器端的保存时间一般为 30 分钟。若 30 分钟内没有对该 Session 对象进行访问，则它会被销毁；若 30 分钟内进行了访问，则 Session 对象的有效时间变为从当前时间计算起 30 分钟。所以，一般来说，浏览器对于 JSESSIONID 的保存是保存在浏览器的运行内存中的。

默认情况下，一个浏览器独占一个 Session 对象，因此，在需要保存用户数据时，服务器程序可以把用户数据写到用户浏览器独占的 Session 中，当用户使用浏览器访问其他程序时，其他程序可以从用户的 Session 中取出该用户的数据，为用户服务。

Session 和 Cookie 的区别如下：

- Cookie 把用户的数据写给用户的浏览器；
- Session 则把用户的数据写到用户独占的 Session 中。

3. 使用 Session 实现购物车案例

（1）在项目 SessionDemok 的 src 下创建包 com.lifeng.entity，包下创建实体类 Mobile（手机）。关键代码如下。

```
public class Mobile {
    private int id;
    private String pname;
    private String type;
    private int price;

    public Mobile(int id, String pname, String type, int price)  {
        this.id = id;
        this.pname = pname;
        this.type = type;
        this.price = price;
}
//省略 getter、setter 代码
}
```

（2）在 src 下创建包 com.lifeng.util，包下创建类 DBHelper 用于模拟数据库功能，代码如下。

```
public class DBHelper {
    private static Map<String, Mobile> mobiles = new HashMap<String, Mobile>();
    static {
        mobiles.put("1", new Mobile(1, "华为", "P30", 8000) );
        mobiles.put("2", new Mobile(2, "苹果", "iphones8", 7000) );
        mobiles.put("3", new Mobile(3, "三星", "Galaxy", 6000) );
        mobiles.put("4", new Mobile(4, "小米", "m20", 5000) );
    }
    //得到所有手机
    public static Map<String, Mobile> getAllMobiles()  {
        return mobiles;
    }
    /**
     * 根据 id 查找指定的手机
     * @param id
     * @return
     */
    public static Mobile getMobileById(String id)  {
        return mobiles.get(id);
    }
}
```

（3）在包 com.lifeng.servlet 下创建 ListMobileServlet，用于展示所有手机信息，代码如下。

```
@WebServlet("/list")
public class ListMobilesServlet extends HttpServlet {
    public void doGet(HttpServletRequest request, HttpServletResponse response)
throws ServletException, IOException {
        response.setContentType("text/html; charset=UTF-8");
        PrintWriter out = response.getWriter();
        request.getSession();
        out.print("本网站有以下手机出售：单击即可加入购物车！<br/>");
        out.print("<table border=1><tr><td>编号</td><td>品名</td><td>型号</td><td>价格
    </td></tr>");
        Map<String, Mobile> mobiles = DBHelper.getAllMobiles();
        for(Map.Entry<String, Mobile> mobile : mobiles.entrySet() )  {
            String url = request.getContextPath() +"/addCart?id="+mobile.getKey();
            out.print("<tr><td>"+mobile.getValue().getId() +"</td><td><a href='"+
            response.encodeURL(url) +"'>"+mobile.getValue().getPname()+"</a></td>
            <td>"+mobile. getValue().getType() +"</td><td>"+mobile.getValue().
            getPrice() +"</td></tr>");
        }
        out.print("</table>");
        String url2 = request.getContextPath() +"/showCart";
        out.print("<a href='"+response.encodeURL(url2) +"'>查看购物车</a>");
    }
    public void doPost(HttpServletRequest request, HttpServletResponse response)
            throws ServletException, IOException {
        doGet(request, response);
    }
}
```

（4）在 com.lifeng.servlet 包下创建 AddCartServlet，用于加入购物车，代码如下。

```
@WebServlet("/addCart")
public class AddCartServlet extends HttpServlet {
```

```
    public void doGet(HttpServletRequest request, HttpServletResponse response)
throws ServletException, IOException {
        response.setContentType("text/html; charset=UTF-8");
        PrintWriter out = response.getWriter();
        String id = request.getParameter("id");
        //得到 session 对象
        HttpSession session = request.getSession();
        //从 session 中取出 list(购物车)
        //使用 HashMap 来做
        Map<String, Integer> list = (HashMap<String, Integer>) session.getAttribute
("cart");
        if(list==null)  {
           list=new HashMap<String, Integer>();
        }
        if(list.keySet() .contains(id) )  {
           int count=list.get(id);
           list.put(id, count+1);
        } else {
           list.put(id, 1);
        }
        session.setAttribute("cart", list); //把 list 放回到 session 域中
        String url = request.getContextPath() +"/list";
        out.print("购买成功!3 秒后自动返回<a href='"+response.encodeURL(url) +"'> 
    立即返回购物</a>");
        response.setHeader("refresh", "3; url="+response.encodeURL(url));
    }
    public void doPost(HttpServletRequest request, HttpServletResponse response)
           throws ServletException, IOException {
        doGet(request, response);
    }
}
```

（5）在 com.lifeng.servlet 包下创建 ShowCartServlet，用于查看购物车，代码如下。

```
@WebServlet("/showCart")
public class ShowCartServlet extends HttpServlet {
    public void doGet(HttpServletRequest request, HttpServletResponse response)
throws ServletException, IOException {
        response.setContentType("text/html; charset=UTF-8");
        PrintWriter out = response.getWriter();
        HttpSession session = request.getSession();
        Map<String, Integer> map=(HashMap<String, Integer>) session.getAttribute("cart");
        if(map==null)  {
           out.print("你还没买东西!3 秒后自动返回");
           response.setHeader("refresh", "3; url="+request.getContextPath() +"/list");
           return;
        } else {
           out.print("购物车有以下商品: <br/>");
           out.print("<table border=1><tr><td>编号</td><td>品名</td><td>型号</td><td>
        价格</td><td>数量</td></tr>");
           for(String key:map.keySet()) {
                Mobile mobile= DBHelper.getMobileById(key);
           out.print("<tr><td>"+ mobile.getId() +"</td><td>"+mobile.getPname()
        +"</td><td>"+ mobile.getType() +"</td><td>"+ mobile.getPrice() +"</td><td>"
        +map.get(key) +"</td></tr>");
```

```
            }
            out.print("</table>");
        }
        String url = request.getContextPath() +"/list";
        out.print("<a href='"+response.encodeURL(url) +"'>返回购物</a><br/>");
    }
    public void doPost(HttpServletRequest request, HttpServletResponse response)
throws ServletException, IOException {
        doGet(request, response);
    }
}
```

（6）运行测试。访问 URL“http://localhost:8080/SessionDemo/list”，结果如图 2.26 所示。

（7）单击华为手机右侧的“加入购物车”超链接，结果如图 2.27 所示。

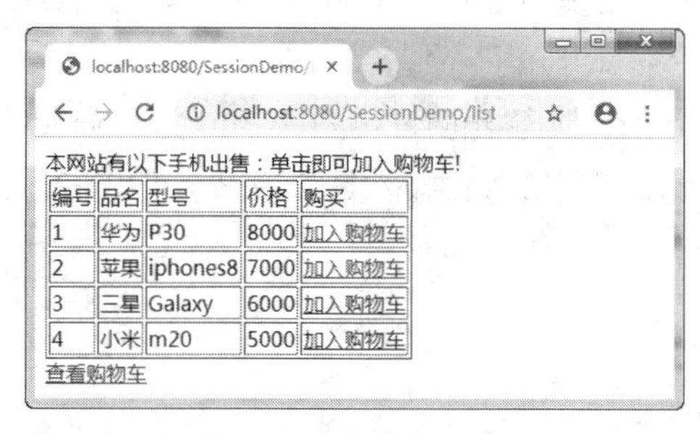

图 2.26　手机信息页

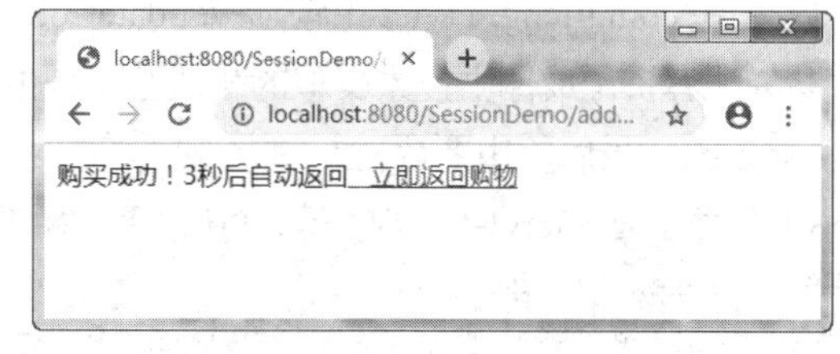

图 2.27　购买提示

（8）随便单击其他的商品，或同一个商品加入购物车多次，然后查看购物车，结果如图 2.28 所示。

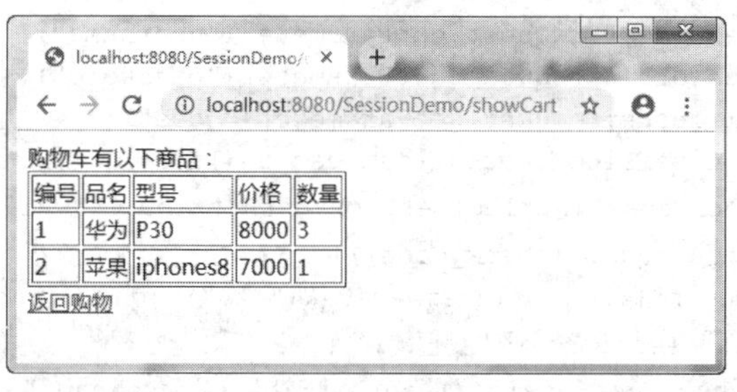

图 2.28　查看购物车

4. 使用 Session 实现登录控制与验证码

（1）在 Web 下创建 HTML 文件 login.html，代码如下。

```
<!DOCTYPE html>
<html lang="en">
<head>
    <meta charset="UTF-8">
    <title>Title</title>
    <script type="text/javascript">
        function change() {
            //获取图片元素
            var img = document.getElementsByTagName("img")[0];
            img.src = "validCode?time="+new Date().getTime();
        }
    </script>
```

```
</head>
<body>
<form action="login" method="post">
    用户名：<input type="text" name="username"/><br>
    密    码：<input type="password" name="password"/><br>
    验证码：<input type="text" name="code"/>
    <img src="validCode" onclick="change() "/><a href="javascript:change() " >看不清
换一张</a><br>
    <input type="submit" value="登录"/><br>
</form>
</body>
</html>
```

其中，img 标签的 src 属性值为 Servlet 的 url，程序执行到这里时会请求该 Servlet，该 Servlet 输出验证码图片，由该 img 标签接收，即可看验证码。

（2）在包 com.lifeng.servlet 下创建 ValidateCodeServlet 用于输出验证码图片，url 为“/validCode”代码（参考配套资源或网上搜索类似的生成验证码的 Java 代码），关键技术是验证码字符串随机生成，并存入 session，最后输出图片。

（3）创建 LoginServlet 实现登录功能，代码如下。

```
@WebServlet("/login")
public class LoginServlet extends HttpServlet {
    public void doGet(HttpServletRequest request, HttpServletResponse response)
throws ServletException, IOException {
        response.setContentType("text/html; charset=utf-8");
        PrintWriter out = response.getWriter();
        //假设正确的用户名是 admin，密码是 123
        String username = request.getParameter("username");
        String password = request.getParameter("password");
        String validcode=request.getParameter("code");
        HttpSession session=request.getSession();
        String check_code=(String)session.getAttribute("valid_code");
        if(validcode.equals(check_code)){
            if(("admin").equals(username)&&("123").equals(password)){
                //创建 session，存入键值对,
                request.getSession().setAttribute("username", username);
                //重定向到主页
                response.sendRedirect("index");
            } else {
                out.write("用户名或密码错误，登录失败");
            }
        } else {
            out.write("验证码错误，登录失败");
        }
        response.setHeader("refresh", "3; url=login.html");
    }
    public void doPost(HttpServletRequest request, HttpServletResponse response)
throws ServletException, IOException {
        doGet(request, response);
    }
}
```

（4）创建 IndexServlet 用于呈现登录成功后的主页，代码如下。

```
@WebServlet("/index")
public class IndexServlet extends HttpServlet {
     public void doGet(HttpServletRequest request, HttpServletResponse response)
throws ServletException, IOException {
          response.setContentType("text/html; charset=utf-8");
          HttpSession session = request.getSession();
          String username = (String) session.getAttribute("username");
          if(username!= null)   {
             response.getWriter() .print("<h3>用户:"+username+"</h3>");
             response.getWriter() .print("<h1>欢迎你"+username+", 登录管理员主页!</h1>");
             response.getWriter() .print(
                    "<a href='logout'>退出</a>");
          } else {
             response.getWriter() .print("您还没有登录, 请<a href='login.html'>登录</a>");
             response.setHeader("refresh", "3; url=login.html");
          }
     }
     public void doPost(HttpServletRequest request, HttpServletResponse response)
throws ServletException, IOException {
          doGet(request, response);
     }
}
```

（5）创建 LogoutServlet 用于退出登录，代码如下。

```
@WebServlet("/logout")
public class LogoutServlet extends HttpServlet {
     public void doGet(HttpServletRequest request, HttpServletResponse response)
throws ServletException, IOException {
          // 将 Session 对象中的 username 对象移除
          request.getSession() .removeAttribute("username");
          response.sendRedirect("login.html");
     }
     public void doPost(HttpServletRequest request, HttpServletResponse response)
throws ServletException, IOException {
          doGet(request, response);
     }
}
```

（6）运行测试，访问 URL “http://localhost:8080/SessionDemo/login.html”，如图 2.29 所示。单击验证码图片或“看不清换一张”链接，验证码会随机更换一个。

（7）若验证码错误，会出现图 2.30 所示的页面。

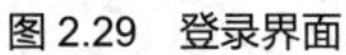
图 2.29　登录界面

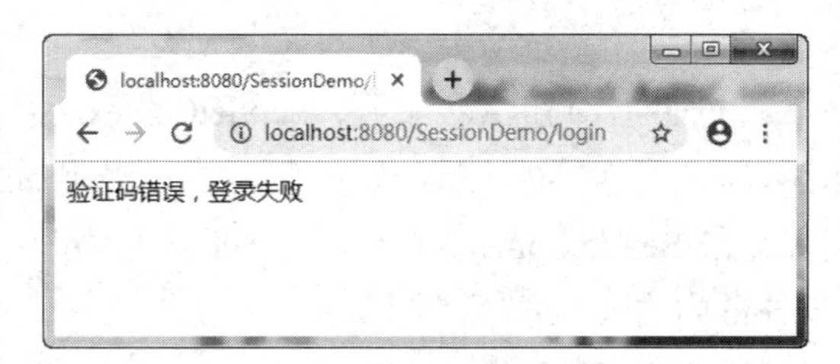

图 2.30　登录失败

（8）登录成功后，会出现图 2.31 所示的页面。

（9）单击“退出”链接后，将返回登录页面。若不经登录，直接访问主界面 URL “http://localhost:8080/SessionDemo/index”，将会出现图 2.32 所示的页面，并在 3 秒后自动跳转到登录页面。可见，使用 Session 还可防止未登录的用户非法访问。

图 2.31　登录成功

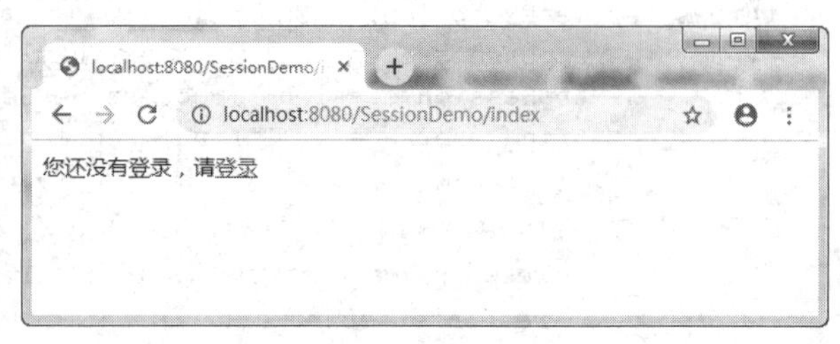

图 2.32　非法访问

2.5.7　ServletContext 对象

大家在浏览一些网站的时候，时常会看到这些网站统计的浏览人数。前面介绍的 Session 对象是属于一个用户的，不能用于多个用户的数据传输，而 ServletContext 对象就可以解决这个问题了。在一个服务器启动的时候会创建一个 ServletContext 对象，并且直到服务器结束，都只有一个 ServletContext 对象存在。每一个用户都可以访问到这个 ServletContext 对象。

```
@WebServlet(name = "ServletServletContext", urlPatterns = "/servletContext")
public class ServletServletContext extends HttpServlet {
  @Override
  protected void service(HttpServletRequest req, HttpServletResponse resp) throws
ServletException, IOException {
        //获取 ServletContext 对象的方式
        ServletContext servletContext = this.getServletContext();
        ServletContext servletContext1 = this.getServletConfig().getServletContext();
        ServletContext servletContext2 = req.getSession().getServletContext();
        //比较三个对象是否为同一对象
        System.out.println(servletContext == servletContext1);
        System.out.println(servletContext == servletContext2);
        //获取 web.xml 下的全局配置
        String test = servletContext.getInitParameter("test");
        System.out.println(test);
        //获取项目的根目录
        String realPath = servletContext.getRealPath("/");
        System.out.println(realPath);
        resp.getWriter().write("invoking ServletServletContext.service method ...");
  }
}
```

从上面的代码也可以猜到，ServletContext 对象不仅用于不同用户访问服务器的数据共享，也可以用来保存服务器的全局配置信息。当服务器加载了 web.xml 配置信息之后，就可以把这些全局信息保存在 ServletContext 对象中。上面的代码里有个功能是获取 web.xml 下的全局配置，指的是在 web.xml 中的以下配置。

```
<context-param>
  <param-name>test</param-name>
  <param-value>test-value</param-value>
</context-param>
```

2.5.8 ServletConfig 对象

前面的 ServletContext 对象用于保存 Servlet 的全局参数，即所有 Servlet 共享的参数，但有时不同的 Servlet 需要使用不同的参数，这时就不能使用 ServletContext 对象了，而要使用 ServletConfig 对象。ServletConfig 对象就是用来在 web.xml 中给每一个 Servlet 单独配置数据的。ServletConfig 对象用于单独保存每一个 Servlet 的配置信息，也就是说每一个 Servlet 对象都会有对应的一个 ServletConfig 对象。如果说 ServletContext 是用来保存全局配置信息的，那么 ServletConfig 就是用来保存局部配置信息的。接下来我们提供一些测试代码让大家自己去实现。

```
public class ServletServletConfig extends HttpServlet {
  @Override
  protected void service(HttpServletRequest req, HttpServletResponse resp) throws
ServletException, IOException {
        //获取 ServletConfig 对象
        ServletConfig servletConfig = this.getServletConfig();
        // 获取在 web.xml 中为此 servlet 单独配置的数据
        String configTest = servletConfig.getInitParameter("configTest");
        System.out.println(configTest);
        String servletName = servletConfig.getServletName();
        System.out.println(servletName);
        resp.getWriter().write("invoking ServletServletConfig.service method ...");
  }
}
```

在 web.xml 中配置映射，这样比较容易配置初始化参数。

```
<servlet>
  <servlet-name>ServletServletConfig</servlet-name>
  <servlet-class>efm.servlet.ServletServletConfig</servlet-class>
  <init-param>
       <param-name>configTest</param-name>
       <param-value>testValue</param-value>
  </init-param>
</servlet>
<servlet-mapping>
  <servlet-name>ServletServletConfig</servlet-name>
  <url-pattern>/servletConfig</url-pattern>
</servlet-mapping>
```

在控制台会输出：

```
testValue
ServletServletConfig
```

至此，Servlet 中常用的对象就学习完了。希望大家能够动手实现一下代码，这样对这些对象的作用才会有一个更加深刻的理解。

2.6 本章小结

本章主要讲解了以下内容：

- Servlet 的基本功能和基本属性对象；
- Servlet 对象里一些接口方法的应用；

- 对 Servlet 的基本对象的生命周期的认识。

2.7 习题

1. 如何配置 Tomcat 的虚拟目录?
2. 如何实现在 Tomcat 启动的时候加载 Servlet 实例?
3. Servlet 的生命周期对应有哪些方法?
4. 转发与重定向有什么区别?
5. 如何删除 Cookie?
6. Session 和 Cookie 有什么区别?
7. 制作一个小项目，首页有商品列表，每一项商品的右边都有“添加购物车”链接，单击链接即可将商品加入购物车。另有“查看购物车”链接，单击链接可以查看商品信息。

3

第 3 章　Java Web 开发工具

本章学习目标：

- ✧ 掌握 Maven 及其实现原理
- ✧ 学会在 IDEA 中安装配置 Maven
- ✧ 学会在 IDEA 中利用 Maven 搭建 Java Web 项目框架
- ✧ 掌握在 IDEA 中部署运行 Java Web 应用的方法

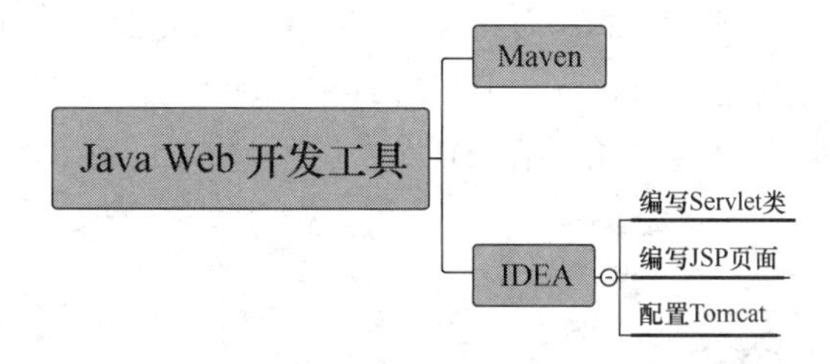

3.1 常用 Java Web 开发工具

要进行 Java Web 开发，需要使用好的工具才能提高开发效率，有效进行开发过程中的项目管理、版本管理。开发工具的种类有项目管理工具、版本管理工具、集合开发工具、数据库开发管理工具、测试工具等。下面简单介绍当前比较流行的 Java Web 开发工具。

（1）Eclipse：一款开源免费的、优秀的集成开发工具，使用的人数很多，可完成 Java Web 项目的创建，代码的编写、编译、测试，部署及运行等大部分工作。注意，如果要使用 Eclipse 进行 Java Web 开发，需要使用 Eclipse EE 版。本书的部分案例就是使用 Eclipse 编写的。与之类似的工具还有 MyEclipse，它是在 Eclipse 的基础上封装了一层 Web 开发用的组件，使用起来比较方便，而 Eclipse 通常需要自行安装各种插件，但 MyEclipse 是收费的。

（2）Navicat：一款可视化的数据库开发管理工具，它能够方便地连接数据库，创建数据库，创建表、视图，存储过程，编写和测试 SQL 语句，管理表之间的关联。

（3）Git 或 SVN 版本控制工具：版本控制非常重要，一个项目会有很多的开发人员共同协作完成，如果没有版本控制将会非常混乱。使用这两款工具皆可方便地控制与管理版本。

此外，常用的开发工具还有 Maven 与 IDEA，其中，Maven 是一款非常好用的项目管理工具，IDEA 是高效的集成开发环境。本章主要介绍在 IDEA 中运用 Maven，帮助大家熟悉这两款 Java Web 开发工具。

3.2 Maven 简介

下面简单介绍 Maven 的概念、Maven 的原理、Maven 的各种仓库。

1. Maven 的概念

Maven 是一个项目管理和综合工具，它可以为开发人员构建一个完整的生命周期框架，开发团队可以自动完成项目的基础工具建设。Maven 使用标准的目录结构和默认构建生命周期。

2. 使用 Maven 的好处

使用 Maven 可以更好地解决项目构建时一些繁杂的步骤。

（1）Maven 将构建项目的过程进行了标准化，利用简单的命令完成清理、编译、测试、打包以及部署这些操作。同时，构建后生成的项目结构都是模块化的，便于大型团队协同开发。

（2）Maven 的依赖管理特性使得引入 JAR 包这项工作变得简便。只需在 pom.xml 文件中添加所需 JAR 包的坐标，Maven 就会自动从仓库中将之找到并导入，该 JAR 包所依赖的其他 JAR 包也同样会被导入。那些 JAR 包始终是存放在 Maven 仓库之中，使得原项目体积不会因为需要的 JAR 包而变化。

3. Maven 的原理

（1）为了识别每一个 Java 构件，Maven 使用“坐标”对其进行唯一标识。坐标元素如表 3.1 所示。

表 3.1　坐标元素

元素	描述
groupId	说明当前模块所属的 Maven 项目组
artifactId	说明本项目的名称
version	说明当前项目的版本
packaging	定义本项目打包的方式
classfier	定义构建输出的一些附属构件（如 javadoc、sources）

下面来看坐标的一个实例。

```
<groupId>com.efm</groupId>
<artifactId>efmbbs</artifactId>
<version>1.0</version>
<packaging>jar</packaging>
```

以上坐标首先说明了本工程的项目组编号，名为 com.efm，然后说明了本项目的名称为 efmbbs，当前项目版本为 1.0，最后说明了本项目会被打包成 JAR 格式。

（2）Maven 会自动加载我们引入的依赖包的依赖，即 Maven 的依赖管理。常用的依赖管理元素如表 3.2 所示。

表 3.2　依赖管理

元素	描述
groupId、artifactId 和 version	说明坐标元素
scope	说明依赖的范围，用来控制依赖分别与编译 classpath、测试 classpath、运行 classpath 的关系

下面来看依赖管理的一个实例。

```
<dependency>
        <groupId>org.mybatis</groupId>
        <artifactId>mybatis</artifactId>
        <version>3.4.1</version>
        <scope>compile</scope>
</dependency>
```

本实例要引入的是 mybatis 的 JAR 包，首先给出对应的坐标三元素，然后设置 scope 标签值为 compile，说明本依赖对编译、测试、运行等三种 classpath 都有效，即本依赖在编译、测试和运行时都会被用到。

4. Maven 仓库

Maven 仓库可分成两类：本地仓库与远程仓库。Maven 会首先检索本地仓库，如果本地仓库存在就直接使用，否则就去远程仓库下载。

（1）本地仓库：默认地址为……/.m2/（……代表的是计算机系统盘对应用户的文件夹），任意 Java 构件只有在本地仓库存在的情况下，才能由 Maven 项目使用。

（2）远程仓库：由于原始的本地仓库是空的，Maven 至少要知道一个远程仓库才能下载需要的构件。或者当该构件在本地仓库中不存在时，Maven 才会到远程仓库中下载该构件。

3.3　Maven 的安装与配置

我们在编写 Web 应用程序之前，需要做一些准备工作，本章的目标是使用 Maven 搭建一个 Java

Web 项目，首先需要下载与配置 Maven。

Maven 的安装配置步骤如下。

（1）从 Maven 官方网站下载 Maven 的安装文件，如图 3.1 所示。

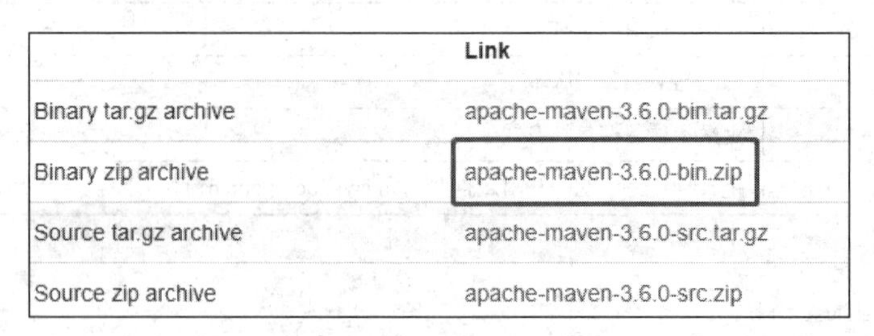

	Link
Binary tar.gz archive	apache-maven-3.6.0-bin.tar.gz
Binary zip archive	apache-maven-3.6.0-bin.zip
Source tar.gz archive	apache-maven-3.6.0-src.tar.gz
Source zip archive	apache-maven-3.6.0-src.zip

图 3.1　下载 Maven 的安装文件

（2）将文件解压到本地一个文件夹中，如 D:\Program Files\maven，如图 3.2 所示。

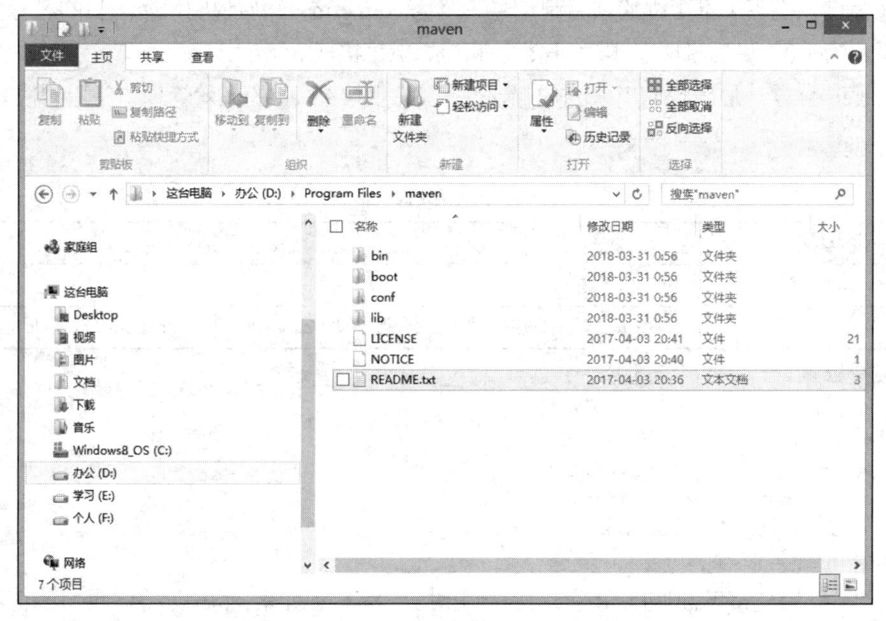

图 3.2　将文件解压到本地一个文件夹

（3）新建环境变量 MAVEN_HOME，其赋值为 Maven 的目录路径，如 D:\Program Files\Apache\maven，如图 3.3 所示。

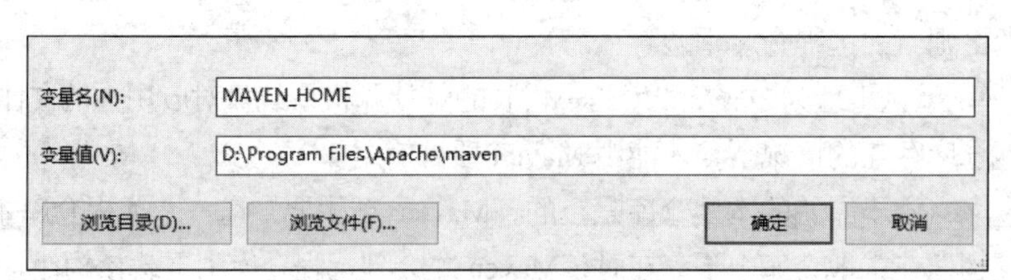

图 3.3　新建环境变量 MAVEN_HOME

（4）编辑环境变量 Path，追加变量值“%MAVEN_HOME%\bin\;”，如图 3.4 所示。

（5）至此，Maven 就完成了安装，通过 DOS 命令“mvn-v”即可检查 Maven 是否安装成功，如图 3.5 所示。

图 3.4 编辑环境变量 Path

图 3.5 检查是否安装成功

3.4 在 IDEA 中配置 Maven 属性

在 IDEA 中配置 Maven 属性的步骤如下。

（1）单击 File→Settings 打开 IDEA 的配置页面，找到 Maven 配置项，如图 3.6 所示。

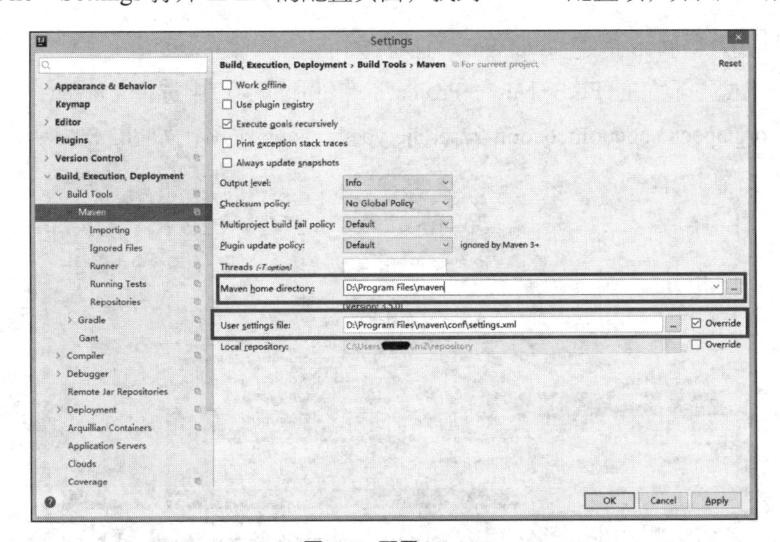

图 3.6 配置 Maven

其中 Maven home directory 设置为 Maven 的安装目录（解压缩文件所在目录），User settings file 设置为 Maven 的配置文件，该文件即为 Maven 安装目录下 conf 子目录下的 settings.xml 文件，可以在此文件中设置本地仓库地址。本地仓库默认为系统盘下的${user.home}/.m2/repository，若要修改，可打开 settings.xml 文件，找到<localRepository>/path/to/local/repo</localRepository>标签，修改其值为新的地址，并将此标签取消注释即可。如修改为<localRepository>d:/repository</localRepository>。

（2）Import Maven projects automatically 表示 IntelliJ IDEA 会实时监控项目的 pom.xml 文件，以

进行项目变动设置；Automatically download 则指在 Maven 导入依赖包的时候是否自动下载源码和文档。默认是不勾选这两项的，也不建议用户勾选，这样 Maven 的下载速度会比较快，如图 3.7 所示。

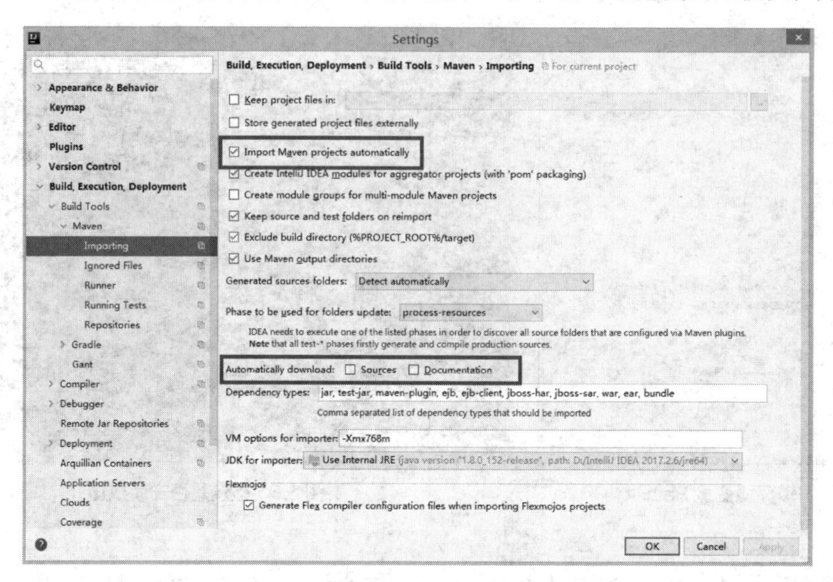

图 3.7　项目设置

3.5　搭建 Java Web 项目框架

在 IDEA 中使用 Maven 搭建 Java Web 的步骤如下。

（1）单击 IDEA 左上角的 File→New→Project，在打开的窗口中选择 Maven，勾选 Create from archetype，选择 org.apache.cocoon:cocoon-22-archetype-webapp 选项，如图 3.8 所示。

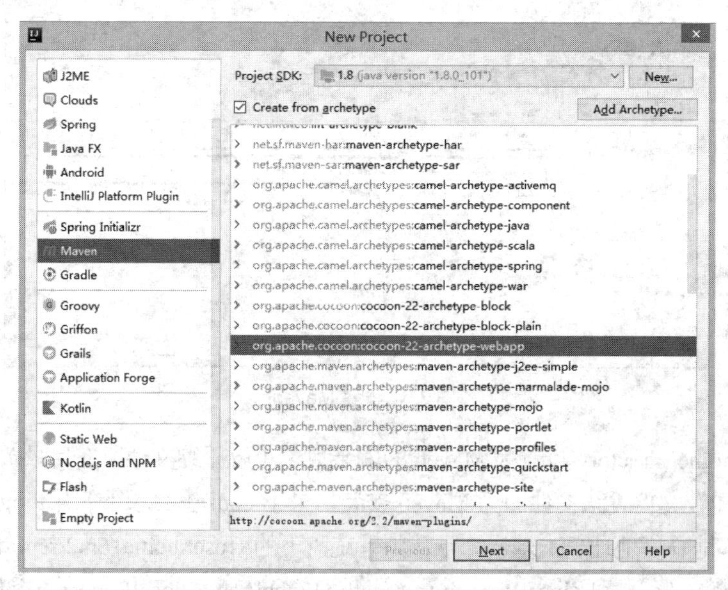

图 3.8　选择 Maven

（2）填写对应的信息后一直单击“Next”按钮，如图 3.9 所示。最后单击“Finish”按钮即可。

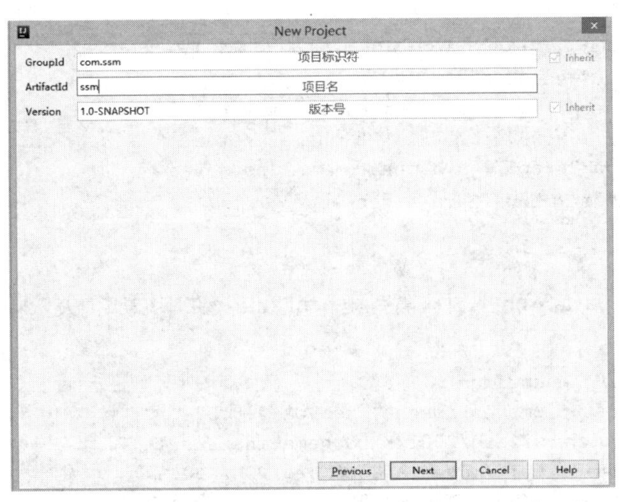

图 3.9　一直单击“Next”按钮

（3）此时得到的项目如图 3.10 所示，将其补充为图 3.11 所示的结构。

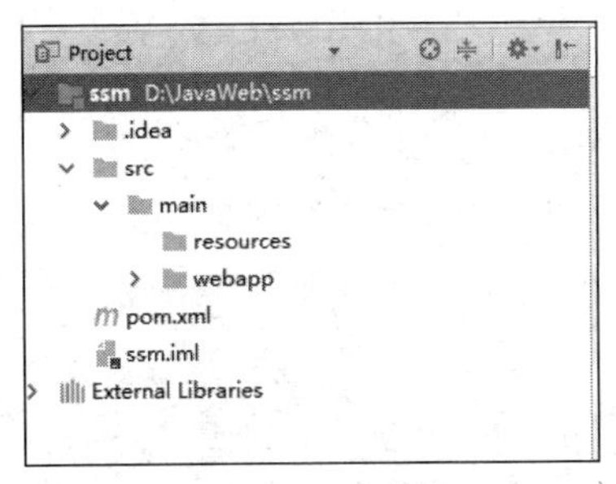

图 3.10　得到项目

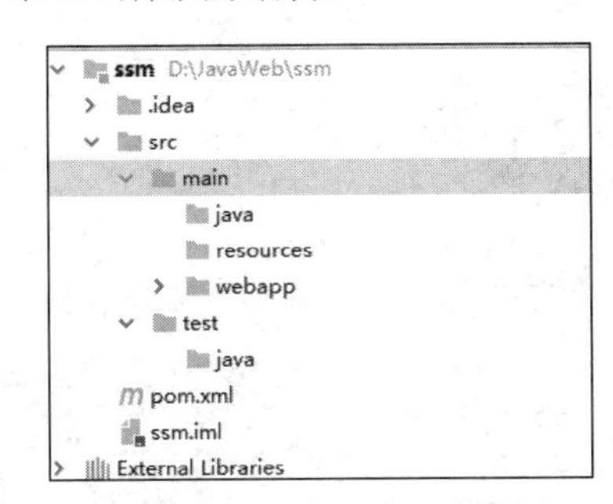

图 3.11　补充后的项目结构

（4）右键单击 java 目录，选择 Make Directory as→Sources Root，如图 3.12 所示。在 resources 目录中选择 Make Directory as→Resources Root。

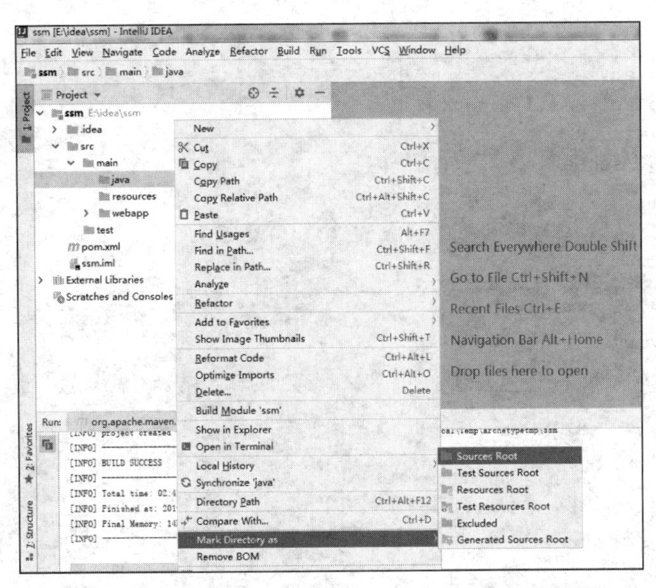

图 3.12　选择 Source Root

（5）以 Servlet 3.0 框架为例，在 web.xml 中添加如下代码。

```
<?xml version="1.0" encoding="UTF-8"?>
<web-app xmlns="http://java.sun.com/xml/ns/javaee"
xmlns:xsi="http://www.w3.org/2001/XMLSchema-instance"
xsi:schemaLocation="http://java.sun.com/xml/ns/javaee
http://java.sun.com/xml/ns/javaee/web-app_3_0.xsd"
version="3.0">
</web-app>
```

（6）为了成功运行 Java Web 项目，需要在 pom.xml 文件中添加相关依赖，pom.xml 文件的内容如下。

```
<?xml version="1.0" encoding="UTF-8"?>
<project xmlns="http://maven.apache.org/POM/4.0.0"
xmlns:xsi="http://www.w3.org/2001/XMLSchema-instance"
xsi:schemaLocation="http://maven.apache.org/POM/4.0.0
http://maven.apache.org/xsd/maven-4.0.0.xsd">
<modelVersion>4.0.0</modelVersion>
<packaging>war</packaging>
<name>ssm</name>
<groupId>com.ssm</groupId>
<artifactId>ssm</artifactId>
<version>1.0-SNAPSHOT</version>
<properties>
<project.build.sourceEncoding>UTF-8</project.build.sourceEncoding>
</properties>

<dependencies>
<!-- Servlet -->
<dependency>
<groupId>javax.servlet</groupId>
<artifactId>javax.servlet-api</artifactId>
<version>3.1.0</version>
<scope>provided</scope>
</dependency>
<!-- JSP -->
<dependency>
<groupId>javax.servlet.jsp</groupId>
<artifactId>jsp-api</artifactId>
<version>2.2</version>
<scope>provided</scope>
</dependency>
<!-- JSTL -->
<dependency>
<groupId>javax.servlet</groupId>
<artifactId>jstl</artifactId>
<version>1.2</version>
<scope>runtime</scope>
</dependency>
</dependencies>

<build>
<plugins>
<!-- Compile -->
<plugin>
<groupId>org.apache.maven.plugins</groupId>
```

```
<artifactId>maven-compiler-plugin</artifactId>
<version>3.3</version>
<configuration>
<source>1.6</source>
<target>1.6</target>
</configuration>
</plugin>
<!-- Test -->
<plugin>
<groupId>org.apache.maven.plugins</groupId>
<artifactId>maven-surefire-plugin</artifactId>
<version>2.18.1</version>
<configuration>
<skipTests>true</skipTests>
</configuration>
</plugin>
<!-- Tomcat -->
<plugin>
<groupId>org.apache.tomcat.maven</groupId>
<artifactId>tomcat7-maven-plugin</artifactId>
<version>2.2</version>
<configuration>
<path>/$ {project.artifactId} </path>
</configuration>
</plugin>
</plugins>
</build>
</project>
```

3.6 完善 Java Web 项目

一个完整的 Web 应用还应该包括前端和后台，在前面搭建框架的基础上，下面以 Servlet 作为后台、以 JSP 作为前端编写一个小应用。

3.6.1 编写 Servlet 类

接 3.5 节，在 java 目录下创建一个名为 com.ssm.chapter1 的包，然后在包下创建一个 BookServlet 的类，代码如下。

```
package com.ssm.chapter1;
public class BookServlet {
}
```

最后覆盖这个 Servlet 类的 doGet 方法，以接收前端发送的 GET 请求。

```
package com.ssm.chapter1;
import javax.servlet.ServletException;
import javax.servlet.annotation.WebServlet;
import javax.servlet.http.HttpServlet;
import javax.servlet.http.HttpServletRequest;
import javax.servlet.http.HttpServletResponse;
import java.io.IOException;
@WebServlet("/book")
public class BookServlet extends HttpServlet {
```

```
    @Override
    protected void doGet(HttpServletRequest req, HttpServletResponse resp) throws
ServletException, IOException {
        req.setAttribute("message", "Welcome to Book store");
        req.getRequestDispatcher("/WEB-INF/jsp/book.jsp") .forward(req, resp);
    }
}
```

3.6.2 编写 JSP 页面

BookServlet 编写好之后，接着在 WEB-INF 目录下创建 jsp 目录，在该目录下创建 book.jsp，代码如下。

```
<%@ page pageEncoding="UTF-8" %>
<html>
<head>
<title>Book Store</title>
</head>
<body>
<h2>${message} </h2>
</body>
</html>
```

3.7 部署运行 Web 应用

上面的示例项目已经编写完毕,但还不能运行,还需要部署到 Tomcat 中。在 IDEA 中配置 Tomcat 的步骤如下。

（1）单击 IDEA 右上角工具栏上的“Edit Configurations”图标，如图 3.13 所示。

图 3.13　单击“Edit Configurations”图标

（2）在弹出的界面中单击左上角的“+”按钮，选择 Tomcat Server→Local，如图 3.14 所示。

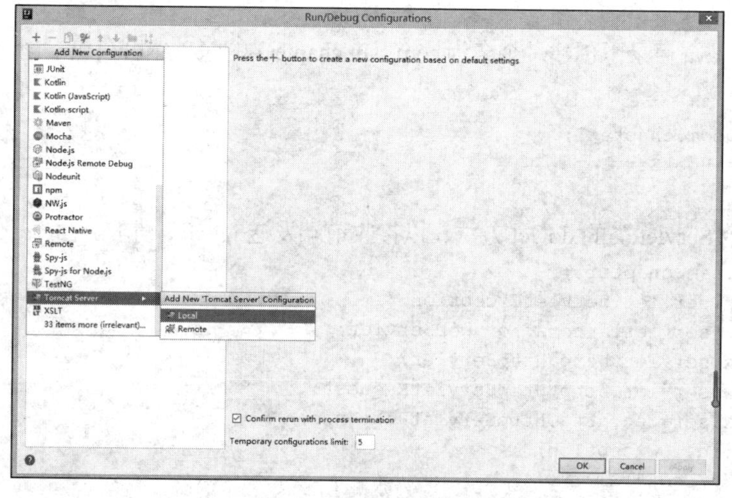

图 3.14　选择 Local 选项

（3）在弹出的界面右侧输入 tomcat 的详细信息，如图 3.15 所示。

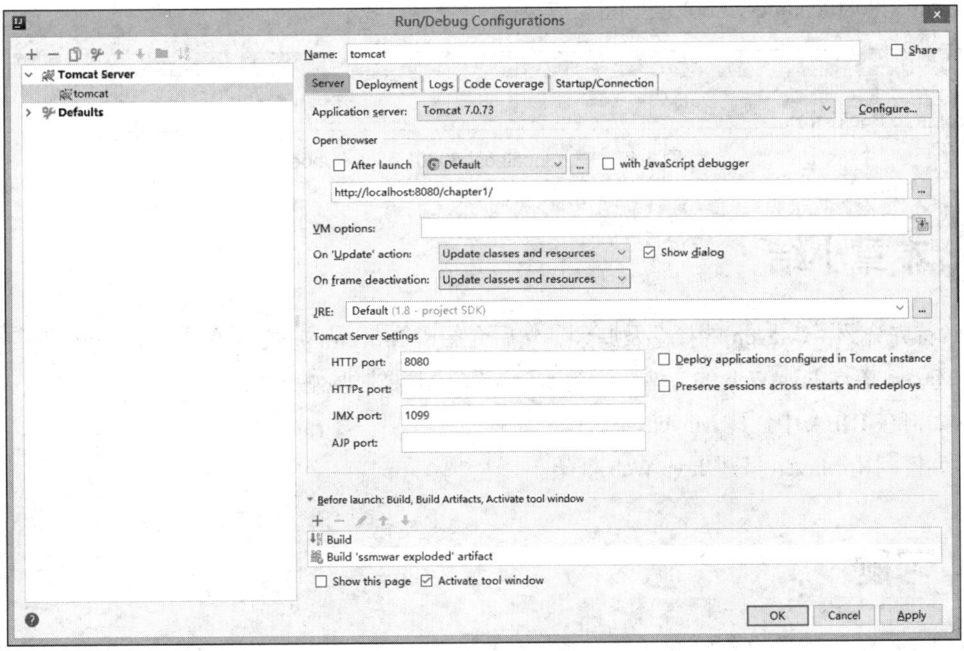

图 3.15　输入 tomcat 的详细信息

（4）切换到 Deployment 选项卡，单击右边的“+”按钮，选择“Artifact”选项，将会弹出 Select Artifact to Deploy 对话框。选择“ssm:war exploded”选项，单击“OK”按钮。

（5）回到 Run/Debug Configurations 对话框，在 Application context 右侧的下拉列表框中输入“/chapter1”，如图 3.16 所示。

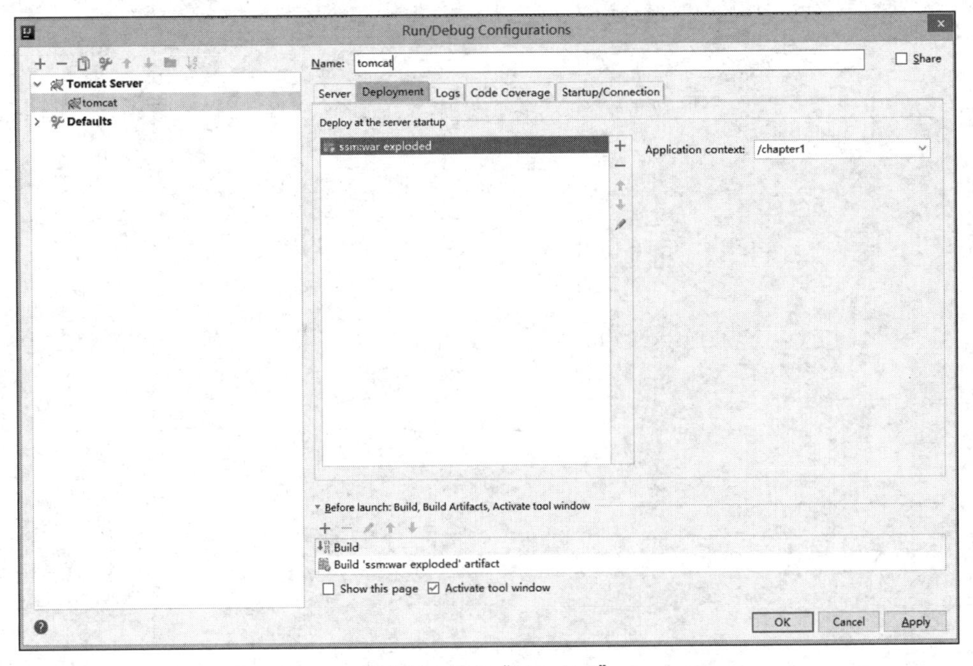

图 3.16　输入“/chapter1”

（6）单击 IDEA 工具栏上的“Run”按钮，启动 Tomcat 并部署 Web 应用。在浏览器地址栏中输入 localhost:8080/chapter1/book，如图 3.17 所示。

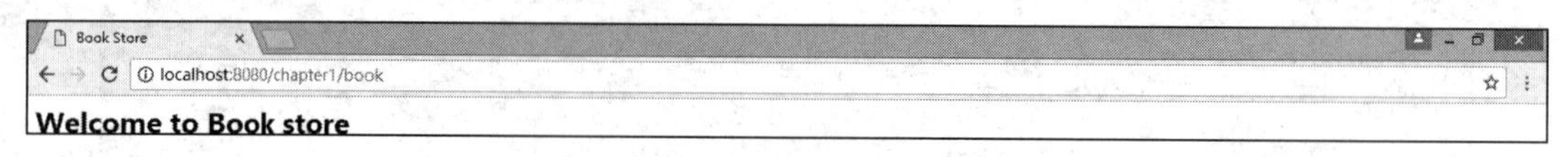

图 3.17　输入 localhost:8080/chapter1/book

3.8　本章小结

本章首先介绍了 Maven 的概念及原理，然后介绍了 Maven 的安装与配置，最后介绍了在 IDEA 中使用 Maven 搭建 Java Web 的方法，学习本章内容，需要掌握如下知识：

- 如何在 IDEA 中创建 Maven 项目；
- 如何利用 Maven 搭建 Java Web 框架。

3.9　习题

1. Maven 的作用是什么？
2. Maven 的仓库有哪些？
3. 如何配置本地仓库？
4. 如何在 IDEA 中配置 Maven？
5. 使用 Maven 做一个小项目，实现在页面中输出商品列表。

第 4 章　使用数据库

本章学习目标：

- ✧ 了解数据库的基本概念
- ✧ 了解数据库中常用的 SQL 语句
- ✧ 掌握使用 JDBC 操作数据库的方法
- ✧ 掌握使用 MyBatis 连接数据库的方法

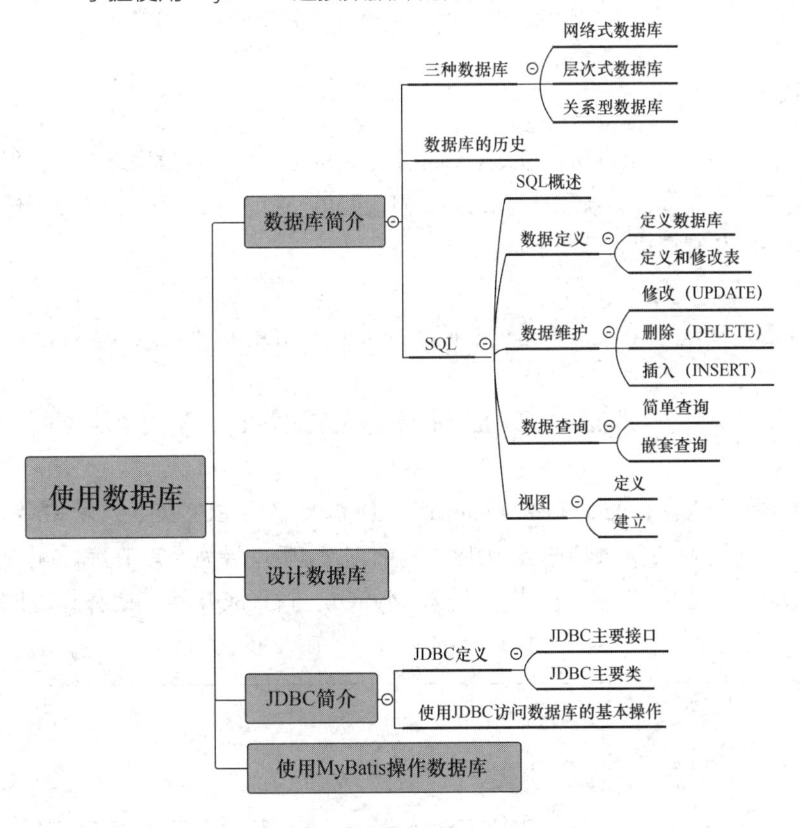

4.1 数据库简介

4.1.1 基本概念

数据库是按照数据结构来组织、存储和管理数据的仓库。数据库通常分为网络式数据库、层次式数据库和关系型数据库三种，而不同的数据库是按不同的数据结构来联系和组织的。其中关系型数据库的使用最为广泛。常见的关系型数据库有 Oracle、MySQL、SQL Server 等，常见的非关系型数据库有 Redis、MongoDB、Memcached 等。

数据库管理系统（DataBase Management System，DBMS）是一种操纵和管理数据库的大型软件，用于建立、使用和维护数据库。它能对数据库进行统一的管理和控制，以保证数据库的安全性和完整性。用户通过 DBMS 可以访问数据库中的数据，数据库管理员也可以通过 DBMS 进行数据库的维护工作。

DBMS 提供了数据定义语言（Data Definition Language，DDL）与数据操作语言（Data Manipulation Language，DML），以便用户设置数据库的模式结构及权限约束，实现对数据的追加、删除等操作。

4.1.2 SQL 概述

结构化查询语言（Structured Query Language，SQL）是一种数据库查询和程序设计语言，可用于存取数据，以及查询、更新和管理关系数据库系统。SQL 是高级的、非过程化的编程语言，是沟通数据库服务器和客户端的重要工具。

SQL 分为以下几类。

（1）数据定义语言（Data Definition Language，DDL），例如 CREATE、DROP、ALTER 等语句。

（2）数据操作语言（Data Manipulation Language，DML），例如 INSERT、UPDATE、DELETE 等语句。

（3）数据查询语言（Data Query Language，DQL），例如 SELECT、DESC 等语句。

本书主要使用 MySQL 数据库作为应用的数据库，版本号为 5.7。在完成配置之后，通过“mysql -uroot -p”并输入配置时的密码，即可进入 MySQL 进行 SQL 语句的操作，成功的操作如图 4.1 所示。

```
C:\Users>mysql -uroot -p
Enter password: ****
Welcome to the MySQL monitor.  Commands end with ; or \g.
Your MySQL connection id is 5
Server version: 5.7.23 MySQL Community Server (GPL)

Copyright (c) 2000, 2018, Oracle and/or its affiliates. All rights reserved.

Oracle is a registered trademark of Oracle Corporation and/or its
affiliates. Other names may be trademarks of their respective
owners.

Type 'help;' or '\h' for help. Type '\c' to clear the current input statement.
```

图 4.1 成功进入 MySQL 页面

利用命令行可以更快地熟悉数据库的操作，熟悉之后可以利用可视化软件 Navicat for MySQL 简化主要的操作流程。基本操作语句简介如下。

1. 数据定义语言

用来创建及修改数据库、表等。

（1）创建数据库

格式：

```
CREATE DATABASE 数据库名;
```

示例：

```
CREATE DATABASE book;
```

上述语句表示创建一个数据库，并将之命名为 book。

（2）查看已有数据库的 SQL 语句（见图 4.2）

格式：

```
SHOW DATABASES;
```

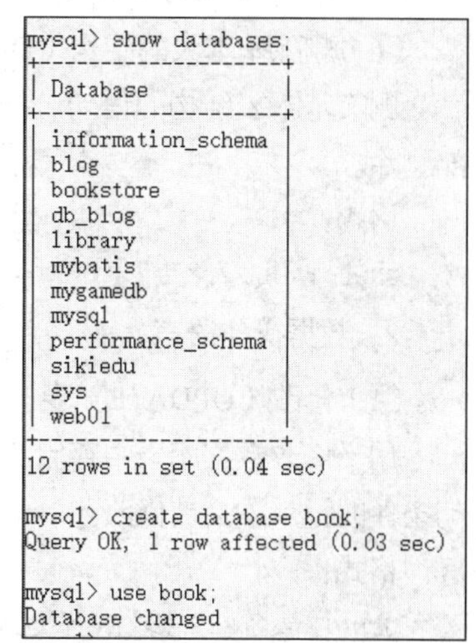

图 4.2　定义数据库

（3）使用指定数据库的 SQL 语句

格式：

```
USE 数据库名;
```

（4）创建表

创建表前需要先理清有关概念。

表（Table）：也称实体，是存储同一类数据的集合。

列（Field）：也称字段、域或者属性，它构成表的架构，具体表示为一条信息中的一个属性。

行（Row）：也称元组（Tuple），存储具体的一条数据。

主键（Primary Key）：是一个独一无二的字符，代表这条数据的标识。

外键（Foreign Key）：代表一条信息与另一条信息的关系。

创建表的语法格式如下：

```
CREATE TABLE 表名
(
        属性名 数据类型 约束或默认值,
        属性名 数据类型 约束或默认值,
        属性名 数据类型 约束或默认值,
...
);
```

在数据库 book 中建表 books，属性有书单号 id、书名 Title、作者名 Author，并且以书单号为主码，如图 4.3 所示。

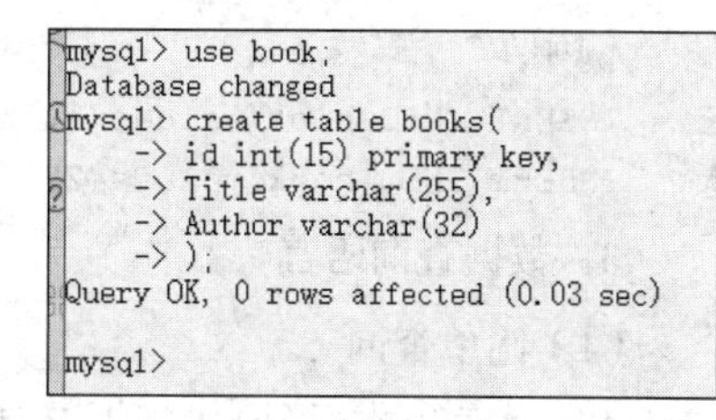

图 4.3　成功建表

【注意】在一个数据库中有许多个表，在同一数据库中的表名是不允许重复的。

（5）修改基本表的结构（ALTER TABLE 语句）

修改基本表结构包括添加新字段、修改某字段的字段名称、修改某字段类型宽度以及删除字段等 4 类操作。

添加新列：

```
ALTER TABLE 表名 ADD 列名 类型
```

删除一列：

```
ALTER TABLE 表名 DROP COLUMN 列名
```

（6）删除基本表的结构（DROP TABLE 语句）

删除基本表结构的语句可把一个基本表的定义连同其中的记录、索引以及它导出的所有视图全部删除。

格式：

```
DROP TABLE 表名
```

2. 数据操作语言

（1）修改（UPDATE）表

用于修改数据库表中存储的数据值，如果有 WHERE 子句，则数据库表中只有满足 WHERE 子句条件的记录才会被修改。

格式：

```
UPDATE 表名 SET 字段 1= 表达式 1  WHERE 条件表达式
```

例如：

```
UPDATE BOOK  SET id=id+1 WHERE id=6;
```

（2）删除（DELETE）表

如果没有 WHERE 子句，可以删除一个数据表中的数据。如果有 WHERE 子句，可以删除令条件表达式的值为真（TRUE）的所有记录。

格式：

```
DELETE  FROM 表名(WHERE 条件表达式)
```

（3）插入（INSERT）记录

由表达式的值组成一条记录，添加到表中，如果给了相应的字段名，则要求表达式的值的个数和字段名的个数相同，且类型等属性也要对应相同。如果没有给，则要求表达式的个数与表定义的字段个数相同，且类型一一对应。

格式：

```
INSERT  INTO 表名 [字段名,...] VALUES(表达式,...)
```

例如：

```
INSERT  INTO book values(1,'Wolves','bill');
INSERT  INTO book values(2,'红楼梦','曹雪芹');
```

3. 数据查询语言

（1）简单查询

从基本表（或视图）中根据 WHERE 子句中的条件表达式找出满足条件的记录，并根据 SELECT 关键字后面选定的目标列，返回一个结果表。如果有 GROUP 子句，则按列名并根据 HAVING 给定的内部函数表达式分组。如果有 ORDER 子句，则应对结果表按列名排序再显示。

格式：

```
SELECT 目标列
FROM 基本表(或视图)
WHERE 条件表达式
```

```
GROUP BY 列名 1[HAVING 内部函数表达式]
ORDER BY 列名 2[ASC/DESC];
```

目标列中的每一项都可以是表达式，允许使用 SQL 提供的库函数形成表达式。常用的函数有 COUNT（计数）、SUM（总和）、AVG（平均值）、MAX（最大值）、MIN（最小值）等。

（2）嵌套查询

嵌套查询也称子查询，它是指一个 SELECT-FROM-WHERE 查询块可以嵌入另一个查询块之中的查询。

格式：

```
SELECT 输出要求
FROM 表 1
WHERE 表 1 设计的字段 (NOT)IN(SELECT 输出要求 FROM  表 2  WHERE 条件表达式)
```

（3）定义视图

视图是关系数据库中的一种数据结构，它是基于某一个或多个实际数据表定义的虚表，它所基于的实际数据表称为基本表。视图中的数据也由行（记录）与列（字段）构成，有自己的字段名与数据类型，其字段与数据类型均来自基表。

格式：

```
CREATE VIEW 视图名 [字段名 1,字段名 2,...] AS 子查询 [需满足的规定条件];
```

例如：

```
CREATE VIEW bbook view(bTitle,bAuthor)as select Title,Author from book;
```

4.2　设计数据库

本书主要使用 MySQL 数据库作为应用的数据库，版本号为 5.7。我们可以使用 Navicat for MySQL 数据库可视化软件来简化数据库的创建过程，首先打开 Navicat for MySQL 这个软件，在 localhost 上单击鼠标右键，选择“新建数据库”命令。在出现的新建数据库提示框中输入数据库的基本信息，如数据库名（bookstore）、字符集（utf8-UTF8 Unicode）、排序规则（utf8 general ci）。完成上述步骤之后，即可获得一个名为 bookstore 的数据库，如图 4.4 所示。

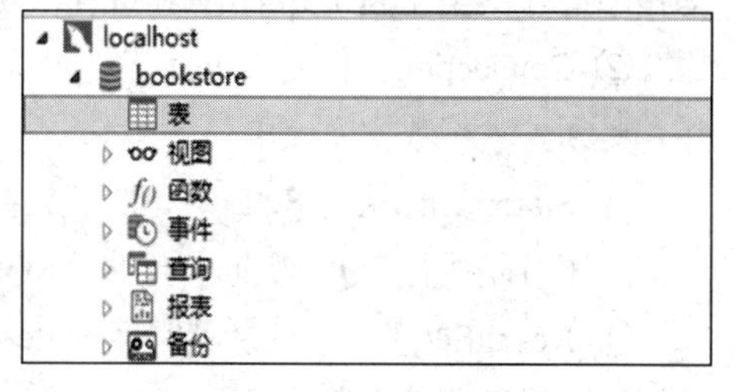

图 4.4　新建数据库

在表上选择新建表，单击鼠标右键，在右侧输入数据库表的信息，如图 4.5 所示。单击“保存”按钮，输入表名称（book），单击“确定”按钮，就得到了一张数据库表。

Alter Table 'book' in 'bookstore'

Field Name	Datatype	Len	Default	PK?	Not Null?	Unsigned?	Auto Incr?
Bookid	int	11		☑	☑	☐	☑
Title	varchar	50		☐	☐	☐	☐
Author	varchar	50		☐	☐	☐	☐
Price	int	11		☐	☐	☐	☐
				☐	☐	☐	☐

图 4.5　新建表

在新建的 book 表中录入一些书籍信息，如图 4.6 所示。

	Bookid	Title	Author	Price
☐	1	三国演义	罗贯中	55
☐	2	水浒传	施耐庵	68
☐	3	红楼梦	曹雪芹	88
☐	4	Java程序设计	谭浩强	45
☐	8	HTML网页设计	张无忌	50
☐	9	Oracle数据库技术	aaa	58
*	(NULL)	(NULL)	(NULL)	(NULL)

图 4.6　录入书籍信息

4.3　JDBC 简介

Java 数据库连接（Java DataBase Connectivity，JDBC）是一种用于执行 SQL 语句的 Java 应用程序编程接口（Application Programming Interface，API），可以为多种关系数据库提供统一访问，它由一组用 Java 语言编写的类和接口组成。

Java 接口实际上是常量和方法的集合。通过接口机制，可以使不同层次甚至互不相关的类具有相同的行为。接口机制具有比多重继承更简单、更灵活的特点，并且具有更强的功能。接口与类的不同之处在于：一个接口可以有多个父接口，父接口之间用逗号隔开；而一个类只能有一个父类，子接口可继承父接口中所有的常量和方法。

（1）Java 接口具有如下主要作用。

① 通过接口可以实现不相关类的相同行为，而不需要考虑这些类之间的层次关系。

② 通过接口可以指明多个类需要实现的方法。

③ 通过接口可以了解对象的交互界面，而不需要了解对象所对应的类。

（2）JDBC API 提供了以下主要接口。

① Driver：该接口是所有 JDBC 驱动程序需要实现的接口。这个接口是提供给数据库厂商使用的，不同数据库厂商提供不同的实现。在程序中不需要直接访问实现了 Driver 接口的类，而是由驱动程序管理器类（java.sql.DriverManager）去调用这些 Driver 实现。

② Connection：代表数据库连接对象，每个 Connection 代表一个物理连接会话。要想访问数据库，必须先进行数据库连接。

③ Statement：执行 SQL 语句的工具接口。该接口既可以执行 DDL、DCL 语句，也可以执行 DML 语句，还可以执行 SQL 查询。当执行 SQL 查询时，会返回查询到的结果集。

④ ResultSet：这个对象可保存 Statement 对象执行 SQL 查询语句的结果集合。它作为一个迭代器，可以通过移动它来检索下一个数据。

（3）JDBC API 提供了以下主要的类。

① DriverManager：用于管理 JDBC 驱动的服务类。程序中使用该类的主要功能是获取 Connection 对象。

② SQLException：这个类用于处理发生在数据库应用程序中的任何错误。

4.4　使用 JDBC 操作数据库

我们在第 2 章中已经实现了一个简单的 Java Web 应用程序，这个应用程序仅仅起到示例的作用，距离真正的应用还有很长一段距离。本节将介绍如何使用 JDBC 操作数据库。使用 JDBC 操作数据库的基本流程如下。

（1）加载 JDBC 驱动程序。

（2）获取数据库连接。

（3）创建 Statement 或者 PreparedStatement 对象。

（4）执行 SQL 语句，实现增、删、改、查操作。

（5）结果处理。

（6）关闭连接。

下面举例介绍如何使用 JDBC 对数据库进行增、删、改、查操作。

1. 使用 JDBC 读取数据库数据

首先创建一个新的 Maven 项目，将之命名为 jdbc，在 src/main 下创建 java 文件夹，再在 src/main/java 下创建包 com.lifeng.servlet，包下创建一个新的 Servlet，将之命名为 GetBookServlet，代码如下。

```
package com.lifeng.servlet;
import javax.servlet.ServletException;
import javax.servlet.annotation.WebServlet;
import javax.servlet.http.HttpServlet;
import javax.servlet.http.HttpServletRequest;
import javax.servlet.http.HttpServletResponse;
import java.io.IOException;
import java.io.PrintWriter;
import java.sql.*;
@WebServlet("/getbook")
public class GetBookServlet extends HttpServlet {
     @Override
     protected void doGet(HttpServletRequest req, HttpServletResponse resp) throws
ServletException, IOException {
          req.setCharacterEncoding("utf-8");
          resp.setContentType("text/html; charset=UTF-8"); //用于解决服务器端向客户端传递
     数据的中文乱码问题
          PrintWriter out=resp.getWriter();  //用于向客户端输出数据
          //1.加载 JDBC 驱动程序
          try {
              Class.forName("com.mysql.jdbc.Driver");
              // 2. 获得数据库连接
              Connection conn =
          DriverManager.getConnection("jdbc:mysql://localhost:3306/bookstore", "root",
          "root");
            //3.执行 SQL 语句，实现增删改查操作
            String sql="SELECT Bookid, Title, Author, Price FROM book"; //①创建 SQL 语句
            PreparedStatement pstmt = conn.prepareStatement(sql);
            //②创建 PreparedStatement 对象
            ResultSet rs = pstmt.executeQuery(); //③执行查询，返回结果集
            //4.结果处理。结果集 rs 有指针，初始指向数据行前面的空行
            out.print("<a href='addbook.html'>添加新书</a>");
            out.print("<table border=1><tr><td>编号</td><td>书名</td><td>作者</td><td>
          价格</td><td>修改</td><td>删除</td></tr>");
            while(rs.next() ) {//rs.next() 指针向下移一行，如果有数据返回 true，否则返回 false
                out.println("<tr><td>"+rs.getInt("Bookid") +"</td><td>" +rs.getString
            ("Title")+"</td><td>" +rs.getString("Author") +"</td><td>" +rs.getInt
            ("Price")+"</td><td>" +"<a href='edit?id="+rs.getInt("Bookid") +"'>修改
            </a>"+"</td><td>" +"<a href='delete?id="+rs.getInt("Bookid") +"'>删除
```

```
                </a>"+"</td>" +"</tr>");
                }
                out.print("</table>");
                rs.close();
                pstmt.close();
                conn.close(); //5.关闭连接
                out.flush();
                out.close();
            }
            catch(Exception e) {
                System.out.println(e);
            }
        }
}
```

还需要在 pom.xml 中添加数据库以及一些常见工具类的依赖，代码如下。

```
<dependencies>
   <!-- Servlet -->
   <dependency>
       <groupId>javax.servlet</groupId>
       <artifactId>javax.servlet-api</artifactId>
       <version>3.1.0</version>
       <scope>provided</scope>
   </dependency>
   <!-- JSP -->
   <dependency>
       <groupId>javax.servlet.jsp</groupId>
       <artifactId>jsp-api</artifactId>
       <version>2.2</version>
       <scope>provided</scope>
   </dependency>
   <!-- JSTL -->
   <dependency>
       <groupId>javax.servlet</groupId>
       <artifactId>jstl</artifactId>
       <version>1.2</version>
       <scope>runtime</scope>
   </dependency>
   <!--Mysql-->
   <dependency>
       <groupId>mysql</groupId>
       <artifactId>mysql-connector-java</artifactId>
       <version>5.1.33</version>
       <scope>runtime</scope>
   </dependency>
</dependencies>
```

在完成这些操作之后，启动项目，在浏览器中输入 http://localhost:8080/jdbc/getbook，可以看到项目的运行结果，如图 4.7 所示。其中“添加新书”“修改”“删除”功能后面会继续完善。

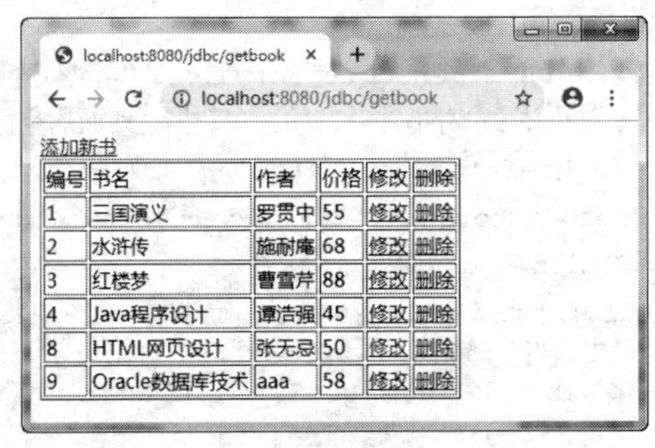

图 4.7 项目运行结果

2. 添加数据到数据库

首先在项目的 webapp 中创建一个 addbook.html 文件，代码如下所示。

```
<html>
<head>
    <meta charset="utf-8"/>
    <title>Title</title>
</head>
<body>
<form action="addbook" method="post">
    书名：<input type="text" name="title"/><br>
    作者：<input type="text" name="author"/><br>
    价格：<input type="text" name="price"/><br>
    <input type="submit" value="添加"/><br>
</form>
</body>
</html>
```

在包 com.lifeng.servlet 中创建一个 Servlet，将之命名为 AddBookServlet，关键代码如下。

```
@WebServlet("/addbook")
public class AddBookServlet extends HttpServlet {
    @Override
    protected void doPost(HttpServletRequest req, HttpServletResponse resp) throws
ServletException, IOException {
        req.setCharacterEncoding("utf-8"); //解决客户端向服务器端传递中文数据的乱码问题
        resp.setContentType("text/html; charset=UTF-8");
        PrintWriter out=resp.getWriter();
        String title=req.getParameter("title");
        String author=req.getParameter("author");
        int price=Integer.parseInt(req.getParameter("price") );
        //1.加载 JDBC 驱动程序
        try {
           Class.forName("com.mysql.jdbc.Driver");
           // 2. 获得数据库连接
           Connection conn = DriverManager.getConnection("jdbc:mysql://localhost:3306/
           bookstore", "root", "root");
           //3.执行 SQL 语句，实现增、删、改、查操作
           String sql="insert into book(title, author, price) values(?, ?, ?) ";
           //①创建 SQL 语句，带?占位符
           PreparedStatement pstmt = conn.prepareStatement(sql);
           //②创建 PreparedStatement 对象
           pstmt.setString(1, title); //③给?占位符赋值，数字表示 SQL 语句中占位符序号
           pstmt.setString(2, author);
           pstmt.setInt(3, price);
           int count= pstmt.executeUpdate(); //④执行 SQL 语句，返回受影响的行数
           if(count>0) { //4.结果处理。根据受影响的行数是否大于 0，可以判断执行成功与否
              resp.sendRedirect("getbook");
           }
           pstmt.close();
           conn.close(); //5.关闭连接
           out.flush();
           out.close();
        }
```

```
            catch(Exception e)  {
                System.out.println(e);
            }
        }
    }
```

单击“添加新书”超链接，会弹出图 4.8 所示的页面，填写新书内容后，单击“添加”按钮，数据就会存入数据库中，接着就能在网页中立即查询出来，如图 4.9 所示。

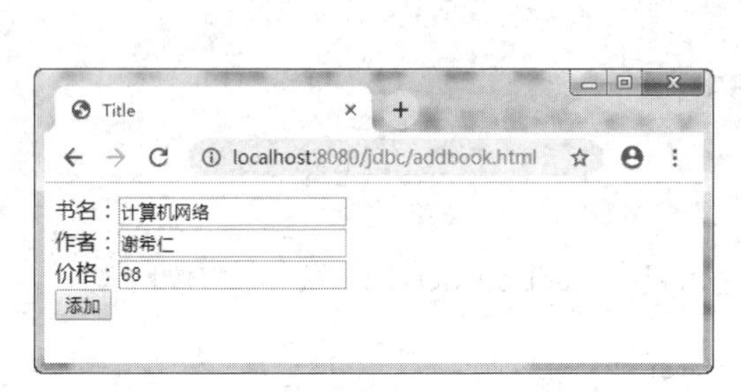

图 4.8　添加新书

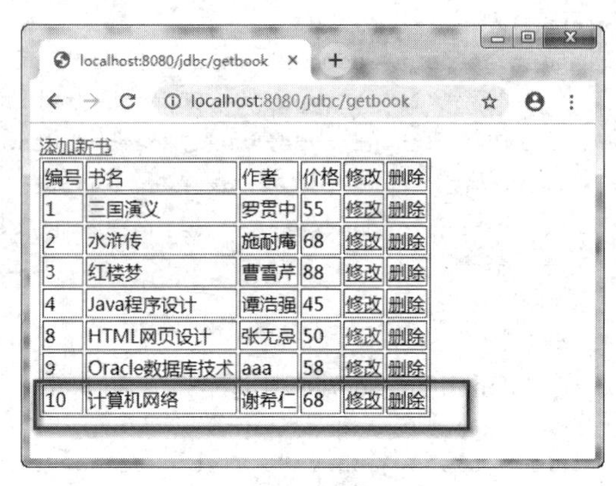

图 4.9　添加成功

3. 使用 JDBC 修改数据

单击图 4.9 中的“修改”超链接，进入图 4.10 所示的修改页面，其中图书编号为只读，其余项目均可以修改。

原来的图书价格是 68，现将价格改为 58，单击“修改”按钮，结果如图 4.11 所示。

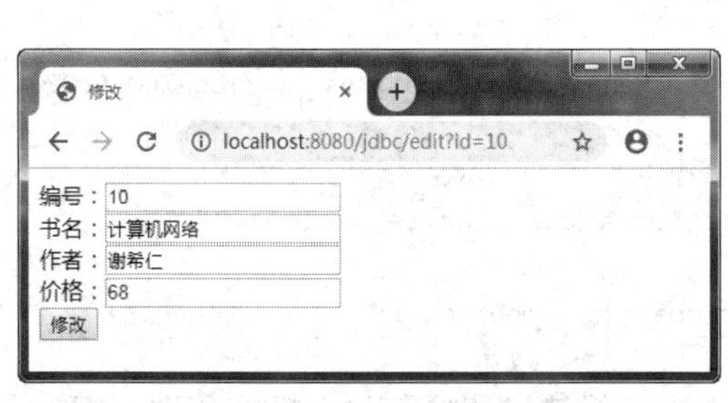

图 4.10　修改界面

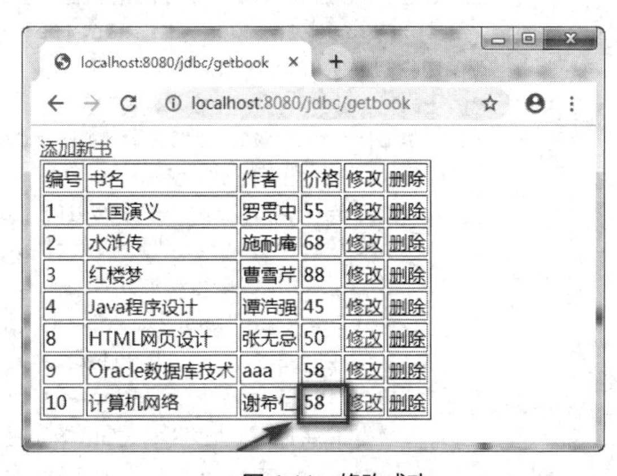

图 4.11　修改成功

首先在包 com.lifeng.servlet 下创建一个新的 Servlet，将之命名为 EditServlet，关键代码如下。

```
@WebServlet("/edit")
public class EditServlet  extends HttpServlet {
    @Override
    protected void doGet(HttpServletRequest req, HttpServletResponse resp) throws
ServletException, IOException {
            req.setCharacterEncoding("utf-8");
            resp.setContentType("text/html; charset=UTF-8");
            PrintWriter out=resp.getWriter();
            int id=Integer.parseInt(req.getParameter("id") );
```

```
        //1.加载驱动程序
        try {
            Class.forName("com.mysql.jdbc.Driver");
            // 2. 获得数据库连接
            Connection conn = DriverManager.getConnection("jdbc:mysql://localhost:3306/
            bookstore", "root", "root");
            //3.执行 SQL 语句，实现增、删、改、查操作
            String sql="select * from book where Bookid=?";
            PreparedStatement pstmt = conn.prepareStatement(sql);
            pstmt.setInt(1, id);
            ResultSet rs = pstmt.executeQuery();
            //如果有数据，rs.next() 返回 true
            out.print("<html charset='utf-8'><head><title>修改</title><body>");
            out.print("<form action='update' method='post'>");
            while(rs.next()) { //4.结果处理
                out.println("编号: <input type='text' readonly='true' value='"+rs.getInt
            ("Bookid") +"' name='id'/><br/>");
                out.println("书名: <input type='text' value='"+rs.getString("Title") +"'
            name='title'/><br/>");
                out.println("作者:<input type='text' value='"+rs.getString("Author") +"'
            name='author'/><br/>");
                out.println("价格: <input type='text' value='"+rs.getInt("Price") +"'
            name='price'/><br/>");
                out.println("<input type='submit' value='修改'/></form>");
            }
            out.print("</body></html>");
            rs.close();
            pstmt.close();
            conn.close(); //5.关闭连接
            out.flush();
            out.close();
        }
        catch(Exception e) {
            System.out.println(e);
        }
    }
}
```

然后创建一个名为 UpdateServlet 的 Servlet，关键代码如下。

```
@WebServlet("/update")
public class UpdateServlet extends HttpServlet {
    @Override
    protected void doPost(HttpServletRequest req, HttpServletResponse resp) throws
ServletException, IOException {
        req.setCharacterEncoding("utf-8");
        resp.setContentType("text/html; charset=UTF-8");
        PrintWriter out = resp.getWriter();
        int id=Integer.parseInt(req.getParameter("id"));
        String title=req.getParameter("title");
        String author=req.getParameter("author");
        int price=Integer.parseInt(req.getParameter("price"));
```

```
            //1.加载驱动程序
            try {
                Class.forName("com.mysql.jdbc.Driver");
                //2. 获得数据库连接
                Connection conn = DriverManager.getConnection("jdbc:mysql://localhost:3306/
                bookstore", "root", "root");
                //3.执行 SQL 语句，实现增、删、改、查操作
                String sql="update book set Title=?, Author=?, Price=?where Bookid=?";
                PreparedStatement pstmt = conn.prepareStatement(sql);
                pstmt.setString(1, title);
                pstmt.setString(2, author);
                pstmt.setInt(3, price);
                pstmt.setInt(4, id);
                int count= pstmt.executeUpdate();
                if(count>0)  {    //4.结果处理
                    resp.sendRedirect("getbook");
                }
                pstmt.close();
                conn.close();     //5.关闭连接
                out.flush();
                out.close();
            }
            catch(Exception e)  {
                System.out.println(e);
            }
        }
    }
```

4. 使用 JDBC 删除数据

单击图 4.12 所示的“删除”超链接，将会删除一条数据。删除后如图 4.13 所示，少了一条数据。

图 4.12　删除前

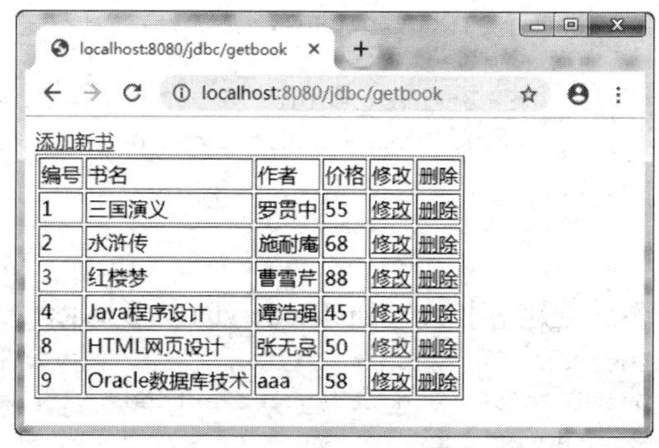

图 4.13　删除后

在包 com.lifeng.servlet 下创建一个新的 Servlet，将之命名为 DeleteServlet，关键代码如下。

```
@WebServlet("/delete")
public class DeleteBookServlet extends HttpServlet {
    @Override
    protected void doGet(HttpServletRequest req, HttpServletResponse resp) throws
IOException {
        req.setCharacterEncoding("utf-8");
```

```
        resp.setContentType("text/html; charset=UTF-8");
        PrintWriter out=resp.getWriter();
        int id=Integer.parseInt(req.getParameter("id") );
        //1.加载驱动程序
        try {
            Class.forName("com.mysql.jdbc.Driver");
            // 2. 获得数据库连接
            Connection conn = DriverManager.getConnection("jdbc:mysql://localhost:3306/
            bookstore", "root", "root");
            //3.执行 SQL 语句，实现增、删、改、查操作
            String sql="delete from book where Bookid=?";
            PreparedStatement pstmt = conn.prepareStatement(sql);
            pstmt.setInt(1, id);
            int count= pstmt.executeUpdate();
            if(count>0)  { //4.结果处理
                resp.sendRedirect("getbook");
            }
            out.flush();
            out.close(); //5.关闭连接
        }
        catch(Exception e)  {
            System.out.println(e);
        }
    }
}
```

4.5　使用 MyBatis 操作数据库

4.5.1　MyBatis 简介

MyBatis 是一款优秀的持久层框架，它支持定制化 SQL、存储过程以及高级映射。MyBatis 的标志如图 4.14 所示。使用 MyBatis 可以代替原始的 JDBC 代码，简化开发流程。MyBatis 可以使用简单的 XML 或注解来配置和映射原生信息，将接口和 Java 的 POJOs（Plain Old Java Objects，普通的 Java 对象）映射成数据库中的记录。

图 4.14　MyBatis 标志

4.5.2　使用 MyBatis

下面通过一个项目来学习如何使用 MyBatis 实现数据库查询操作。

（1）在 IDEA 中创建测试项目 MyBatis_Learn，如图 4.15 所示。

（2）添加相应的 JAR 包。在 IDEA 中选择 Project Settings→Libraries 命令，然后选择要添加的 Java 包，把两个准备好的 JAR 包添加到项目中，如图 4.16 所示。

- MyBatis 所需的 JAR 包：mybatis-3.4.6.jar。
- 连接 MySQL 所需的 JAR 包：mysql-connector-java-5.1.40-bin.jar。

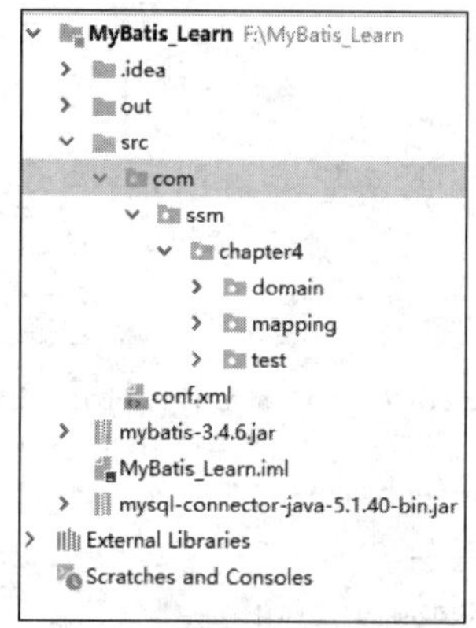

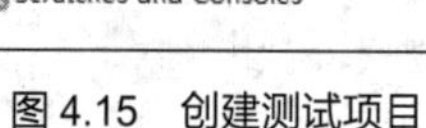

图 4.15　创建测试项目

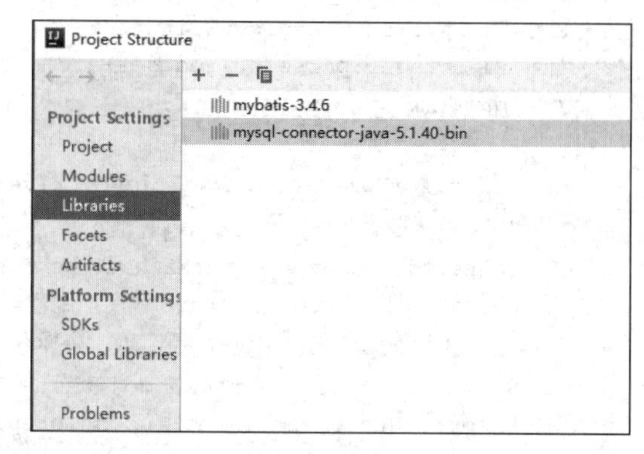

图 4.16　添加 JAR 包

（3）创建数据库和表，添加 SQL 语句参考如下。

```
drop database mybatis;
create database mybatis;
use mybatis;
create table users(id int primary key auto_increment,bookname varchar(20), price float);
insert into users(bookname, price) values('数据库', 88.5);
insert into users(bookname, price) values('计算机概念', 68.2);
```

结果如图 4.17 所示。

至此，前期开发环境工作全部完成。

（4）创建 MyBatis 的配置文件 conf.xml。在 src 目录下创建一个 conf.xml 文件，如图 4.18 所示。

图 4.17　创建数据库 users 表

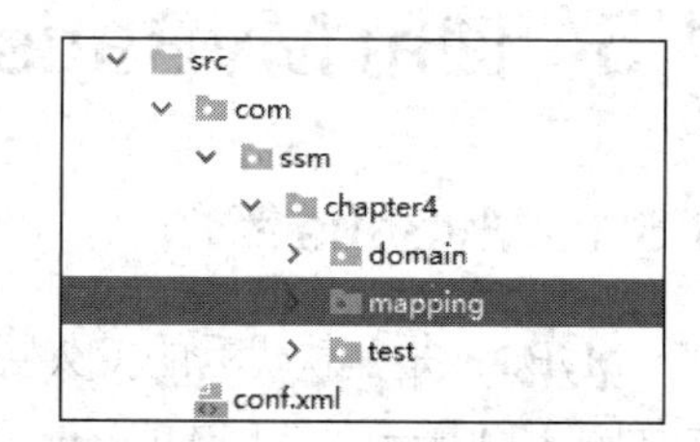

图 4.18　创建 MyBatis 的配置文件

conf.xml 文件的内容如下。

```
<?xml version="1.0" encoding="UTF-8"?>
<!DOCTYPE configuration PUBLIC "-//mybatis.org//DTD Config 3.0//EN" " http://mybatis.
org/dtd/mybatis-3-config.dtd">
<configuration>
    <environments default="development">
    <environment id="development">
        <transactionManager type="JDBC" />
        <!-- 配置数据库连接信息 -->
        <dataSource type="POOLED">
            <property name="driver" value="com.mysql.jdbc.Driver" />
            <property name="url" value="jdbc:mysql://localhost:3306/mybatis" />
            <property name="username" value="root" />
            <property name="password" value="root" />
        </dataSource>
    </environment>
```

```
    </environments>
    <mappers>
    <mapper resource="com/ssm/chapter4/mapping/userMapper.xml"/>
    </mappers>
</configuration>
```

其中，配置数据库连接信息需要改为自己本地所创建的数据库信息。<mapper resource=""/>标签表示注册 userMapper.xml 映射文件，即指出执行 SQL 语句的 xml 文件放置在哪里，这里可以写相对路径也可以写绝对路径，绝对路径就是 url，相对路径使用 resource。

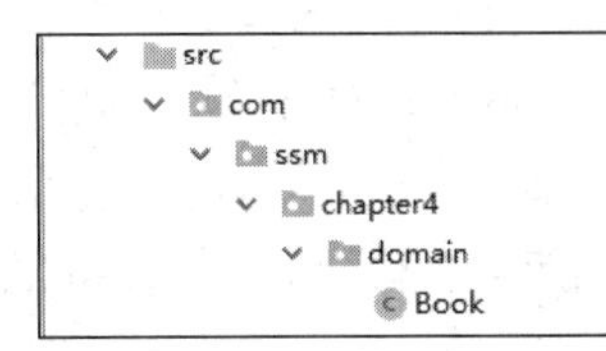

图 4.19　实体类

（5）定义表所对应的实体类，如图 4.19 所示。

Book 类代码如下所示。

```
package com.ssm.chapter4.domain;
public class Book {
    // 实体类的属性和表的字段名称一一对应
    private int id;
    private String bookname;
    private float price;
    public int getId()  {
        return id;
    }
    public void setId(int id)  {
        this.id = id;
    }
    public String getBookname()  {
        return bookname;
    }
    public void setBookname(String bookname)  {
        this.bookname = bookname;
    }

    public float getPrice()  {
        return price;
    }
    public void setPrice(float price)  {
        this.price = price;
    }
    @Override
    public String toString()  {
        return "Book {" + "id=" + id + ", bookname='" +
bookname + '\'' + ", price="
        + price + '} ';
    }
}
```

（6）定义操作 users 表的 SQL 映射文件 userMapper.xml，位置如图 4.20 所示。

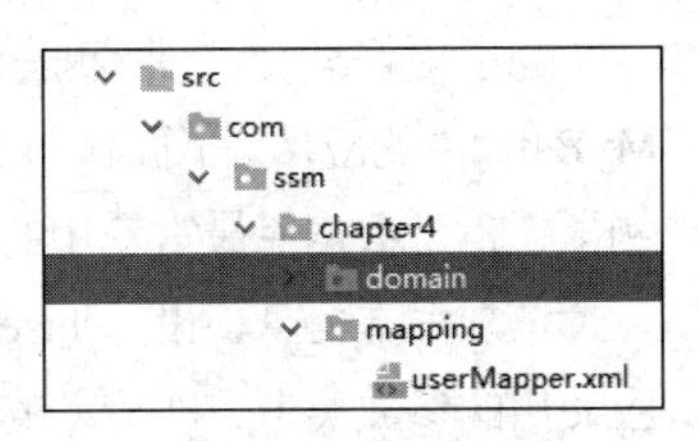

图 4.20　SQL 映射文件

文件的内容如下。

```
<?xml version="1.0" encoding="UTF-8" ?>
<!DOCTYPE mapper PUBLIC "-// mybatis. org// DTD Mapper 3.0// EN" "
http://mybatis.org/ dtd/mybatis-3-mapper.dtd">
<mapper namespace="com.ssm.chapter4.mapping.userMapper">
```

```
        <!--根据id查询得到一个book对象 -->
    <select id="getBook"
    parameterType="int"
    resultType="com.ssm.chapter4.domain.Book">
            select * from users where id=# {id}
        </select>
    </mapper>
```

在<select>标签中编写查询的 SQL 语句，设置<select>标签的 id 属性为 getBook，id 属性值必须是唯一的，不能够重复使用 parameterType 属性指明查询时使用的参数类型，resultType 属性指明查询返回的结果集类型,resultType="com.ssm.chapter4.domain.Book"就表示将查询结果封装成一个 Book 类的对象返回 Book 类就是 users 表所对应的实体类。

（7）在 conf.xml 文件中注册 userMapper.xml 文件。代码如下。

```
<mappers>
    <mapper resource="com/ssm/chapter4/mapping/userMapper.xml"/>
</mappers>
```

注册 userMapper.xml 文件,userMapper.xml 位于 com.ssm.chapter4.mapping 这个包下,所以 resource 写成 com/ssm/chapter4/mapping/userMapper.xml。

（8）编写测试代码。执行定义的 select 语句。

```
package com.ssm.chapter4.test;
import com.ssm.chapter4.domain.Book;
import org.apache.ibatis.session.SqlSession;
import org.apache.ibatis.session.SqlSessionFactory;
import org.apache.ibatis.session.SqlSessionFactoryBuilder;
import java.io.IOException;
import java.io.InputStream;
public class Test {
     public static void main(String[] args) throws IOException {
          String resource="conf.xml";
          InputStream is=Test.class.getClassLoader().getResourceAsStream(resource);
          SqlSessionFactory sessionFactory= new SqlSessionFactoryBuilder() .build(is);
          SqlSession session=sessionFactory.openSession();
          String statement="com.ssm.chapter4.mapping.userMapper.getBook";
          Book book=session.selectOne(statement, 1);
          System.out.println(book);
     }
}
```

执行结果如图 4.21 所示。

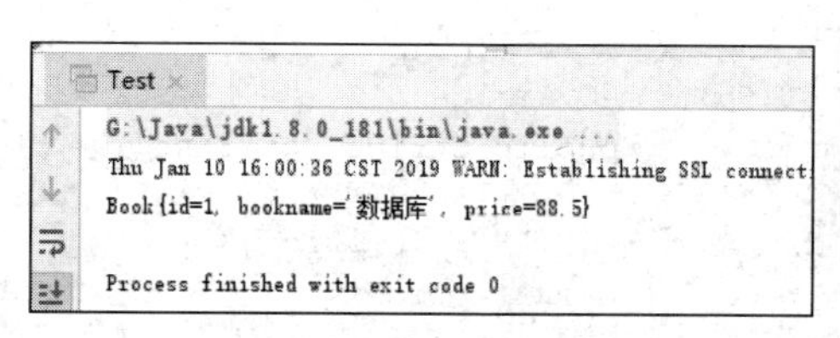

图 4.21　执行结果

（9）数据库增加、删除、修改操作小例子。

为了更好地帮助读者理解以及熟悉 MySQL 语句在 MyBatis 中的应用，下面在 userMapper.xml 中添加 3 个小例子，也是数据库最常使用的增、删、改操作。

增加书本信息，设置 insert 标签的 id 属性为 addBook，parameterType 属性指明了增加书本信息应使用的参数类型，即传入的数据类型。

```
<!--增加书本信息-->
     <insert id="addBook" parameterType="com.ssm.chapter4.domain.Book">
          insert into book values(# {id},#{bookname},#{price} )
     </insert>
```

测试类相较于查询的不同就是需要事务提交的步骤 session.commit( );，在使用这个操作时，需要考虑是否需要修改数据库中的数据。例如，查询操作，它没有修改数据库的步骤，所以不需要提交事务，查询操作类似读操作。但是像增加、删除、修改等操作，都会涉及修改数据，它们就类似写操作，所以必须在完成所有操作的最后，添加 commit 提交事务，数据库才会真正去修改数据。

```
public static void main(String[] args) throws IOException {
        String resource="conf.xml";
        InputStream is=Test.class.getClassLoader().getResourceAsStream(resource);
        SqlSessionFactory sessionFactory = new SqlSessionFactoryBuilder() .build(is);
        SqlSession session=sessionFactory.openSession();
        Book book = new Book();
        book.setId(5);
        book.setBookname("大话数据结构");
        book.setPrice(48.5f);
        session.update("com.ssm.chapter4.mapping.userMapper.addBook", book);
        session.commit();
}
```

测试结果如图 4.22 所示。

根据书本 id 删除书本信息，设置 delete 标签的 id 属性为 deleteBook，parameterType 属性指明了书本 id。

```
<!--根据书本 id 删除书本信息-->
<delete id="deleteBook" parameterType="int">
     delete from book where id=#{id}
</delete>
```

删除 id 为 3 的书本信息，代码如下。

```
public static void main(String[] args) throws IOException {
        String resource="conf.xml";
        InputStream is=Test.class.getClassLoader().getResourceAsStream(resource);
        SqlSessionFactory sessionFactory= new SqlSessionFactoryBuilder().build(is);
        SqlSession session=sessionFactory.openSession();
        int id = 3;
        session.delete("com.ssm.chapter4.mapping.userMapper.deleteBook", id);
        session.commit();
```

测试结果如图 4.23 所示。

id	bookname	price
1	数据库	88.5
2	计算机概念	68.2
3	Java虚拟机	35
4	面向对象设...	28.1
5	大话数据结构	48.5
NULL	NULL	NULL

图 4.22 新增书本信息后的效果

id	bookname	price
1	数据库	88.5
2	计算机概念	68.2
4	面向对象设...	28.1
5	大话数据结构	48.5
NULL	NULL	NULL

图 4.23 删除书本信息后的效果

根据书本 id 修改书本信息，设置 update 标签的 id 属性为 updateBook，parameterType 属性指明了书本 id。

```
<!--根据书本 id 修改书本信息-->
<update id="updateBook" parameterType="com.ssm.chapter4.domain.Book">
    update book set bookname=#{bookname} ,
    price=#{price} where id=#{id}
</update>
```

测试结果如图 4.24 所示。

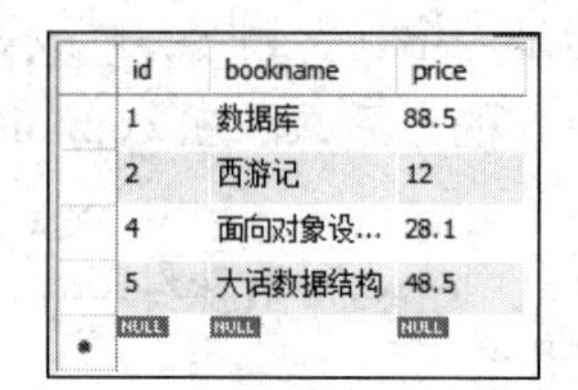

id	bookname	price
1	数据库	88.5
2	西游记	12
4	面向对象设…	28.1
5	大话数据结构	48.5
NULL	NULL	NULL

图 4.24　修改书本信息后的效果

4.6　本章小结

本章的主要内容包括：

- 如何在 IDEA 中使用 JDBC 连接数据库；
- 如何使用 MyBatis 连接数据库；
- 如何使用 MyBatis 对数据库进行增、删、改、查操作。

4.7　习题

1. 简述 SQL 语言的种类。
2. 简述 JDBC 操作数据库的流程。
3. MyBatis 是怎样的一种框架？

第 2 部分
你应该知道的语法

为了将来能得心应手地进行 Java Web 框架编程，你还需要知道一些必要的语法，这些语法包括：HTML 的标签、元素和属性，常用标签，JavaScript 语法，JSON，AJax，面向对象的程序设计模式，JSP 的基本语法，控制流语句，表单处理，JSP 隐含对象，注解的概念、属性、定义和使用，注解与反射等。

5

第 5 章　HTML 基础知识

本章学习目标：

- ✧　掌握 HTML 的基本概念
- ✧　掌握常见标签的使用方法

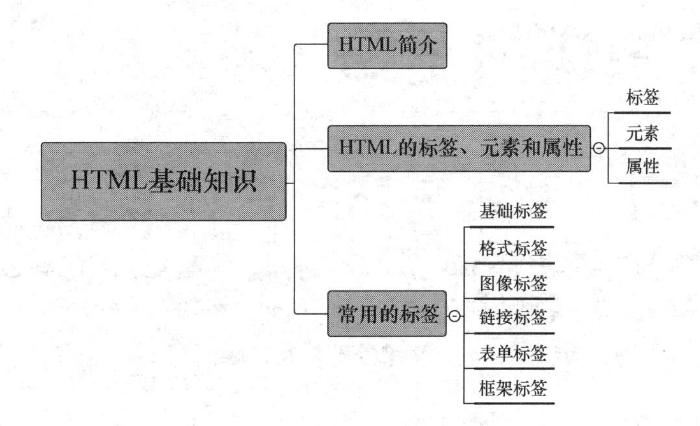

5.1 HTML 简介

HTML 是指超文本标记语言（Hyper Text Markup Language）。HTML 不是一种编程语言，而是一种标记语言、标记标签。互联网中的网页都是用 HTML 格式的文本编写的，浏览器可用来解释这些文本，并将其呈现出来，所以用户要想使用 HTML+CSS 进行网页前端设计和开发首先必须熟悉 HTML。HTML 有自己的语法格式和编写规范，这些都是由 HTML 规范定义的。创作者根据这些规范创作网页，浏览器厂商根据这些规范解释和渲染网页。

5.2 HTML 的标签、元素和属性

一个 HTML 网页文件是由若干元素构成的，元素则由开始标签、结束标签、属性和元素内容 4 部分构成。元素名和属性都是不区分大小写的，一般建议使用小写字母，这是为了更好地阅读和理解 HTML 文档。

5.2.1 标签的概念

HTML 标记标签通常被称为 HTML 标签（HTML Tag）。

（1）HTML 标签由尖括号包围，如 <html></html>，这两个标签表示一个 HTML 文件。

（2）标签的使用有两种形式。一是成对出现的标签，如开始标签和结束标签的形式，其基本格式为：<开始标签>网页的内容</结束标签>。二是单独出现的标签。如果在开始标签和结束标签之间没有内容，则不需开始标签和结束标签成对出现，如换行标签
。

5.2.2 元素的概念

HTML 文档由 HTML 元素定义，HTML 元素指的是从开始标签(Start Tag)到结束标签(End Tag)的所有代码。

（1）一个元素通常由一个开始标签、内容、其他元素及一个结束标签组成，如<title>Hello HTML</title>。

（2）有一些元素有内容，但允许忽略结束标签，如<p> 第一段。

（3）有一些元素甚至允许忽略开始标签。例如，html、head、body 等元素都允许忽略开始标签，但一般不推荐这样做，否则会使文档变得很难阅读。

（4）有一些元素可以没有内容，因此不需要结束标签。例如，换行元素 br 可以写成

，每一个 br 元素都没有内容。

（5）元素应当合理嵌套，嵌套必须是严格对称的。例如，<p>This is<em> HTML！<em><p>。

5.2.3 属性的概念

（1）属性是 HTML 元素提供的附加信息。

（2）HTML 可以设置属性 <元素属性 ="值"> 内容 </元素>。

（3）属性可以在元素中添加附加信息。

（4）属性一般描述于开始标签。

（5）属性总是以名称/值对的形式出现，例如，a="b"。

5.3 常用的标签

5.3.1 基础标签

基础标签如表 5.1 所示。其中，<h1>至<h6>是标题标签，<h1>定义最大的标题，<h6>定义最小的标题。效果如图 5.1 所示。

注释标签 <!- ->可用来在源代码中插入注释，有助于开发人员阅读和理解代码，例如<!-我是注释，我是用来说明代码的->。注意，注释不会被浏览器显示出来。

表 5.1 基础标签

标签	功能描述
<!DOCTYPE>	定义文档类型
<html>	定义 HTML 文档
<head>	定义文档的头部
<title>	定义页面的标题
<body>	定义文档的主体
<h1>至<h6>	定义 HTML 标题的大小
<p>	定义段落
 	定义换行
<hr/>	定义水平线
<!-->	定义注释

图 5.1 标签效果

5.3.2 格式标签

（1）文字字体格式标签如表 5.2 所示。

例如，下面代码的输出效果如图 5.2 所示。

```
<b>定义粗体文字</b>
<em>定义着重文字</em>
<i>定义斜体字</i>
<small>定义小号字</small>
<strong>定义加重语气</strong>
<sub>定义下标字</sub>
<sup>定义上标字</sup>
<ins>定义插入字</ins>
<del>定义删除字</del>
```

表 5.2 文字字体格式标签

标签	功能描述
<b>	定义粗体文字
<em>	定义着重文字
<i>	定义斜体字
<small>	定义小号字
<strong>	定义加重语气
<sub>	定义下标字
<sup>	定义上标字
<ins>	定义插入字
<del>	定义删除字

（2）计算机输出标签如表 5.3 所示。

定义粗体文字
定义着重文字
定义斜体字
定义小号字
定义加重语气
定义下标字
定义上标字
定义插入字
定义删除字

图 5.2　格式标签效果

表 5.3　计算机输出标签

标签	功能描述
<code>	定义计算机代码
<kbd>	定义键盘码
<samp>	定义计算机代码样本
<var>	定义变量
<pre>	定义预格式文本

5.3.3　图像标签

图像标签如表 5.4 所示。

表 5.4　图像标签

标签	功能描述
<img>	定义图像
<map>	定义图像映射
<area>	定义图像地图内部的区域
<canvas>	定义图形
<figcation>	定义 figure 元素的标题
<figure>	规定独立的流内容（如图像、图表、照片、代码等）

（1）图像标签<img>

该标签用于定义 HTML 页面中的图像，此图像不是插入网页中，而是链接到 HTML 页面上。

<img>的属性介绍如下。

① src 说明图像的地址。

② alt 规定图像的替代文本。

③ width、hight 可定义图像的宽度、高度。

（2）图像映射标签<map>、<area>

① <map>定义图像映射，指带有可单击区域的一幅图像。

② <area>定义图像映射中的区域。area 元素永远嵌套在 map 元素内部，area 元素可定义图像映射中的区域。

（3）<figure>标签

<figure> 标签规定独立的流内容（如图像、图表、照片、代码等），元素的内容应该与主内容相关，如果被删除了，也不会对文档产生影响。

示例代码：

```
<img src="学习.jpg" alt="">
```

效果如图 5.3 所示。

图 5.3　图像标签

5.3.4 链接标签

HTML 可使用超链接与网络上的另一个文档相连。我们几乎可以在所有的网页中找到链接，单击链接即可从一张页面跳转到另一张页面。使用<a>标签可以在 HTML 中创建链接，使用<link>标签可以定义两个链接文档之间的关系，而<nav>标签可以定义导航链接的部分。

（1）链接标签<a>

<a> 标签可以定义超链接，用于从一张页面链接到另一张页面。其 href 属性表示链接的目标 URL，target 属性表示当 target 值为_blank 时打开的链接窗口为新窗口。例如，<a href="http://www.html.com" target="_blank">html</a>。

（2）链接文档标签<link>

<link>标签通常放置在一个网页的头部标签<head>内，用于链接外部 CSS 文件、收藏夹图标、外部样式表及外部资源。例如，<link type="image/1"/>，如图 5.4 所示。

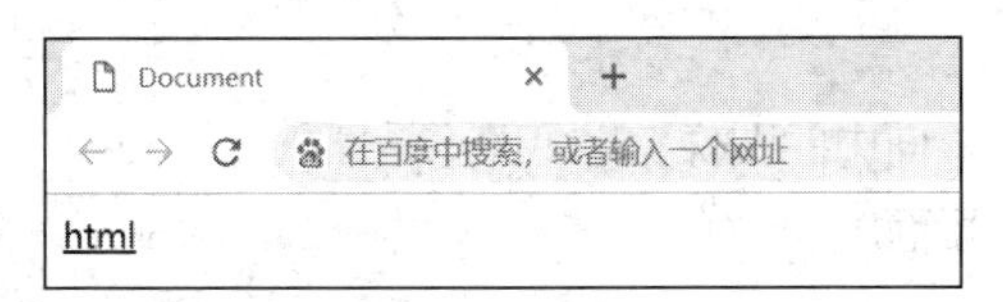

图 5.4 链接标签

5.3.5 表单标签

HTML 表单多用于收集不同类型的用户输入，表单是一个包含表单控件的区域，例如，文本域（Textarea）、单选框（Radio-Buttons）、复选框（Checkboxes） 等。

（1）<form>标签

<form></form>标签对可以创建一个表单，标签对之间的表单控件都属于表单的内容，表单可以说是一个单独的容器，表 5.5 介绍了该标签属性的功能。

表 5.5 <form>标签属性的功能描述

标签属性	功能描述
action	定义一个 URL。单击“提交”按钮时，会向这个 URL 发送数据
data	供自动插入数据
replacc	定义表单提交时所做的事情
accept	处理该表单的服务器可正确处理的内容类型列表（用逗号分隔）
accept-charset	定义表单数据的字符集列表（用逗号分隔），默认值为 unknown
enctype	设置对表单内容进行编码的 MIME 类型
method	用于向 actionURL 发送数据的 HTTP 方法，默认值为 get
target	在何处打开目标 URL

（2）<input>标签

该标签用于定义输入字段，用户可在其中输入数据。

下面介绍一些表单标签的用法。示例如下：

```
<form id=" form" action=" form. php"method=" post" enctype=" multipart/form -data">
<fieldset>
<legend>用户</legend>
<input id=" hiddenField" name=" hiddenField" type=" hidden" value=" hiddenvalue"/>
<label for="usename">用户:</ label>
<input type=" text" id=" usename" name="usename" value="" size="15" maxlength="25"/>
<br/>
<label for="pass">密码:</ label>
<input type=" password" id=" pass" name="pass"  size ="15" maxlength="25"/>
</fieldset>
<fieldset>
<legend>性别</legend>
<label for="sex">男</label>
<input type=" radio" value="1" id=" sex" name=" sex"/>
<label for=" sex">女</label>
<input type=" radio" value="2" id=" sex" name=" sex"/>
<label for=" sex">保密</label>
<input type=" radio" value="3" id=" sex" name=" sex"/>
</fieldset>
<fieldset>
<legend>提交</legend>
<input type="submit" value=" 提交" id=" submit"name="sub"/>
<input type="reset" value=" 重置" id=" reset"name="reset"/>
</fieldset>
</form>
```

运行上述代码，效果如图 5.5 所示。

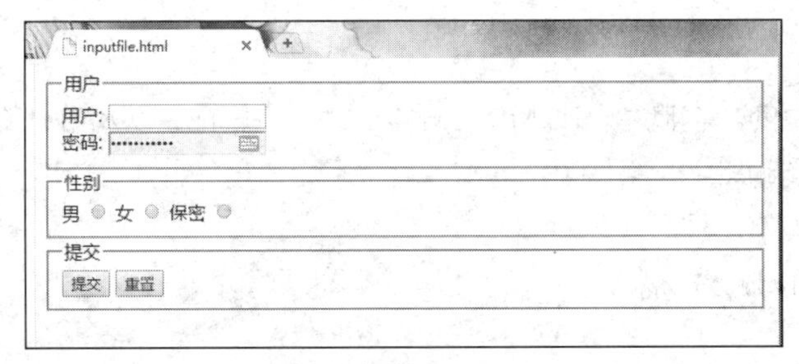

图 5.5　表单标签的使用

5.3.6　框架标签

<iframe> 标签可定义一个内联框架。一个内联框架常被用来在当前 HTML 文档中嵌入另一个文档。通过使用框架，可以在同一个浏览器窗口中显示不止一个画面。框架标签的功能描述如表 5.6 所示，例子如图 5.6 所示。

表 5.6　框架标签的功能描述

标签	功能描述
<frame>	定义框架集的窗口或框架
<frameset>	定义框架集
<noframes>	定义针对不支持框架的用户的替代内容

续表

标签	功能描述
<iframe>	定义内联框架
<accept-charset>	定义表单数据的字符集列表（用逗号分隔），默认值为 unknown
<enctype>	设置对表单内容进行编码的 MIME 类型
<method>	用于向 actionURL 发送数据的 HTTP 方法，默认值为 get
<target>	在何处打开目标 URL

图 5.6　框架标签的例子

5.4　本章小结

本章介绍了 HTML 的基本概念，HTML 的标签、元素、属性，以及常见的 HTML 标签，学习本章内容后，应掌握以下知识点：

- 编码简单的 HTML 页面；
- 正确使用常见的 HTML 标签。

5.5　习题

1. HTML 字体格式标签有哪些？各是什么意思？
2. <a>标签的 target 属性是什么意思？它有哪些取值？
3. <input>标签的 type 属性通常有哪些取值？各代表什么意思？
4. 框架标签的作用是什么？

6

第 6 章　JavaScript 基础

本章学习目标：

- ✧ 了解 JavaScript 的三个组成部分
- ✧ 掌握在 HTML 中嵌入 JavaScript 的方法
- ✧ 了解 JavaScript 中的原型模式和继承
- ✧ 了解 JSON 和 Ajax 的调用原理

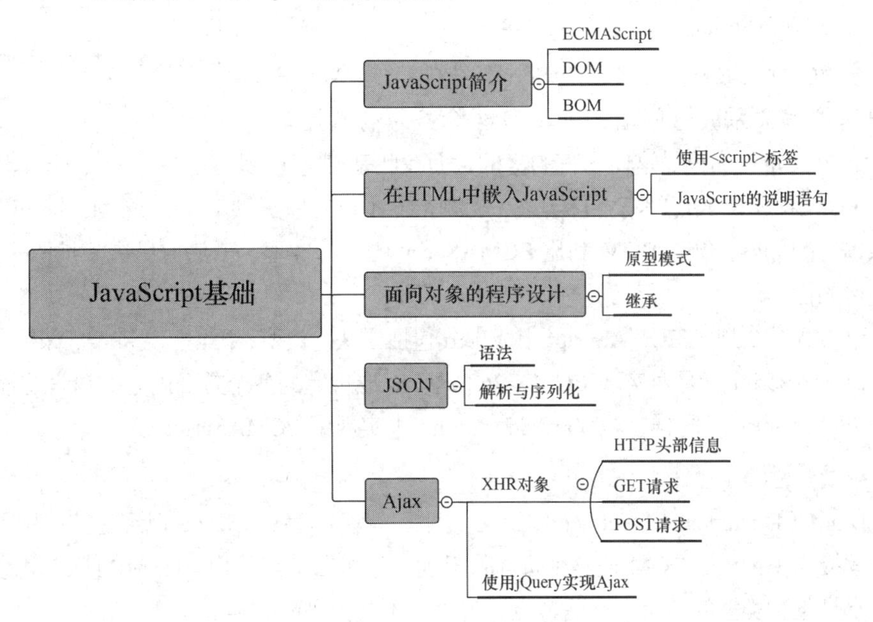

6.1 JavaScript 简介

JavaScript 诞生于 1995 年。JavaScript 是 Netscape 公司的产品，它是为了扩展 Netscape Navigator 功能而开发的一种可以嵌入 Web 页面的基于对象和事件驱动的解释性语言。当时，它的主要用途是处理以前由服务器端语言（Perl）负责的一些输入验证操作。在 JavaScript 问世之前，必须把表单数据发送到服务器端，才能确定用户是否没有填写某个必填域，是否输入了无效值。

JavaScript 的出现解决了页面验证这个大麻烦，发展至今，其用途也不再局限于简单的页面验证，而是具备了与浏览器窗口及其内容的交互的能力。

JavaScript 不仅是一门基于原型的、函数先行的高级编程语言，也是一门动态的、面向对象（基于原型）的直译语言。JavaScript 支持面向对象编程、命令式编程，以及函数式编程。它可以嵌入 HTML 文档使网页更加生动活泼，并具有交互性，拥有了闭包、匿名（lambda，拉姆达）函数，甚至元编程等特性。

下面介绍 JavaScript 的实现。一个完整的 JavaScript 实现应该由不同的三个部分组成，如图 6.1 所示。

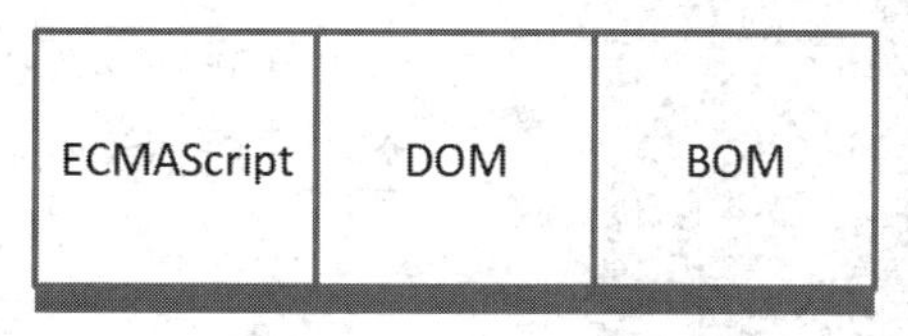

图 6.1　JavaScript 的组成

1. ECMAScript

由 ECMA-262 定义的 ECMAScript（核心）与 Web 浏览器没有依赖关系，这门语言并不包含输出与输入关系。ECMA-262 定义的只是这门语言的基础，而在此基础之上可以构建更完善的脚本语言，Web 浏览器只是 ECMAScript 实现的宿主环境之一，浏览器不仅可以提供基本的 ECMAScript 实现，同时也会提供该语言的扩展，例如 DOM 利用 ECMAScript 的核心类型和语法提供更多具体的功能，以便实现针对环境的操作。

ECMA-262 规定 ECMAScript 组成部分包括语法、类型、语句、关键字、保留字、操作符、对象。

ECMAScript 就是对实现 ECMA-262 这个标准规定的各个方面内容的语言的描述。JavaScript 实现了 ECMAScript，同样，Adobe ActionScript 也实现了 ECMAScript。

2. DOM

DOM（Document Object Model，文档对象模型）是针对 XML 但经过扩展用于 HTML 的应用程序编程接口（API）。DOM 把整个页面映射为一个多层节点结构。HTML 或 XML 页面中的每个组成部分都是某种类型的节点，这些节点又包含着不同类型的数据。

例如下面的 HTML 页面。

```
<html>
    <head>
        <title>这里是标题</title>
    </head>
    <body>
        <p>Hello JavaScript</p>
    </body>
</html>
```

在 DOM 中，这个页面可以通过图 6.2 所示的分层节点图表示。

负责制定 Web 通信标准的 W3C 开始着手规划 DOM。一开始，DOM1 级由 DOM 核心（DOM Core）和 DOM HTML 两个模块组成。其中，DOM 核心规定的是如何映射基于 XML 的文档结构，以便简化对文档中任意部分的访问和操作。DOM HTML 模块则在 DOM 核心的基础上加以扩展。而发展到 DOM2 级则范围要宽泛很多，在原来的基础上又扩充了鼠标和用户界面事件、范围、遍历（迭代 DOM 文档的方法）等细分模块，而且通过对象接口增加了 CSS 的支持。直到更新到了 DOM3，开始支持 XML1.0 规范，涉及 XML Infoset、Xpath 和 XML Base。

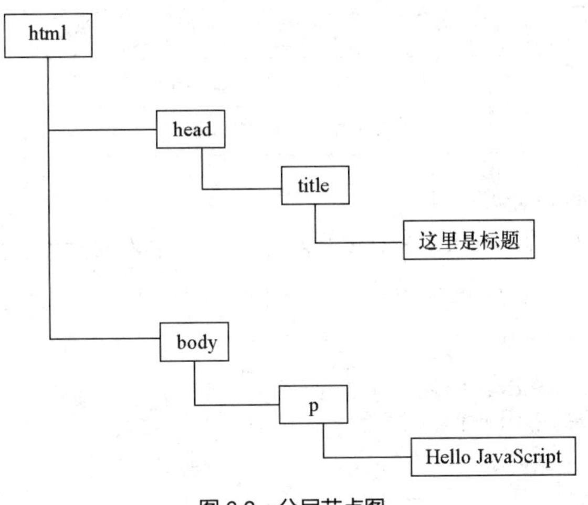

图 6.2　分层节点图

3. BOM

Internet Explorer 和 Netscape Navigator 有一个共同的特点，就是支持可以访问和操作浏览器窗口的 BOM（Browser Object Model，浏览器对象模型）。开发人员使用 BOM 可以控制浏览器显示页面以外的部分。由于 BOM 没有一个完整的标准，且每个浏览器都有自己的 BOM 实现，所以开发人员在操作时常会出现问题。

从根本上讲，BOM 只会处理浏览器窗口和框架，但人们习惯把所有针对浏览器的 JavaScript 扩展都算作 BOM 的一部分。例如以下扩展：

- 弹出新浏览器窗口的功能；
- 移动、缩放和关闭浏览器窗口的功能；
- 提供浏览器详细信息的 navigator 对象；
- 提供浏览器所加载页面的详细信息的 location 对象；
- 提供用户显示器分辨率详细信息的 screen 对象；
- 对 Cookies 的支持；
- XMLHttpRequest 的自定义对象。

6.2　在 HTML 中嵌入 JavaScript

在 HTML 文件中嵌入 JavaScript 需要使用<script></script> 标签，并且可以通过<script> 标签的不同属性决定调用方法。使用方法如下。

```
<script>
JavaScript 程序代码
</script>
```

如果使用 src 属性，则开发者能够引用存储在某个单独文件中的某段 JavaScript 代码，并将文件加载到单独的 Web 页面中。如果使用 language 属性，则表示文档中的脚本语言是 JavaScript，开发者可以直接在 HTML 文档中编写 JavaScript 脚本程序。<script>标签的功能描述见表 6.1。

表 6.1 <script>标签的功能描述

属性	功能描述
src	包含 JavaScript 源代码的文件的 URL，文件应以.js 为扩展名
language	表示在 HTML 中使用哪种脚本语言

（1）<script>标签的 language 属性

若要在 HTML 文档中直接编辑 JavaScript 代码的方法，需要在<script>标签中添加 language 属性，指定 JavaScript 作为脚本语言，代码为<script language="JavaScript">。示例如下：

```
<html>
<head>
<script language="JavaScript">
alert("JavaScript 基础知识!" ) ;
</script>
</head>
</html>
```

其中，alert 是 JavaScript 的窗口对象的方法，其功能是弹出一个具有“确定”按钮的对话框，并显示括号中的字符串。显示效果如图 6.3 所示。

（2）<script>标签的 src 属性

对于小的脚本和基本 HTML 页面来说，将 JavaScript 程序直接包含进 HTML 文件是很方便的，但是当页面需要长而复杂的脚本时，可以使用 src 属性指定包含 JavaScript 语句的文件。例如以下示例。

```
<script  language="JavaScript" src="JS.js">
</script>
```

① 建立外部文件 JS.js：

```
alert("This is JavaScript with src!")
```

② 建立主文件 JS.html，两者需在相同路径下：

```
<html>
     <head>
     </head>
     <body>
          <script language="JavaScript" src="JS.js"></script>
     </body>
</html>
```

③ 程序运行效果如图 6.4 所示。

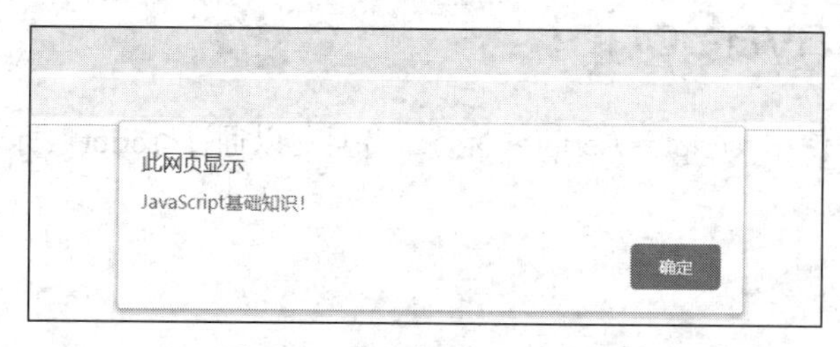

图 6.3 HTML 中嵌入 JavaScript

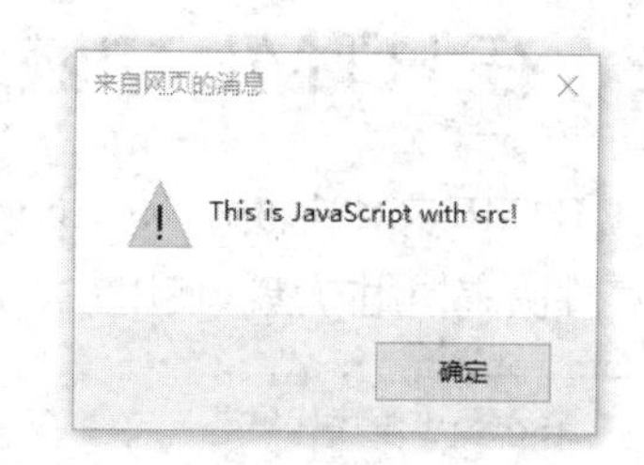

图 6.4 在 HTML 中嵌入 JavaScript

6.3　面向对象的程序设计

6.3.1　原型模式

为了解决构造函数的对象实例之间无法共享属性的缺点，JavaScript 提供了 prototype（原型）属性。在 JavaScript 中，每一个对象都有一个 prototype 属性，这个属性会返回对象类型原型的引用，所以它能为一个特定的类声明通用的变量或函数。prototype 是一个对象，所以我们能给它添加属性，且这个属性会成为通用属性。原型对象上的所有属性和方法，都会被对象实例所共享。

可以通过下面这个例子来理解上面这段话。

```
Function Book {
}

Book.prototype.name="Java Web";
Book.prototype.price=33;
Book.prototype.type="computer science";
Book.prototype.sayName = function()  {
    Alter(this.name);
} ;

Var Book1 = new Book();
Book1.sayName();  //"Java Web"

Var Book2 = new Book();
Book2.sayName();  //"Java Web"

Alert(Book1.sayName == Book2.sayName  ); //true
```

由此，sayName 方法和属性直接添加到了 Book 的 prototype 属性中，构造函数变成了空函数。但是，新对象的这些属性和方法是所有实例所共享的，也就是 Book1 和 Book2 访问的是同一组属性和同一个 sayName 函数，图 6.5 能够帮助我们更好地理解构造函数、实例对象、原型之间的关系。

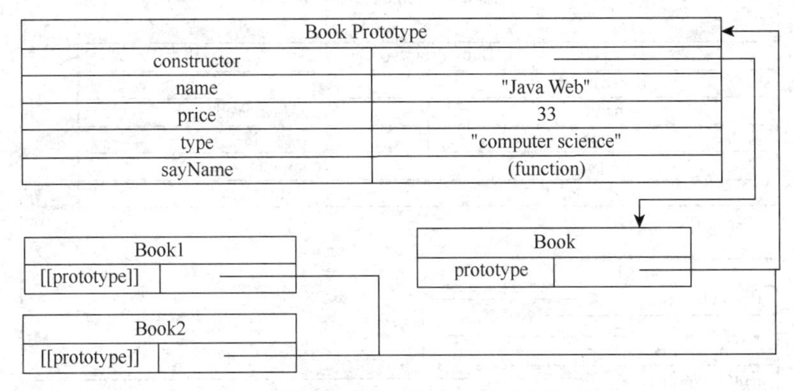

图 6.5　原型、实例、构造函数之间的关系

虽然可以通过对象实例访问保存在原型中的值，但是不能通过对象实例重写原型中的值。如果在实例中添加了一个属性，而该属性与实例原型中的一个属性同名，则该属性将会屏蔽原型中的那个属性。

看下面这个例子，能帮助我们更好地理解实例属性会屏蔽原型属性的过程，如图 6.6 和图 6.7 所示。

```
Function Book {
}

Book.prototype.name="Java Web";
Book.prototype.price=33;
Book.prototype.type="computer science";
Book.prototype.sayName = function()  {
    Alter(this.name);
} ;

Var Book1 = new Book();
Book1.name="Java EE"
Book1.sayName();  //"Java EE"来自实例

Var Book2 = new Book();
Book2.sayName();  //"Java Web"来自原型

Alert(Book1.sayName == Book2.sayName  ); //true
```

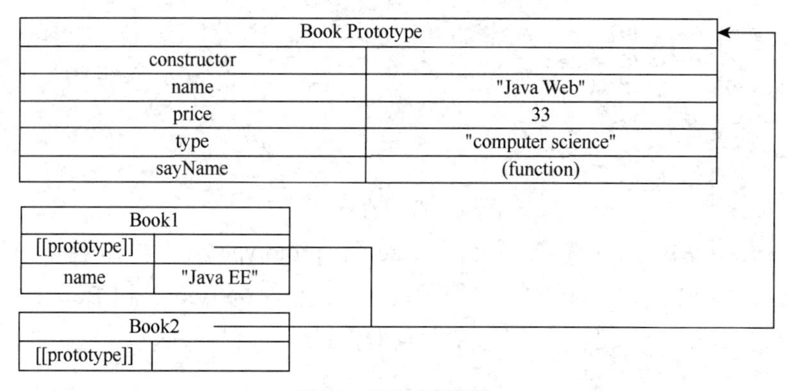

图 6.6　添加实例属性

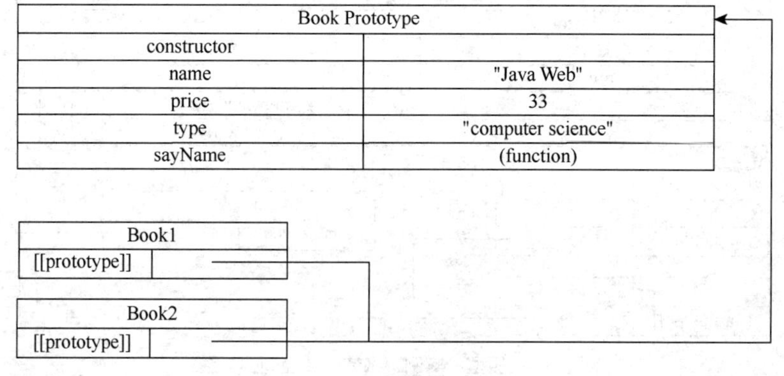

图 6.7　删除实例属性

不过，使用 Delete 操作符可以完全删除实例属性，让我们能够重新访问原型中的属性，例如在上述代码中添加以下代码。

```
Delete book1.name;
Alert(Book1.name);   //"Java Web";
Book1.name="Java EE";
```

6.3.2 继承

继承是面向对象语言中一个比较重要的概念。许多面向对象语言都支持两种继承方式：接口继承和实现继承。接口继承只继承方法签名，而实现继承会继承实际的方法。由于函数没有签名，所以在 ECMAScript 中无法实现接口继承，只支持实现继承，而其实现主要依靠原型链。

原型链的基本思路是利用原型让一个引用类型继承另一个引用类型的属性和方法。例如，我们令原型对象都包含一个指向构造函数的指针，那么此时这个原型对象将包含一个指向另一个原型的指针，相对而言，另一个原型中也包含着一个指向另一个构造函数的指针。如果我们再次令另一个原型是另一个类型的实例，如此层层递进，就构成了实例与原型的链条，这就是原型链的基本概念。下面再举个例子帮助我们理解上述这一段话。

```
function SuperType()  {
this.prototype = true;
}
superType.prototype.getSuperValue = function()  {
return this.prototype;
} ;
function SubType()  {
this.subprototype = false;
}

//继承了 SuperType
Subtype.prototype = new SuperType();
SubType.prototype.getSubType = function()  {
return this.subprototype;
} ;
var instance = new SubType();
alert(instance.getSuperValue);  //true
```

以上代码定义了两个类型：SuperType 和 SubType。每个类型都分别有一个属性和方法。它们的主要区别是 SubType 继承了 SuperType，而继承是通过创造了 SuperType 的实例，并将实例赋给 SubType.Prototype 实现的。简单来讲就是原来 SuperType 所有的属性和方法也存在于 SubType.prototype 中了。继承和原型链原理如图 6.8 所示。

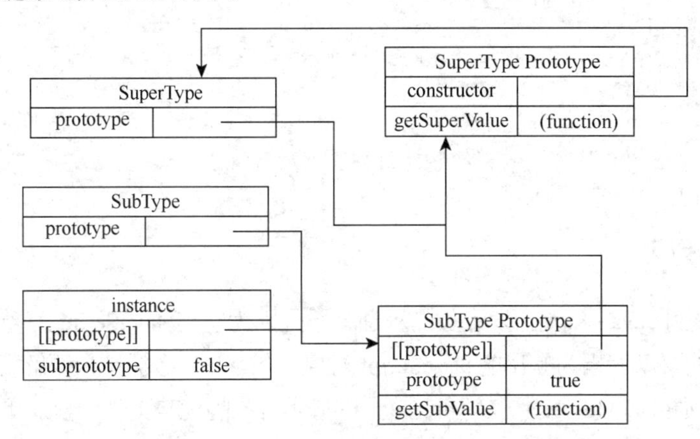

图 6.8　继承和原型链原理

6.4 JSON

JSON 是一种结构化数据格式，而不是一种编程语言。JSON 是 JavaScript 的一个严格的子集，它利用了 JavaScript 中的一些模式来表示结构化数据。不过并不是只有 JavaScript 才使用 JSON，很多编程语言都有针对 JSON 的解析器和序列化器。

6.4.1 语法

JSON 的语言可以表示以下三种类型的值。

1. 简单值

可以在 JSON 中表示字符串、数值、布尔值和 NULL，不过 JavaScript 中的 undefined 不能在 JSON 中使用。

2. 对象

对象作为一种复杂的数据类型，它表示的是一组无序的键值对。其中，值可以是简单值，也可以是复杂的数据类型。与 JavaScript 的对象相比，JSON 有两个地方不同：一是没有声明变量；二是没有末尾的分号，并且 JSON 中的对象的所有属性必须加双引号。对比以下两段代码，可让我们更好地理解 JSON 和 JavaScript。

```
//JavaScript 的对象
        var book =  {
        Name: "Java Web",
        Price:33
        } ;
//JSON 的对象
{
        "Name":"Java Web",
        "Price":33
}
```

3. 数组

数组也是一种复杂的数据类型，它表示的是一组有序的值的列表，我们可以通过数值索引来访问其中的值。在 JSON 中，可以采用与 JavaScript 同样的语法来表示同一个数组，如同以下的例子。

```
//JavaScript 的数组对象
var bookName=new Array("Vue", "React", "Js");
//JSON 的数组对象
 {
      "bookName":[ "Vue", "React", "Js" ]
}
```

6.4.2 解析与序列化

JSON 之所以受到 JavaScript 开发人员的欢迎，不是因为它与 JavaScript 有着类似的语法，而是因为 JSON 数据结构可以解析为有用的 JavaScript 对象。与 XML 数据结构要解析成 DOM 文档但从中提取数据极为麻烦相比，JSON 可以解析为 JavaScript 对象的优势更加明显。下面以图书的数据结构为例，在解析为 JavaScript 对象之后，只需一行简单的代码就可以找到第 5 本书的书名。

```
Book[4] .name;
```

然而在 DOM 结构中查找书的代码如下：

```
document.getElementsByTagName("book") [4] .getAttribute("name")
```

对比之下，JSON 为什么大受开发人员欢迎就不言而喻了。

6.5 Ajax

Ajax 是对 Asynchronous JavaScript + XML 的简写。这一技术能够向服务器请求额外的数据而无须卸载页面，且能带来更好的用户体验。Ajax 的核心是 XMLHttpRequest 对象（以下简称为 XHR 对象），可以解释为使用 XHR 对象获取新数据，再通过 DOM 将新数据插入页面中。Ajax 通信与数据格式无关，无须刷新页面即可从服务器中取得数据，也不一定是 XML 数据。人们对 JavsScript 和 Web 的全新认识，催生了很多新的技术和新的开发模式，如今，熟练使用 XHR 对象已成为所有 Web 开发人员都必须掌握的一项基本技能。

6.5.1 XHR 对象

1. HTTP 头部信息

每个 HTTP 请求和响应都会带有相应的头部信息，XHR 对象也提供了操作这两种头部（即请求头部和响应头部）信息的方法。使用 setRequestHeader 方法可以设置自定义的请求头部信息。这个方法接受两个参数：头部字段的名称和头部字段的值。要成功发送请求头部信息，必须在调用 open 之后、send 之前调用 setRequestHeader。例如下面的例子。

```
var xhr = createXHR();
xhr.onreadystatechange = function()  {
      if(xhr.readyState == 4)  {
          if((xhr.status >= 200 && xhr.status <300)  ||
                xhr.status  ==304)  {
                alert(xhr.responseText);
            } else {
                alert("Request was failed: " + xhr.status);
            }
      }
}
xhr.open("get", "header.php", true);
xhr.setRequestHeader("Header", "Value");
xhr.send(null);
```

服务器在接收到这种自定义的头部信息之后，可以执行相应的后续操作。调用 XHR 对象的 getResponseHeader 方法并传入头部字段名称，可以返回指定响应头的值。而调用 getAllResponseHeader 方法则可以取得一个包含所有头部信息的长字段。

```
var header=getResponseHeader("Header");
var allHeader=getAllResponseHeader();
```

在没有自定义信息的情况下，getAllResponseHeader 方法通常会返回如下所示的多行文本内容，这种格式化的输出可以方便我们检查响应中所有头部字段的名称。

```
date: Wed, 06 Nov 2019 02:08:01 GMT
content-length: 51
content-type: html/text; charset=utf-8
```

2. GET 请求

GET 是最常见的请求类型，常用于向服务器查询某些信息。必要时，可以将查询字符串参数追加到 URL 的末尾，以便将信息发送给服务器。对于 XHR 而言，位于传入 open 方法的 URL 末尾的查询字符串必须经过正确的编码才行。

使用 GET 请求经常会发生的一个错误，就是查询字符串的格式有问题。查询字符串中每个参数的名称和值都必须使用 encodeURIComponent( )进行编码，然后才能放到 URL 的末尾；而所有的名称和值对都必须用&分隔开，如下所示。

```
xhr.open("get", "header.php?name1=value1&name2=value2", true);
```

下面这个函数可以辅助向现有 URL 的末尾添加查询字符串参数。

```
function addURLParam(url, name, value) {
     url+=(url.indexOf("?") == -1?"?":"&");
     url+=encodeURIComponent(name) + "="+encodeURIComponent(value);
     return url;
}
```

这个 addURLParam( )函数接受三个参数：要添加的 URL、参数的名称和参数的值。这个函数首先要检查 URL 是否包含问号。如果没有包含，就添加一个问号；否则，就添加一个&。然后将参数名称和值进行编码，再添加到 URL 的末尾。最后返回添加参数之后的 URL。

下面是使用这个函数来构建请求 URL 的实例。

```
var url="header.php";
//添加参数
url = addURLParam(url, "name", "Java EE");
//初始化请求
xhr.open("get", url, false);
```

3. POST 请求

POST 请求通常用于向服务器发送应该被保存的数据。POST 请求应该把数据作为请求的主体提交，数据可以有多项，并且格式不限。在 open 方法第一个参数的位置传入“post”，就可以初始化一个 POST 请求，如下面的例子所示。

```
xhr.open("post","header.php",true);
```

发送 POST 请求的第二步是向 send 方法中传入某些数据。由于 XHR 最初的设计主要是为了处理 XML，因此可以在此传入 XML DOM 文档，传入的文档序列化以后将会作为请求主体提交到服务器。

```
function submitData() {
     var xhr = createXHR();
     xhr.onreadystatechange = function() {
          if(xhr.readystate == 4){
          if((xhr.status >=200 && xhr.status <300)||xhr.status == 304){
        alert(xhr.responseText);
          } else {
               alert("request was failed: " +xhr.status);
              }
          }
      } ;
      xhr.open("open", "post.php", true);
      xhr.setReqestHeader("Content-Type", "application/x-www-form-urlencoded");
      var form = document.getElementById("user-info");
      xhr.send(serialize(form) );
}
```

6.5.2　使用 jQuery 实现 Ajax

使用 jQuery 来实现 Ajax 会更加简洁方便，常用方法有$.ajax、$.get、$.post、$.load、$.getJSON 等。只需要在前端页面导入 JAR 包 jquery-1.11.2.min.js 即可使用上述方法。具体用法可参考下述案例。

（1）在 Eclipse 工具中创建 Web 项目 Ajax，在 WebContent 目录下创建 js 目录，复制 jquery-1.11.2.min.js 到 js 目录下。在 WebContent 目录下创建 checkname_ajax.html，关键代码如下。

```
<script type="text/javascript" src="js/jquery-1.11.2.min.js"></script>
<script type="text/javascript">
     function validate() {
         var username = $("#username").val();
         if(username==null || username==""){
             $("#msg").html("用户名不能为空!");
         } else {
             $.ajax( {
                 url:'ajaxServlet',
                 type:'get',
                 data:'username='+username,
                 success:function(result){
                     if($.trim(result)  == "true"){
                        $("#msg").html("用户名已被使用!");
                     } else {
                        $("#msg").html("用户名可以使用!");
                     }
                 } ,
                 error:function()  {
                     alert("ajax 执行失败!");
                 }
             } );
         }
     }
</script>
<body>
     <form action="" id="form1" >
          <table>
              <tr>
                  <td>用 户 名: </td>
                  <td>
                     <input  type="text" name="username" id="username" onblur="validate();
                     "/>  <font color="#c00fff">*</font>
                  </td>
                  <td>
                     <div id="msg" style="display: inline"></div>
                  </td>
              </tr>
          </table>
     </form>
</body>
```

其中代码<script type="text/javascript" src="js/jquery-1.11.2.min.js"> </script>是为了导入 jQuery。这里要重点留意$.ajax 的用法。

（2）创建包 com.lifeng.servlet，创建一个 Servlet 名为 AjaxServlet，关键代码如下。

```
@WebServlet("/ajaxServlet")
public class AjaxServlet extends HttpServlet {
    protected void doGet(HttpServletRequest request, HttpServletResponse response)
throws ServletException, IOException {
         PrintWriter out=response.getWriter();
         String username = request.getParameter("username");
         if("admin".equals(username) ) {
            out.print("true");
         } else {
            out.print("false");
         }
    }
    protected void doPost(HttpServletRequest request, HttpServletResponse response)
throws ServletException, IOException {
         System.out.print("doPost 方法执行了!");
         doGet(request, response);
    }
}
```

（3）运行测试，在浏览器中访问 URL（http://localhost:8080/ajax/checkname_ajax.html），并在页面中输入用户名为“admin”，输完单击页面空白处，结果如图 6.9 所示。

重新输入用户名为“aaa”，输完单击页面空白处，结果如图 6.10 所示。

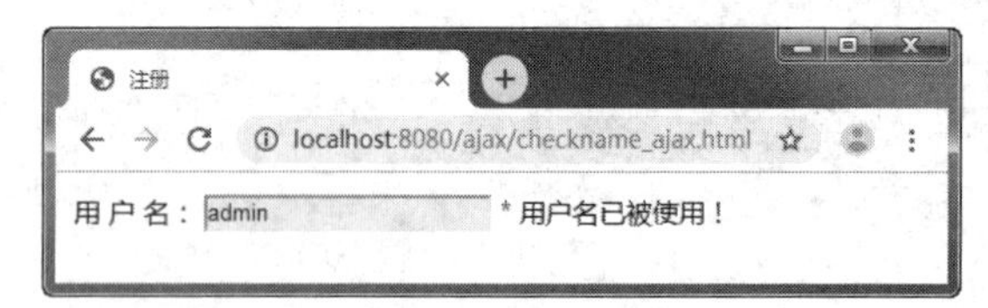

图 6.9　用户名已被使用

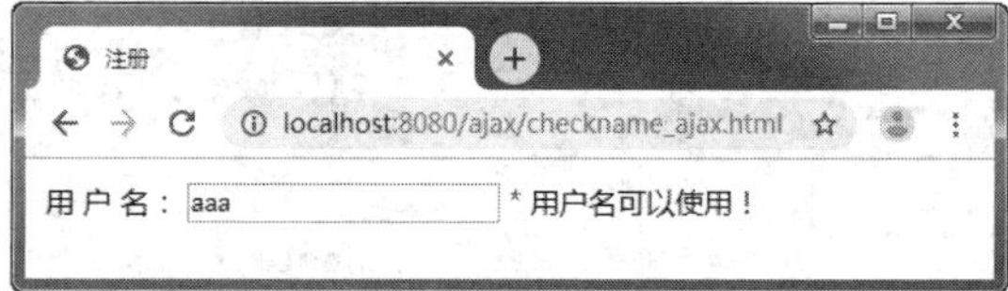

图 6.10　用户名可以使用

（4）在 WebContent 目录下创建 checkname_get.html，关键代码如下。

```
<script type="text/javascript" src="js/jquery-1.11.2.min.js"></script>
<script type="text/javascript">
    function validate()  {
         var username = $("#username") .val();
         if(username==null || username=="")  {
            $("#msg") .html("用户名不能为空!");
         } else {
            $.get('ajaxServlet', 'username='+username, function(result)  {
                   if($.trim(result)  == "true")  {
                       $("#msg") .html("用户名已被使用!");
                   } else {
                       $("#msg") .html("用户名可以使用!");
                   }
               }
            );
         }
    }
</script>
```

（5）运行测试，在浏览器中访问 URL（http://localhost:8080/ajax/checkname_get.html），并在页面中输入用户名为“admin”，输完单击页面空白处，结果如图 6.11 所示。

重新输入用户名为“aaa”，输完单击页面空白处，结果如图 6.12 所示。

图 6.11　用户名已被使用

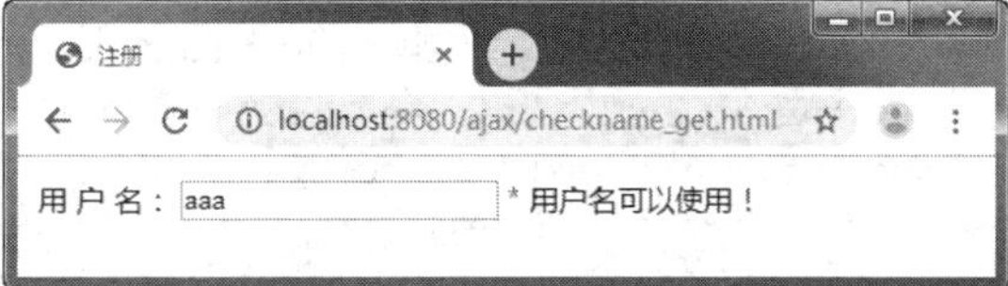

图 6.12　用户名可以使用

（6）将 checkname_get.html 复制为 checkname_post.html，仅修改$.get 方法为$.post 方法，其他均不变，测试结果同上，只是一个调用 Servlet 的 doGet 方法，另一个调用 Servlet 的 doPost 方法而已。控制台输出如图 6.13 所示。

图 6.13　控制台输出

（7）在 WebContent 下创建 checkname_load.html，关键代码如下。

```
<script type="text/javascript" src="js/jquery-1.11.2.min.js"></script>
<script type="text/javascript">
     function validate()  {
        var username = $("#username") .val();
        if(username==null || username=="")  {
           $("#msg") .html("用户名不能为空!");
        } else {
           $("#msg") .load('loadServlet', 'username='+username);
        }
     }
</script>
```

（8）在包 com.lifeng.servlet 下创建 Servlet 名为 LoadServlet，关键代码如下。

```
@WebServlet("/loadServlet")
public class LoadServlet extends HttpServlet {
    protected void doGet(HttpServletRequest request, HttpServletResponse response)
throws ServletException, IOException {
        response.setContentType("html/text; charset=utf-8");
        PrintWriter out=response.getWriter();
        String username = request.getParameter("username");
        if("admin".equals(username) )  {
           out.print("用户名已被使用!");
        } else {
           out.print("用户名可以使用!");
        }
    }
}
```

（9）运行测试，在浏览器中访问 URL（http://localhost:8080/ajax/checkname_load.html），并在页面中输入用户名为“admin”后单击页面空白处，结果如图 6.14 所示。

重新输入用户名为“abc”后单击页面空白处，结果如图 6.15 所示。

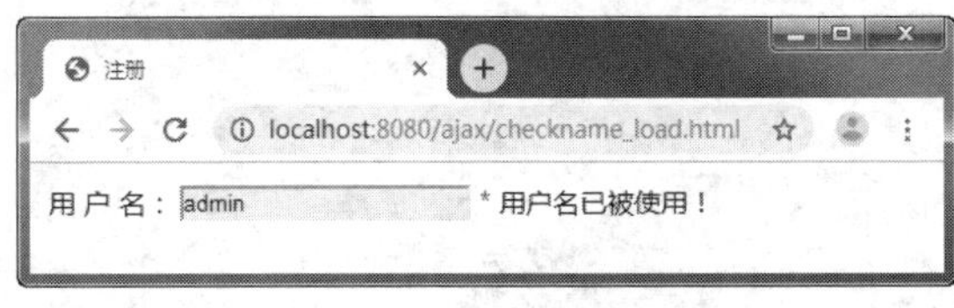

图 6.14　用户名已被使用

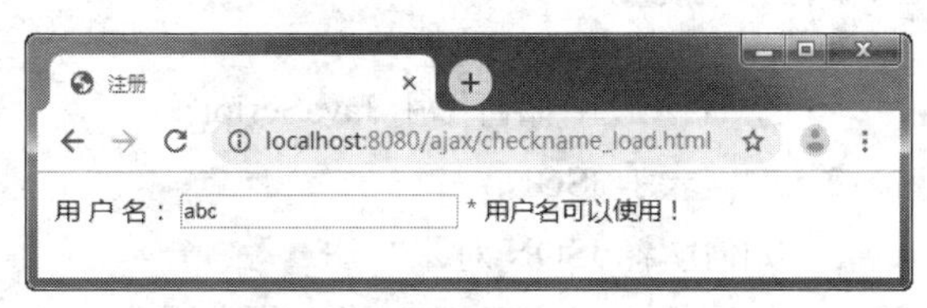

图 6.15　用户名可以使用

（10）在 WebContent 下创建 checkname_json.html，关键代码如下。

```
<script type="text/javascript" src="js/jquery-1.11.2.min.js"></script>
<script type="text/javascript">
    function validate() {
        var username = $("#username").val();
        if(username==null || username=="") {
            $("#msg").html("用户名不能为空!");
        } else {
            $.getJSON('jsonServlet', {username:username} , function(data) {
                $("#msg").html(data.msg);
            } );
        }
    }
</script>
```

（11）在包 com.lifeng.servlet 下创建 Servlet 名为 JsonServlet，关键代码如下。

```
@WebServlet("/jsonServlet")
public class JsonServlet extends HttpServlet {
    protected void doGet(HttpServletRequest request, HttpServletResponse response)
throws ServletException, IOException {
        response.setContentType("html/text; charset=utf-8");
        PrintWriter out=response.getWriter();
        String username = request.getParameter("username");
        if("admin".equals(username) ) {
            out.print(" {\"flag\":true, \"msg\":\"<font color='red'>用户名已被使用!
        </font>\"} ");
        } else {
            out.print(" {\"flag\":false, \"msg\":\"<font color='green'>用户名可以使用!
        </font>\"} ");
        }
    }
}
```

（12）运行结果同上，只是 Ajax 方法不同。

6.6 本章小结

本章介绍了 JavaScript 的三个组成部分、在 HTML 中嵌入 JavaScript 的方法、JavaScript 中比较重要的原型模式，以及在开发中使用较多的 JSON 和 Ajax。学习本章内容后，读者应掌握以下知识点：

- 在 HTML 中嵌入 JavaScript；
- 在开发中正确使用 JSON 和 Ajax。

6.7 习题

1. 在 HTML 中如何使用 JavaScript？
2. 如何表示 JSON 对象？
3. 如何解释 JSON 对象？
4. 使用 jQuery 实现 Ajax 有哪些常用方法？

第 7 章　JSP 技术

本章学习目标：

- ✧ 掌握 JSP 语法
- ✧ 掌握 JSP 的表单处理方法
- ✧ 掌握 JSP 的隐式对象
- ✧ 掌握 EL 表达式
- ✧ 掌握 JSTL 标签的用法
- ✧ 学会分页查询
- ✧ 会运用过滤器
- ✧ 掌握文件上传与下载的方法

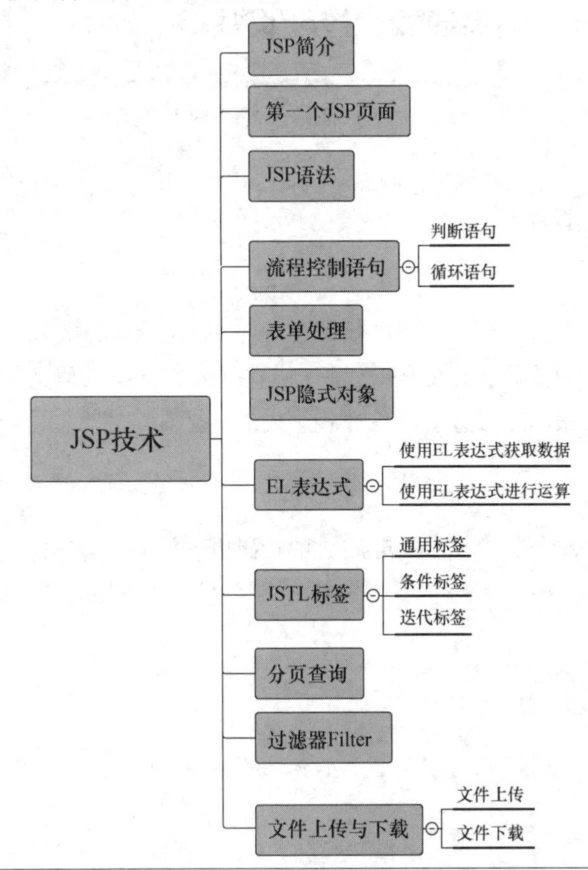

7.1 JSP 简介

JSP（Java Server Pages）是一种动态网页开发技术，它使用 JSP 标签在 HTML 网页中插入 Java 代码，主要用于实现 Java Web 应用程序的用户界面部分。网页开发者通过结合 HTML 代码、XHTML 代码、XML 元素以及嵌入 JSP 操作和命令来编写 JSP。JSP 通过网页表单获取用户输入数据、访问数据库及其他数据源，然后动态地创建网页。JSP 标签有多种功能，如访问数据库、记录用户选择信息、访问 JavaBeans 组件等，还可以在不同的网页中传递控制信息和共享信息。下面将通过一些例子展示 JSP 的语法。

7.2 第一个 JSP 页面

在 Eclipse 中创建一个 Web 项目，鼠标右键单击 WebContent 目录，选择 New→JSP File→输入文件名→Finish，然后在 JSP 文件中输入“<h1>我的第一个 JSP 页面</h1>”，即可创建一个简单的 JSP 页面，如图 7.1 所示。

图 7.1 创建一个简单的 JSP 页面

7.3 JSP 语法

7.3.1 基本语法

JSP 是在 HTML 的基础上嵌入 Java 代码，这些嵌入的 Java 代码又称为脚本程序。脚本程序可以包含任意数量的 Java 语句、变量、方法或表达式，只要它们在脚本语言中是有效的。脚本程序的语法格式如下：

```
<% 程序代码%>
```

这种嵌入形式又称为小脚本。将 first.jsp 的代码更改如下：

```
<%@ page contentType="text/html; charset=UTF-8"  import="java.util.*" language="java" %>
<html>
<head>
<title>hello jsp!</title>
</head>
<body>
<h2>当前时间是:<% Date date=new Date(); out.write(date.toLocaleString() ); %></h2>
</body>
</html>
```

可得到 JSP 页面，结果如图 7.2 所示。

图 7.2　在页面中嵌入 Java 代码

7.3.2　声明变量

一个声明语句可以声明一个或多个变量及方法，供后面的 Java 代码使用。在 JSP 文件中，必须先声明这些变量和方法，然后才能使用它们。JSP 声明的语法格式如下：

```
<%!declaration;[declaration;] + ... %>
```

程序示例：

```
<%!String a=" study"; %>
<%!int b = 100; %>
```

7.3.3　表达式

一个 JSP 表达式中包含的脚本语言表达式，会先被转化成 String，然后插入表达式出现的地方。表达式元素中可以包含任何符合 Java 语言规范的表达式，但是不能使用分号来结束表达式。JSP 表达式的语法格式如下：

```
<%= 表达式%>
```

JSP 表达式的效果与<%out.print( );%> 相同。

```
<% out.println("<P> 砺锋科技</P>" ); %>
<%="<P> 砺锋科技</p>"%>
```

结果如图 7.3 所示。

图 7.3　JSP 表达式

7.3.4　JSP 注释

JSP 注释主要有两个作用：为代码作注释以及将某段代码注释掉。JSP 注释的语法格式如表 7.1 所示。

表 7.1　JSP 注释

语法	描述
<%-- 注释 --%>	JSP 注释，注释内容不会被发送至浏览器，甚至不会被编译
<! - 注释 ->	HTML 注释，通过浏览器查看网页源代码时可以看见注释内容

7.3.5　JSP 指令

JSP 指令可用来设置与整个 JSP 页面相关的属性。JSP 指令的语法格式如表 7.2 所示。

表 7.2　JSP 指令

指令	描述
<%@　page…%>	定义页面的依赖属性，如脚本语言、导入包、字符集等
<%@　include…%>	包含其他文件（静态包含）
<%@　taglib…%>	引入标签库的定义，可以是自定义标签

page 指令示例：

```
<%@ page language="java" import="java.util.Map, java.util.HashMap"
contentType= "text/html; charset=UTF-8"   pageEncoding="UTF-8"%>
```

表示脚本语言采用 Java，该 JSP 页面导入了 java.util.Map 和 java.util.HashMap 包，字符集采用 UTF-8。

include 示例：

```
<%@ include page="head.jsp"%>
```

表示导入 head.jsp 文件，这样该页面不但可以显示本身的内容，还可以把 head.jsp 页面的内容合并进来一起显示。如果多个页面都包含共同的内容，则可以把共同内容单独做成一个 JSP 页面，各个页面再包含进来即可，这样可以减少冗余。

Taglib 指令示例：

```
<%@ taglib uri="http://java.sun.com/jsp/jstl/core" prefix="c" %>
```

表示在 JSP 页面中导入 JSTL 标签库。

7.3.6 JSP 标签

JSP 标签也称 JSP 动作元素，它用于在 JSP 页面中提供业务逻辑功能，从而无须在 JSP 页面中直接编写 Java 代码。常用的 JSP 标签有三个：<jsp:include>、<jsp:forward>、<jsp:param>。

1. <jsp:include>标签

<jsp:include>标签是动态包含，可以在当前 JSP 页面中将另一个 JSP 页面包含进来，<jsp:include>标签涉及的两个 JSP 页面会被翻译成两个 Servlet，这两个 Servlet 的内容在执行时可进行合并。

include 指令功能相同，但它是静态包含，涉及的两个 JSP 页面会被翻译成一个 Servlet，其内容是在源文件级别进行合并。

<jsp:include>标签和 include 指令，都可把涉及的两个 JSP 页面内容合并输出，所以这两个页面不能出现重复的 HTML 全局标签，否则输出给客户端的 HTML 文档将会格式混乱。

语法：

```
<jsp:forward page="relativeURL" />
```

其中，page 属性用于指定被包含进来的资源的相对路径。

举例：如果有一批 JSP 页面要用到相同的头部内容，可以把这个头部内容独立设计成一个 JSP 文件（如 head.jsp），然后在需要用到该头部的 JSP 页面中使用下面的代码将它包含进来：

```
<jsp:include page="head.jsp"/>
```

2. <jsp:forward>标签

<jsp:forward>标签用于把请求转发给另一个资源。

语法：

```
<jsp:forward page="relativeURL" />
```

其中，page 属性用于指定请求转发到的资源的相对路径。

3. <jsp:param>标签

当使用<jsp:include>和<jsp:forward>标签引入或将请求转发给其他资源时，可以使用<jsp:param>标签向这个资源传递参数。<jsp:param>不能独立存在，它只能作为<jsp:include>和<jsp:forward>的子标签而存在。

语法：

```
<jsp:include page="relativeURL">
      <jsp:param name="parameterName" value="parameterValue" />
</jsp:include>
```

或者

```
<jsp:forward page="relativeURL">
      <jsp:param name="parameterName" value="parameterValue" />
</jsp: forward >
```

<jsp:param>标签的 name 属性用于指定参数名，value 属性用于指定参数值。在<jsp:include>和<jsp:forward>标签中可以使用多个<jsp:param>标签来传递多个参数。

7.4　流程控制语句

JSP 提供对 Java 语言的全面支持。用户可以在 JSP 程序中使用 Java API，甚至建立 Java 代码块。

7.4.1　判断语句

看下面这个 if...else 的例子。

```
<p>IF 实例</p>
<%
int score=70;
if(score<60){%>
<p>不及格</p>
<%} else if(score<80){%>
<p>成绩一般</p>
<%}  %>
```

程序运行后得到以下结果，如图 7.4 所示。

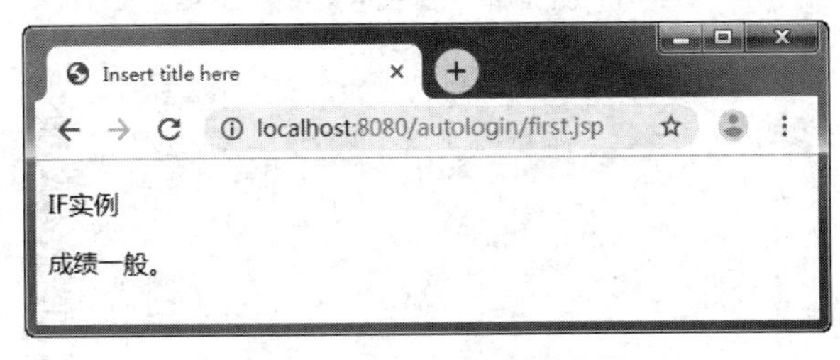

图 7.4　使用 if...else 的效果图

switch...case 与 if...else 有很大的不同，switch...case 使用了 out.println( )语句，并且整个都装在脚本程序的标签中。

```
<p>SWITCH ... CASE 实例</p>
<%
int score=100;
switch(score)  {
case 60:
out.println("不及格啦") ;
break;
```

```
case 80:
out.println("考得一般!" ) ;
break;
case 100:
out.println("考得很好!" ) ;
break;
default:
out.println("") ;
} %>
```

程序运行后得到以下结果，如图 7.5 所示。

图 7.5　使用 switch...case 的效果图

7.4.2　循环语句

在 JSP 程序中可以使用 Java 的三个基本循环类型：for、while 和 do...while。下边介绍使用 for 循环的例子，要求输出不同字体大小的“JSP”，效果如图 7.6 所示。

```
<p>FOR 循环实例</p>
<% for(int i=1; i<5; i++){%>
<p  style="font-size:<%=i*10%>px">JSP</p>
<%} %>
```

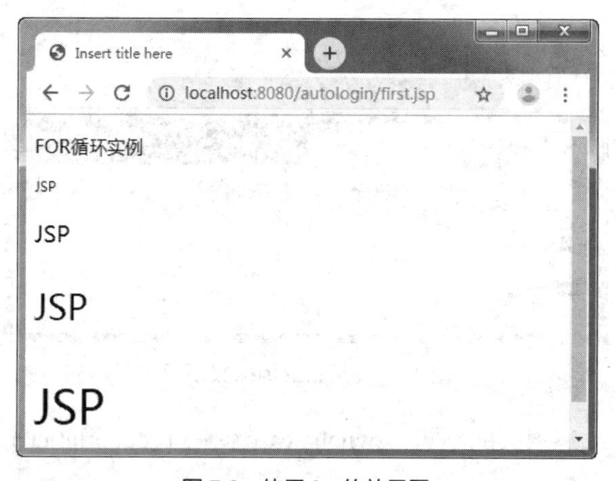

图 7.6　使用 for 的效果图

7.5　表单处理

我们在浏览网页的时候，经常需要向服务器提交信息，并让后台程序处理。使用 GET 和 POST 方法可向服务器提交数据。

7.5.1　GET 方法

使用 GET 方法可将请求的编码信息添加在网址后面，网址与编码信息通过“?”分隔，如 http://www. MyJsp.com/hello?key1=value1&key2=value2。

GET 方法是浏览器默认传递参数的方法，一些敏感信息（如密码等）建议不要使用 GET 方法传递。使用 GET 时，传输数据的大小是有限制的（注意，不是参数的个数有限制），最大为 1024 字节。

7.5.2　POST 方法

一些敏感信息（如密码等）可以通过 POST 方法传递。POST 提交数据是隐式的，是不可见的。GET 是在 URL 里面传递的（可以看一下浏览器的地址栏）。JSP 使用 getParameter( )来获得传递的参数，用 getInputStream( )来处理客户端的二进制数据流的请求。

7.5.3　读取表单数据

（1）getParameter：获取表单参数的值。

（2）getParameterValues：获得如 checkbox 类（名字相同，但值有多个）的数据。接收数组变量，如 checkbox 类型。

（3）getParameterNames：取得所有变量的名称，返回一个 Enumeration。

（4）getInputStream：读取来自客户端的二进制数据流。

7.5.4　使用 URL 的 GET 方法实例

以下是一个简单的 URL，使用 GET 方法来传递 URL 中的参数：

```
http://localhost:8080/项目名称/server.jsp?name=JSP&age=20
```

以下是 server.jsp 文件的 JSP 程序，可用于处理客户端提交的数据，使用 getParameter 方法可以获取提交的数据。

```
<%@ page contentType="text/html; charset=UTF-8" language="java" %>
<html>
<head>
<title>server jsp </title>
</head>
<body>
<h1>使用 GET 方法读取数据</h1>
<ul>
<li><p><b>姓名:</b>
<%= request.getParameter("name") %>
</p></li>
<li><p><b>年龄:</b>
<%= request.getParameter("age") %>
</p></li>
</ul>
</body>
</html>
```

接下来通过浏览器访问上述 URL，输出结果如图 7.7 所示。

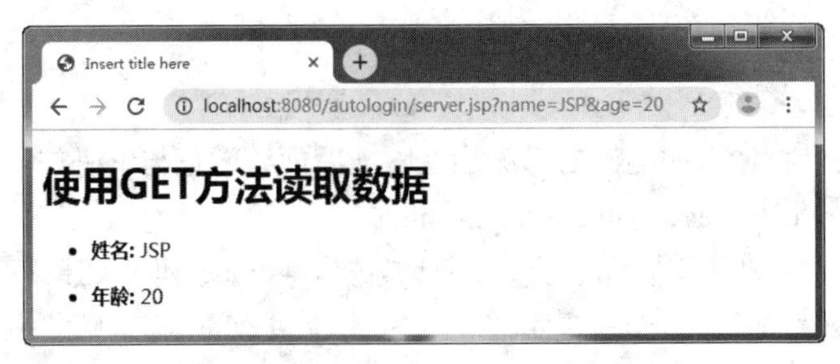

图 7.7　通过 GET 方法获取 URL 参数效果图

7.5.5　使用表单的 GET 方法实例

以下是一个简单的 HTML 表单，该表单通过 GET 方法将客户端数据提交到 server.jsp 文件中。

```
<!DOCTYPE html>
<html>
<head>
<meta charset="utf-8">
<title>first</title>
</head>
<body>
<form action="server.jsp" method="GET">
姓 名:<input type="text" name="name">
<br/>
年 龄:<input type="text" name="age" />
<input type="submit" value="提交" />
</form>
</body>
</html>
```

将以上 HTML 代码保存到 form.html 文件中。将该文件放置于当前 JSP 项目的 WebContent 目录下（与 server.jsp 同一个目录）。通过访问 http://localhost:8080/项目名称/form.html，提交表单数据到 server.jsp 文件，如图 7.8 和图 7.9 所示。

图 7.8　form.html 效果图

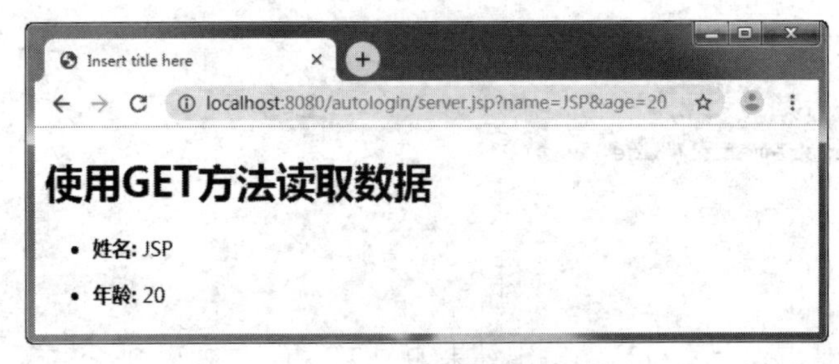

图 7.9　server.jsp 的 GET 方法效果图

7.5.6　使用表单的 POST 方法实例

将 form.html 中的 GET 改为 POST，将 server.jsp 中的 GET 改为 POST，在不考虑中文的情况下，结果如图 7.10 所示。注意其地址栏 URL 后面没有参数。

```
<form  action="server.jsp" method="POST">
```

图 7.10　server.jsp 的 POST 方法效果图

7.5.7　传递 Checkbox 数据到 JSP 程序

复选框 checkbox 可以传递一个或多个数据。以下是一个简单的 HTML 代码，将代码保存在 form2.html 文件中。

```
<!DOCTYPE html>
<html>
<head>
<meta charset="utf-8">
<title>MyJsp</title>
</head>
<body>
<form action="server2.jsp" method=" POST">
<input type="checkbox" name="C"/> C
<input type="checkbox" name="C++" /> C++
<input type="checkbox" name=" Java" checked=" checked" /> Java
<input type=" checkbox" name=" Python" />Python
<input type="submit" value=" 选择网站" />
</form>
</body>
</html>
```

以上代码在浏览器访问时，结果如图 7.11 所示。

图 7.11　form2.html 效果图

以下为 server2.jsp 文件代码，用于处理复选框数据。

```
<%@ page contentType="text/html; charset=UTF-8" language="java" %>
<html>
<head>
<title>MyJsp</title>
```

```
</head>
<body>
<h1>从复选框中读取数据</h1>
<ul>
<li><p><b>C 是否选中:</b>
<%= request.getParameter("C" ) %>
</p></li>
<li><p><b>C++是否选中:</b>
<%= request.getParameter("C++" ) %>
</p></li>
<li><p><b>Java 是否选中:</b>
<%= request.getParameter("Java" ) %>
</p></li>
<li><p><b>Python 是否选中:</b>
<%= request.getParameter("Python" ) %>
</p></li>
</ul>
</body>
</html>
```

通过访问 http://localhost:8080/项目名称/form2.html，提交表单数据到 server2.jsp 文件，如图 7.12 所示。

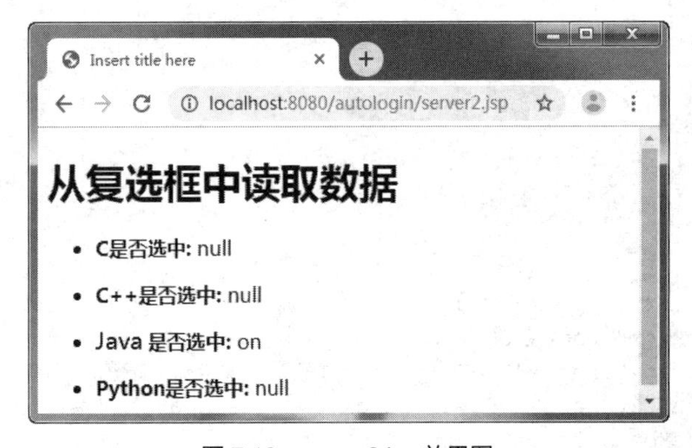

图 7.12 server2.jsp 效果图

7.5.8 读取所有表单参数

以下将使用HttpServletRequest的getParameterNames方法来读取所有表单参数，该方法可以取得所有变量的名称。该方法会返回一个枚举（Enumeration），一旦有了一个枚举，就可以调用 hasMoreElements 方法来确定是否还有元素，以及使用 nextElement 方法来获得每个参数的名称。创建的 server3.jsp 代码如下。

```
<%@  page  contentType="text/html; charset=UTF-8" language="java" %>
<%@ page import=" java.io.*, java.util.* "%>
<html>
<head>
<title>first jsp </title>
</head>
<body>
<h1>读取所有表单参数</h1>
<table width="500" border="1">
```

```
<tr bgcolor="#949494">
<th>参数名</th><th>参数值</th>
</tr>
<%
Enumeration paramNames = request.getParameterNames() ;
while(paramNames.hasMoreElements())   {
    String paramName = (String) paramNames.nextElement() ;
    out.print("<tr><td>" + paramName + "</td>\n" ) ;
    String paramValue = request.getParameter(paramName) ;
    out.println("<td>" + paramValue + "</td></tr>\n" ) ;
}
%>
</table>
</body>
</html>
```

将 form2.html 复制为 form3.html，并修改其中的 action 属性值为 server3.jsp。

通过浏览器访问 form3.html 文件提交数据，输出结果如图 7.13 所示。

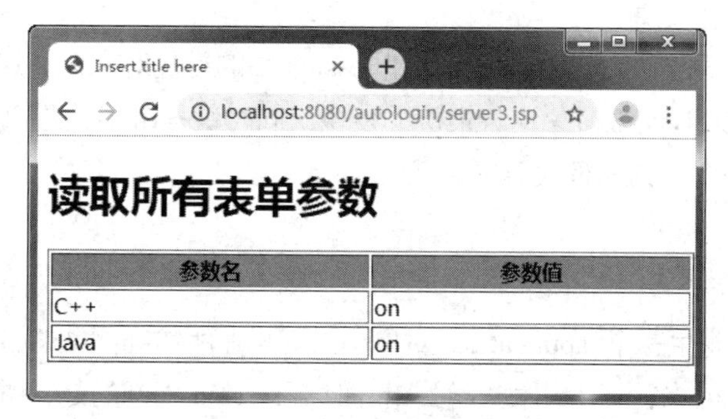

图 7.13　server3.jsp 效果图

7.6　JSP 隐式对象

隐式对象是指在 JSP 页面加载时就已经创建好的，可以在 JSP 的<%=%>和<% %>中直接使用的对象，共有 9 个对象。有些对象与前面 Servlet 中学习过的对象同名，它们实际是相同类型的对象，区别仅在于 JSP 中可以直接使用，而 Servlet 中通常要先定义才能使用。

1. request

request 是 javax.servlet.http.HttpServletRequest 类型的对象。该对象代表了客户端的请求信息，主要用于接收通过 HTTP 传送到服务器的数据（包括头信息、系统信息、请求方式以及请求参数等）。request 对象的作用域为一次请求。

2. response

response 代表的是对客户端的响应，主要是将 JSP 容器处理过的对象传回到客户端。response 对象也具有作用域，它只在 JSP 页面内有效。

3. session

session 是个典型的内置对象，它的类型与 Servlet 中的 HttpSession 相同，在 Servlet 中要创建 session 对象，需要类似 HttpSession session=request.getSession( )这样的代码，但在 JSP 中 session 属于内置对

象，无须定义，直接使用即可。

（1）session 的概念

从一个客户打开浏览器并连接到服务器开始，到客户关闭浏览器离开这个服务器结束，被称为一个会话。当一个客户访问一个服务器时，可能会在这个服务器的几个页面之间反复连接，反复刷新一个页面，服务器应当通过某种办法知道这是同一个客户，这时就需要用到 session 对象了。

（2）session 对象的 ID

当一个客户首次访问服务器上的一个 JSP 页面时，JSP 引擎产生一个 session 对象，同时分配一个 String 类型的 ID，JSP 引擎同时将这个 ID 发送到客户端，并存放在 Cookie 中，这样 session 对象和客户之间就建立了一一对应的关系。当客户再访问连接该服务器的其他页面时，不会再分配给客户新的 session 对象，直到客户关闭浏览器后，服务器端该客户的 session 对象才取消，并且和客户的会话对应关系消失。当客户重新打开浏览器，并再次连接到该服务器时，服务器会为该客户创建一个新的 session 对象。

（3）session 对象的有效性

session 对象存在时间过期的问题，所以存在 session 中的键值对会在一定时间后失去，用户可以通过更改 session 的有效时间来避免这种情况的发生。同时编程时尽量避免将大量有效信息存储在 session 中，request 是一个不错的替代对象。

4. application

（1）application 的概念

服务器启动后就会产生一个 application 对象，当客户在所访问网站的各个页面之间浏览时，这个 application 对象都是同一个，直到服务器关闭。但与 session 不同的是，所有客户的 application 对象都是同一个，即所有客户共享这个内置的 application 对象。

（2）application 对象的常用方法

① public void setAttribute(String key,Object obj)：将参数 Object 指定的对象 obj 添加到 application 对象中，并为添加的对象指定一个索引关键字。

② public Object getAttribute(String key)：获取 application 对象中含有关键字的对象。

5. out

out 对象用于在 Web 浏览器内输出信息，并且管理应用服务器上的输出缓冲区。在使用 out 对象输出数据时，可以对数据缓冲区进行操作，及时清除缓冲区中的残余数据，为其他的输出让出缓冲空间。待数据输出完毕后，要及时关闭输出流。

6. page

page 对象代表 JSP 本身，只有在 JSP 页面内才是合法的。Page 隐含对象本质上包含当前 Servlet 接口引用的变量，类似 Java 编程中的 this 指针。

7. config

config 对象的主要作用是取得服务器的配置信息。通过 pageContext 对象的 getServletConfig 方法可以获取一个 config 对象。当一个 Servlet 初始化时，容器把某些信息通过 config 对象传递给这个 Servlet。开发者可以在 web.xml 文件中为应用程序环境中的 Servlet 程序和 JSP 页面提供初始化参数。

8. exception

exception对象是java.lang.Throwable类的实例，该实例代表其他页面中的异常和错误。只有当页面是错误处理页面，即编译指令page的isErrorPage属性为true时，该对象才可以使用。常用的方法有getMessage和printStackTrace等。

9. pageContext

pageContext对象的作用是取得任何范围的参数，通过它可以获取JSP页面的out、request、response、session、application等对象。pageContext对象的创建和初始化都是由容器来完成的，在JSP页面中可以直接使用pageContext对象。

7.7　EL表达式

表达式语言（Expression Language，EL）不是一种开发语言，而是JSP中获取数据的一种规范，它可用来简化JSP中Java代码的开发。在JSP页面中用Java代码获取数据往往比较复杂，而用EL表达式则会简单得多，并且可以避免直接在JSP中编写Java代码。此外EL表达式还有一些简单的运算功能。

EL表达式的基本语法：

```
${expression}
```

7.7.1　获取数据

EL表达式可以获取在Servlet或JSP中使用page、request、session、application等域对象（或隐式对象）存储的值，这些值可以是字符串，也可以是对象，还可以是集合。

1. **使用变量名获取值**

适用于域对象保存的是字符串的情况。

语法：

```
${作用域.变量名}
```

EL表达式常常用来获取表7.3作用域里面的变量值。

表7.3　EL表达式中常用的隐式对象

作用域	描述
pageScope	用来获取page范围的变量，如${pageScope.loginname}，表示在page范围内查找loginname变量，找不到就返回Null
requestScope	用来获取request范围的变量
sessionScope	用来获取session范围的变量
applicationScope	用来获取application范围的变量
param	用来获取GET方法发送的请求参数，语法：${param.参数名}
paramValues	用来获取GET方法发送的请求参数数组，语法：${paramValues.参数名[索引]}

举例：用户登录成功后，用Session存储用户名，假定该Session的键为“username”，JSP页面可使用EL表达式获取登录用户名，代码如下。

```
${sessionScope.username}
```

也可以不用作用域，仅保留变量名，语法可简化为“${变量名}”，如${username}，测试发现仍能正常输出数据，这是因为默认情况下，服务器会先从 pageScope 查找该变量，找不到会前往 requestScope 查找，还找不到就会前往 sessionScope 查找，再找不到则会前往 applicationScope 查找，其间找到就会输出，若是都找不到就返回 null。

2. 使用 EL 表达式获取对象的属性值

适用于域对象保存的是对象的情况。

（1）使用点操作符

语法：

```
${作用域.对象名.属性名}
```

若省略作用域，则为：

```
${对象名.属性名}
```

为了突出重点，后面都省略作用域。如果该属性又是个对象，还可继续打点，一直“导航”下去。

例如，一个对象名叫 student，有 name 属性，则可用${student.name}获取该学生对象的姓名属性值。如果该学生对象有个 address 属性，并且它是个对象，又有 city 属性，则可用${student.address.city}获取该学生的地址属性中的城市属性值。

（2）使用[]操作符

语法：

```
${对象名["属性名"] }
```

可以得到同使用点操作符一样的效果，如可用${student["name"] }代替上面的${student.name}。但使用[] 操作符的作用更大，还可用来输出集合的值，

3. 使用 EL 表达式获取集合的元素值

适用于域对象保存的是集合的情况。

语法：

```
${集合名[索引] }
```

例如，有个 List 集合 students，存了三个学生姓名的字符串，要输出第一个学生就要用${students[0] }，显然用“.”操作符解决不了这个问题。

举例：有个 List<Student>泛型集合 students，存了三个学生对象，请输出第二个学生的姓名，可用${students[1] .name}或者${students[1] ["name"] 。

如果是 HashMap 集合，既可用“.”操作符，也可用“[]”操作符，例如以下示例。

```
<%
    Map students = new HashMap();
    students.put("a", "张三");
    students.put("b", "李四");
    request.setAttribute("students", students);
%>
学生姓名：$ {students.a} <br/>
学生姓名：$ {students["b"]  } <br/>
```

结果如图 7.14 所示。

图 7.14　使用 EL 读取集合的值

7.7.2　进行运算

1. 算术运算

表 7.4 展示了 5 种算术运算符的含义和示例。

表 7.4　算术运算符

符号	含义	示例
+	加法	${7+8}的结果为 15
−	减法	${10−8}的结果为 2
*	乘法	${3*4}的结果为 12
/或 div	除法	${10/2}的结果为 5
%或者 mod	取模（求余）	${10%3}的结果为 1

复合算术运算，例如，${10+2*4−8/2}的结果为 14。

【注意】以上运算只有在${}里面才能得出正确的结果，例如，${7+8}结果为 15，但${7}+${8}的结果为字符串“7+8”，而非 15。

2. 关系运算

表 7.5 展示了关系运算符的含义和示例。

表 7.5　关系运算符

符号	含义	示例
= =或 eq	等于	${8= =8}结果为 True
!= 或 ne	不等于	${8!=8}结果为 False
>或 gt	大于	${8>8}结果为 False
>=或 ge	大于等于	${8>=8}结果为 True
<或 lt	小于	${8<8}结果为 False
<=或 le	小于等于	${8<=8}结果为 True

3. 三元运算

语法：

```
${关系（逻辑）运算表达式? 表达式1: 表达式2}
```

含义：如果关系（逻辑）运算表达式的结果为 True，则整个 EL 表达式返回表达式 1 的结果，否则返回表达式 2 的结果。例如，${score>=60？"及格":"不及格"}。我们再看下面这个示例。

```
<%
    request.setAttribute("marry", "1");
%>
婚否：
<input type="radio" name="marry" $ {marry==1?"checked='checked'":""} />已婚
<input type="radio" name="marry" $ {marry==0?"checked='checked'":""} />未婚
```

结果如图 7.15 所示。

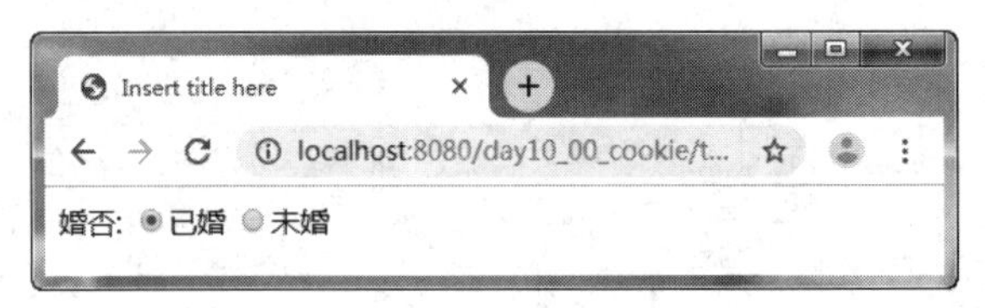

图 7.15　EL 三目运算

4. 逻辑运算

表 7.6 所示为逻辑运算符的含义和示例。

表 7.6　逻辑运算符

符号	含义	示例
&&或 and	与	${10>8 && 3>4}，结果为 False
||或 or	或	${10>8 || 3>4}，结果为 True
！或 not	非	${not 3>4}，结果为 True

5. empty 运算

用于判断某个对象是否为 null 或 empty，如果是就返回 True，否则返回 False，如果判断的对象是长度为 0 的字符串、空 Map、空数组、空集合，也会返回 True。示例如下。

```
<%
    Map students = new HashMap();
    students.put("a", "张三");
    students.put("b", "李四");
    request.setAttribute("students", students);
%>
$ {empty students?"没有学生":"学生名单如下"} </br>
学生姓名: $ {students.a} <br/>
学生姓名: $ {students["b"]  } <br/>
```

程序运行结果如图 7.16 所示。

如果在上面的代码中，创建 Map 对象 students 后，不添加学生，即注释掉这两行代码：

```
students.put("a", "张三");
students.put("b", "李四");
```

再次运行程序，结果如图 7.17 所示。

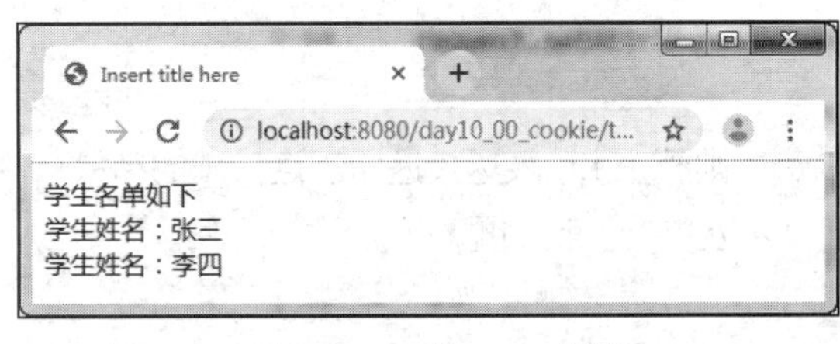

图 7.16　EL 的 empty 运算

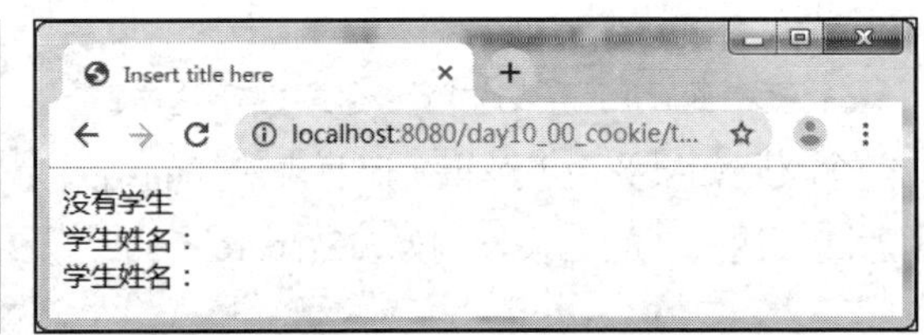

图 7.17　empty 结果为 True

7.8　JSTL 标签

JSTL（Java Server Pages Standard Tag Library）是 JSP 标准标签库的意思，使用 JSTL 可以实现

JSP 页面中的逻辑控制功能，如判断、循环等。在 JSP 页面中使用 JSTL 标签，可以使 JSP 页面“消灭”Java 代码，使得页面更加协调统一，更能体现 Servlet 与 JSP 的分工。Servlet 专注于业务逻辑，可以使用任何复杂的 Java 代码；JSP 专注于数据展示，使用简单的 JSTL 标签即可胜任，复杂的流程交给 Servlet。

要在 JSP 中使用 JSTL 标签，首先需要在 JSP 页面添加 taglib 指令，导入 JSTL 标签库，代码如下：

```
<%@taglib uri="http://java.sun.com/jsp/jstl/core" prefix="c" %>
```

JSTL 标签主要分为通用标签、条件标签和迭代标签。

7.8.1　通用标签

通用标签包括 set、out、remove 三种。

（1）set 标签可用来设置变量，例如：

```
<c:set var="name" value="张无忌"  scope="request"/>
```

（2）out 标签可用来输出变量值，例如：

```
<c:out value="${name} "/>
```

out 标签还可以设置 default 属性，在值为 null 的情况下，将会输出 default 中设置的值，例如：

```
<c:out value="${name} " default="已移除了"/>
```

（3）remove 标签可用来移除变量，例如：

```
<c:remove var="name" scope="request"/>
```

将上述代码重新组织一下，如下所示：

```
<c:set var="name" value="张无忌"  scope="request"/>
第一次输出: <c:out value="${name} "/>
<c:remove var="name" scope="request"/><br/>
移除后再次输出:<c:out value="${name} " default="移除了"/>
```

代码的运行结果如图 7.18 所示。

图 7.18　通用标签

7.8.2　条件标签

条件标签包括 if 标签和 choose 标签。

（1）if 标签语法如下：

```
<if test="EL 表达式（结果为布尔类型）">
   HTML 内容
</if>
```

如果 EL 表达式的结果为 True，则输出 if 标签的“HTML 内容”，否则不输出。例如以下代码。

```
<%
   Map students = new HashMap();
```

```
        students.put("a", "张三");
        students.put("b", "李四");
        request.setAttribute("students", students);
    %>
    <c:if test="${empty students}">
        没有学生
    </c:if>
    <c:if test="${not empty students}">
        学生名单如下<br/>
        学生姓名：${students.a} <br/>
        学生姓名：${students["b"]  } <br/>
    </c:if>
```

代码的运行结果如图 7.19 所示。

如果在创建 Map 对象 students 后不添加学生数据（注释掉后面两行代码），结果如图 7.20 所示。

图 7.19　if 标签 1

图 7.20　if 标签 2

（2）choose 标签的语法类似 switch...case，示例如下：

```
<c:set var="score" value="55"></c:set>
    <c:choose>
        <c:when test="${score>=90} ">优秀</c:when>
        <c:when test="${score>=80} ">良好</c:when>
        <c:when test="${score>=70} ">中等</c:when>
        <c:when test="${score>=60} ">及格</c:when>
        <c:otherwise>
            不及格
        </c:otherwise>
    </c:choose>
```

代码的运行结果如图 7.21 所示。

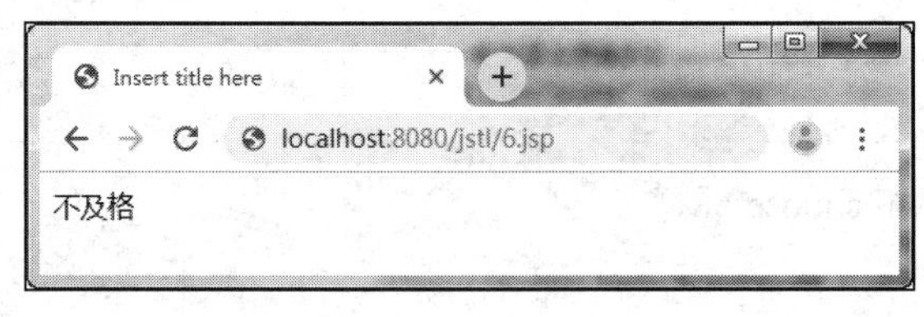

图 7.21　choose 标签

读者可以更改<set>标签中 score 的值，测试多种情况。

7.8.3　迭代标签

（1）语法一：循环次数固定

```
<forEach[var="varName"] begin="begin" end="end" step="step">
    循环体内容
</forEach>
```

（2）语法二：遍历对象集合

```
<forEach items="collection" [var="varName"] [varStatus=" varStatus "] [begin=""] [end=""]
[step=""] >
    循环体内容
</forEach>
```

上述有关属性的说明如下。

var：当前遍历项的变量名称。

items：遍历的对象集合。

varStatus：当前遍历项的遍历状态，它有多个属性，如表 7.7 所示。

begin：开始遍历的索引。

end：结束遍历的索引。

step：遍历索引的间隔。

表 7.7　varStatus 的属性

属性名称	说明
index	索引，从 0 算起
count	计数，从 1 算起
first	是否为第一个迭代的集合中的元素，返回 True 或 False
last	是否为最后一个迭代的集合中的元素，返回 True 或 False

示例如下。

```
<%
        List list = new ArrayList();
        list.add("张无忌");
        list.add("李寻欢");
        list.add("黄飞鸿");
        list.add("方世玉");
        list.add("霍元甲");
        request.setAttribute("list", list);
  %>
    <table border="1">
        <tr>
           <th>姓名</th>
           <th>索引</th>
           <th>计数</th>
           <th>第一个</th>
           <th>最后一个</th>
      </tr>
    <c:forEach items="${list} " var="name" varStatus="vs">
         <tr ${vs.count%2==1?"style='background-color:yellow'" : "style='background-
    color:white'" } >
            <td>${name} </td>
```

```
                <td>${vs.index} </td>
                <td>${vs.count} </td>
                <td>${vs.first} </td>
                <td>${vs.last} </td>
            </tr>
        </c:forEach>
        </table>
```

结果如图 7.22 所示。

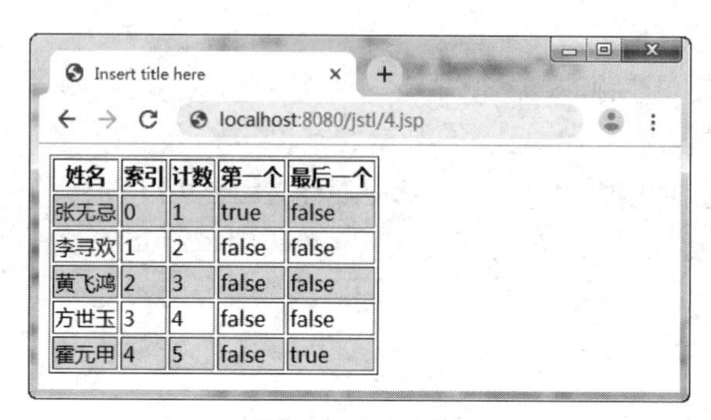

图 7.22 迭代标签

7.9 分页查询

分页有很多办法，本案例采用数据库分页查询的方法，分页查询员工表，一页显示 4 条。

（1）创建数据库 employee，创建表 emp，数据如图 7.23 所示。

（2）在 IDEA 中创建一个 Web 项目 EmpSys，导入 JAR 包 mysql-connector-java-5.1.40-bin.jar 和 jstl-1.2.jar，在 src 下创建包 com.lifeng.dao、com.lifeng.entity、com.lifeng.service、com.lifeng.servlet，如图 7.24 所示。

empno	ename	job	mgr	hiredate	sal	comm	deptno
7369	SMITH	CLERK	7902	1980-12-17	800.00	(NULL)	20
7499	ALLEN	SALESMAN	7698	1981-02-20	1600.00	300.00	30
7521	WARD	SALESMAN	7698	1981-02-22	1250.00	500.00	30
7566	JONES	MANAGER	7839	1981-04-02	2975.00	(NULL)	20
7654	MARTIN	SALESMAN	7698	1981-09-28	1250.00	1400.00	30
7698	BLAKE	MANAGER	7839	1981-05-01	2850.00	(NULL)	30
7782	CLARK	MANAGER	7839	1981-06-09	2450.00	(NULL)	10
7788	SCOTT	ANALYST	7566	1987-04-19	3000.00	(NULL)	20
7839	KING	PRESIDENT	(NULL)	1981-11-17	5000.00	(NULL)	10
7844	TURNER	SALESMAN	7698	1981-09-08	1500.00	0.00	30
7876	ADAMS	CLERK	7788	1987-05-23	1100.00	(NULL)	20
7900	JAMES	CLERK	7698	1981-12-03	950.00	(NULL)	30
7902	FORD	ANALYST	7566	1981-12-03	3000.00	(NULL)	20
7934	MILLER	CLERK	7782	1982-01-23	1300.00	(NULL)	10

图 7.23 emp 表

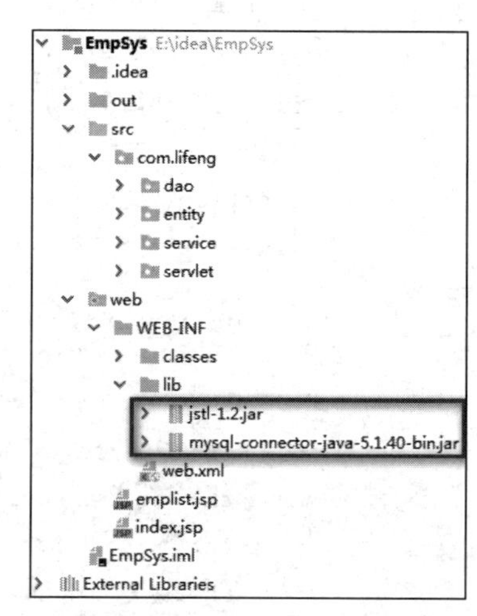

图 7.24 项目结构与 JAR 包

（3）在包 com.lifeng.entity 下创建 Employee 实体类，属性同数据库即可。再创建一个 PageBean 实体类，用于封装分页信息。关键代码如下。

```
public class PageBean {
    private int currentPage;       //第几页
    private int pageSize;          //一页几条
    private int count;             //总记录数
    private int totalPage;         //总页数
    private List<Employee> emps;   //当前页的数据集合
    //省略 getter、setter 方法
}
```

（4）包 com.lifeng.dao 作为数据访问层，在包下创建一个 JdbcDao 类，再创建 EmpDao 类，代码如下。

```
public class EmpDao extends JdbcDao {
    //获取分页对象集合
    public List<Employee> findEmps(int currentPage, int pageSize) throws SQLException {
        ResultSet rs=null;
        List<Employee> list=new ArrayList<Employee>();
        try {
            Connection conn = getConnection();
            String sql = "select * from emp limit?, ?";
            PreparedStatement pstmt =conn.prepareStatement(sql);
            pstmt.setInt(1, (currentPage-1) *pageSize);
            pstmt.setInt(2, pageSize);
            rs=pstmt.executeQuery();
            while(rs.next() )   {
                Employee emp = new Employee();
                emp.setEmpno(rs.getInt("empno") );
                emp.setEname(rs.getString("ename") );
                emp.setJob(rs.getString("job") );
                emp.setMgr(rs.getInt("mgr") );
                emp.setHiredate(rs.getDate("hiredate") );
                emp.setSal(rs.getDouble("sal") );
                emp.setComm(rs.getDouble("comm") );
                emp.setDeptno(rs.getInt("deptno") );
                list.add(emp);
            }
            closeAll(conn, pstmt, rs);
        } catch(Exception e)   {
            // TODO Auto-generated catch block
            e.printStackTrace();
        }
        return list;
    }

    //获取记录总数
    public int count() throws SQLException {
        ResultSet rs=null;
        int num=0;
        try {
            Connection conn = getConnection();
            String sql="select count(*) from emp";
            PreparedStatement pstmt =conn.prepareStatement(sql);
```

```
            rs=pstmt.executeQuery();
            if(rs.next() )  {
               num=rs.getInt(1);
            }
            closeAll(conn, pstmt, rs);
        } catch(Exception e)   {
            // TODO Auto-generated catch block
            e.printStackTrace();
        }
        return num;
    }

}
```

（5）com.lifeng.service 包作为业务逻辑层，在包下创建类 EmpService，代码如下。

```
public class EmpService {

    //分页查询
    public PageBean findEmpsPage(int currentPage, int pageSize)  {
        try {
            EmpDao empDao=new EmpDao();
            int count  = empDao.count(); //得到总记录数
            int totalPage = (int) Math.ceil(count*1.0/pageSize); //求出总页数
            List<Employee> emps= empDao.findEmps(currentPage, pageSize);
            //把 5 个变量封装到 PageBean 中，作为返回值
            PageBean pb = new PageBean();
            pb.setEmps(emps);
            pb.setCount(count);
            pb.setCurrentPage(currentPage);
            pb.setPageSize(pageSize);
            pb.setTotalPage(totalPage);
            return pb;
        } catch(SQLException e)   {
            e.printStackTrace();
        }
        return null;
    }
}
```

（6）包 com.lifeng.servlet 作为控制层，接收用户请求，再调用业务逻辑层进行处理，最后封装数据跳转到指定页面，代码如下。

```
@WebServlet("/page")
public class PageServlet extends HttpServlet {
    public void doGet(HttpServletRequest request, HttpServletResponse response)
throws ServletException, IOException {

        //初始化每页显示的记录数
        int pageSize = 4;
        int currentPage = 1; //当前页
        String currPage = request.getParameter("currentPage");
        //从前端上一页或下一页超链接得到的数据
```

```
        if(currPage!=null&&!"".equals(currPage) ) {
            //第一次访问资源时, currPage 可能是 null
            currentPage = Integer.parseInt(currPage);
        }
        EmpService es = new EmpService();
        //分页查询, 并返回 PageBean 对象
        PageBean pb = es.findEmpsPage(currentPage, pageSize);
        request.setAttribute("pb", pb);
        request.getRequestDispatcher("/emplist.jsp") .forward(request, response);
    }

    public void doPost(HttpServletRequest request, HttpServletResponse response)
            throws ServletException, IOException {
        doGet(request, response);
    }
}
```

（7）在 Web 下创建 emplist.jsp 页面，代码如下。

```
<%@ page contentType="text/html; charset=UTF-8" language="java" %>
<%@taglib uri="http://java.sun.com/jsp/jstl/core" prefix="c"%>
<html>
<head>
    <title>Title</title>
</head>
<body>
</body>
<tablelspacing="0" border="1">
    <tr>
        <td>编号</td>
        <td>姓名</td>
        <td>职位</td>
        <td>入职日期</td>
        <td>工资</td>
        <td>奖金</td>
        <td>部门编号</td>
    </tr>
    <c:forEach items="$ {pb.emps} " var="emp">
        <tr>
            <td>${emp.empno} </td>
            <td>${emp.ename} </td>
            <td>${emp.job} </td>
            <td>${emp.hiredate.toLocaleString() } </td>
            <td>${emp.sal} </td>
            <td>${empty emp.comm?0:emp.comm} </td>
            <td>${emp.deptno} </td>
        </tr>
    </c:forEach>
</table>
<div class="page">
```

```
        <a href="${pageContext.request.contextPath}/page?currentPage=${pb. currentPage==1?1:pb.
currentPage-1} ">&lt; &lt; 上一页</a>    第${pb.currentPage} 页/共${pb.totalPage}
页   
        <a href="$ {pageContext.request.contextPath} /page?currentPage=$ {pb. currentPage==
pb.totalPage?pb.totalPage:pb.currentPage+1} ">下一页&gt; &gt; </a>
    </div>
    </body>
    </html>
```

（8）运行测试，访问 URL“http://localhost:8080/EmpSys/page”，结果如图 7.25 所示。

（9）单击“下一页”超链接，结果如图 7.26 所示。

编号	姓名	职位	入职日期	工资	奖金	部门编号
7369	SMITH	CLERK	1980-12-17 0:00:00	800.0	0.0	20
7499	ALLEN	SALESMAN	1981-2-20 0:00:00	1600.0	300.0	30
7521	WARD	SALESMAN	1981-2-22 0:00:00	1250.0	500.0	30
7566	JONES	MANAGER	1981-4-2 0:00:00	2975.0	0.0	20

<<上一页 第1页/共4页 下一页>>

图 7.25　首次访问

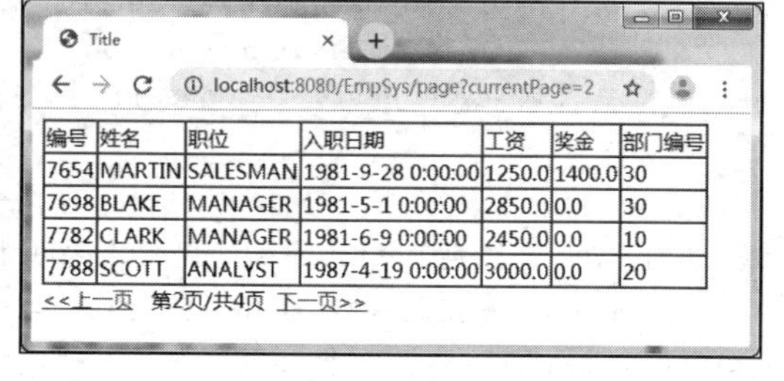

编号	姓名	职位	入职日期	工资	奖金	部门编号
7654	MARTIN	SALESMAN	1981-9-28 0:00:00	1250.0	1400.0	30
7698	BLAKE	MANAGER	1981-5-1 0:00:00	2850.0	0.0	30
7782	CLARK	MANAGER	1981-6-9 0:00:00	2450.0	0.0	10
7788	SCOTT	ANALYST	1987-4-19 0:00:00	3000.0	0.0	20

<<上一页 第2页/共4页 下一页>>

图 7.26　下一页

至此，分页完成。

7.10　过滤器

1. 简介

过滤器（Filter）是 Servlet 2.3 版本后增加的一个新功能，在 Java EE 中定义了一个接口 javax.servlet.Filter 来描述过滤器。通过 Filter 可以拦截访问 Web 资源的请求与响应操作。Web 开发人员通过 Filter 技术对 Web 服务器管理的所有 Web 资源（如 JSP、Servlet、静态图片文件或静态 HTML 文件等）进行拦截，从而实现一些特殊的功能。例如，实现 URL 级别的权限访问控制、过滤敏感词汇、压缩响应信息等一些高级功能。

2. 生命周期

Servlet 生命周期简要描述为：

实例化→初始化→服务→销毁

服务器启动，会创建 Filter 对象（执行构造方法），并调用 init 方法，该方法在整个生命周期只调用一次。当访问 Web 资源时，如果访问路径（URL）与 Filter 的拦截路径相匹配，该访问请求就会被过滤器 Filter 拦截，执行 Filter 中的 doFilter 方法，这个方法是真正的拦截操作的方法，在该方法中可以进行业务逻辑处理，判断是否“放行”，即让原来的请求继续执行或是返回。当服务器关闭时，会调用 Filter 的 destroy 方法来进行销毁操作。doFilter 方法每次拦截都会执行一次，而 init 和 destroy 方法都只会执行一次。

3. FilterChain 简介

对同一个 Web 资源可设置多个过滤器，多个 Filter 对同一个资源进行拦截就形成了 Filter 链

（FilterChain），FilterChain 提供了对某一资源的已过滤请求调用链的视图。过滤器使用 FilterChain 调用链中的下一个过滤器，如果调用的过滤器是链中的最后一个过滤器，则调用原来要请求访问的目标 Web 资源。FilterChain 中多个过滤器的顺序如何确定呢？是在 web.xml 中配置过滤器时，由各个过滤器的<filter-mapping>标签出现的先后顺序来确定。当一个 Filter 中的 doFilter 方法调用"chain.doFilter(request,response);"这条语句时，通常表示当前过滤器已经处理完毕，可以"放行"，控制权交给下一个过滤器，如果已经是最后一个过滤器或者只有一个过滤器，则表示继续执行原来的请求，可以访问原来（拦截以前）想访问的目标 Web 资源了。如果"chain.doFilter(request, response)"代码后面还有代码，表示调用完下一个过滤器或者执行完原来的请求后还要到回来执行这些代码。

4. Filter 的创建步骤

（1）创建一个类实现 Filter 接口，重写接口中的所有抽象方法，包括 doFilter 方法。

（2）在 web.xml 文件中进行配置，详见下文。

5. Filter 配置详解

（1）Filter 的配置介绍

在 web.xml 文件中配置 Filter 的目的，一是配置拦截哪些资源，二是实现 Filter 的初始化。

```
<filter>
       <filter-name>Filter 名称(自定义) </filter-name>
       <filter-class>Filter 类全路径名称(含包名) </filter-class>
</filter>
<filter-mapping>
       <filter-name>Filter 名称(自定义, 与上面那个一致 ) </filter-name>
       <url-pattern>映射路径</url-pattern>
</filter-mapping>
```

如果客户端发出的 URL 请求路径与上述<url-pattern>中的映射路径相匹配，则会被该名称的过滤器拦截，并且指出了该 Filter 类的全路径名称（含包名）。

（2）url-pattern 配置详解

通常有以下三种情形。

- 完全匹配：要求必须以"/"开始。
- 目录匹配：要求必须以"/"开始，以"*"结束。
- 扩展名匹配：不能以"/"开始，以"*.xxx"结束。

（3）关于 dispatcher 的配置

<filter-mapping>内部有一个可选配置<filter-mapping>子标签，表示当以哪种方式去访问 Web 资源时，才进行拦截操作，可以取的值有 REQUEST、FORWARD、ERROR、INCLUDE。

- REQUEST：从浏览器直接发出请求访问 Web 资源，或是重定向到某个资源时进行拦截，是默认值，除此之外，该过滤器不会被调用（下同）。
- FORWARD：仅在请求转发时进行拦截。
- ERROR：如果目标资源是通过声明式异常处理机制调用的，那么该过滤器将会被调用。
- INCLUDE：如果目标资源是通过 RequestDispatcher 的 include 方法访问的，那么该过滤器将被会调用。

6. Filter 案例

（1）在 Eclipse 中创建 Web 项目，创建包 com.lifeng.filter，再在包下创建 Filter 类，代码如下。

```
public class Filter1 implements Filter {
    public Filter1()  {
        System.out.println("Filter1 实例化");
    }
    public void destroy()  {
        System.out.println("Filter1 销毁");
    }
    public void doFilter(ServletRequest request, ServletResponse response, FilterChain
chain) throws IOException, ServletException {
        System.out.println("Filter1 开始拦截");
        chain.doFilter(request, response); //放行，执行原来的请求目标
        System.out.println("Filter1 拦截结束");
    }
    public void init(FilterConfig fConfig) throws ServletException {
        System.out.println("Filter1 初始化成功");
    }
}
```

（2）创建包 com.lifeng.servlet，创建 Servlet1 代码如下。

```
@WebServlet("/servlet1")
public class Servlet1 extends HttpServlet {
    public Servlet1()  {
        super();
    }
protected void doGet(HttpServletRequest request, HttpServletResponse response) throws
ServletException, IOException {
        System.out.println(" 执行 Servlet1");
        response.getWriter() .write("<h2>Test Servlet1</h2>");
    }
protected void doPost(HttpServletRequest request, HttpServletResponse response) throws
ServletException, IOException {
        doGet(request, response);
    }
}
```

（3）在 web.xml 中配置 Filter，代码如下。

```
<filter>
    <filter-name>Filter1</filter-name>
    <filter-class>com.lifeng.filter.Filter1</filter-class>
  </filter>
  <filter-mapping>
    <filter-name>Filter1</filter-name>
    <url-pattern>/*</url-pattern>
  </filter-mapping>
```

上述代码表示定义了一个过滤器，拦截一切请求。用户也可以不在 web.xml 中配置，而是直接在 Filter1 类上添加注解：@WebFilter（"/*"）。

（4）启动服务器，启动完毕后控制台有如下输出。

```
Filter1 实例化
Filter1 初始化成功
```

证明过滤器随服务器的启动而加载。

（5）浏览器访问 URL“http://localhost:8080/FilterDemo1/servlet1”，显然该请求会被上面定义的过滤器拦截，从而执行 doFilter 方法，控制台输出如下。

```
Filter1 开始拦截
    执行 Servlet1
Filter1 拦截结束
```

（6）再次创建一个过滤器 Filter2，代码如下。

```
public class Filter2 implements Filter {
    public Filter2(){
    }
    public void destroy(){
    }
    public void doFilter(ServletRequest request, ServletResponse response, FilterChain
chain) throws IOException, ServletException {
    System.out.println("Filter2 开始拦截");
    chain.doFilter(request, response); //放行，执行原来的请求目标
    System.out.println("Filter2 拦截结束");
    }
    public void init(FilterConfig fConfig) throws ServletException {
    }
}
```

（7）在 web.xml 中添加 Filter2 的配置如下。

```
<filter>
    <filter-name>Filter2</filter-name>
    <filter-class>com.lifeng.filter.Filter2</filter-class>
  </filter>
  <filter-mapping>
    <filter-name>Filter2</filter-name>
    <url-pattern>/*</url-pattern>
  </filter-mapping>
```

同样是拦截一切请求。

（8）运行测试，浏览器再次访问 URL“http://localhost:8080/FilterDemo1/servlet1”，显然该请求会同时被上面定义的两个过滤器拦截。控制台输出如下。

```
Filter1 开始拦截
    Filter2 开始拦截
        执行 Servlet1
    Filter2 拦截结束
Filter1 拦截结束
```

这说明了多个过滤器的执行顺序。

（9）最后将应用从服务器中卸载，控制台输出“Filter1 销毁”，这体现了 Filter 完整的生命周期。

过滤器一个常见的应用是用来自动登录的，其基本原理是：用户第一次正确登录时使用 Cookie 技术保存用户名和密码到本地浏览器；下次再访问该网站时，该 URL 请求会被过滤器拦截，过滤器会提取 Cookie 中的用户名和密码进行登录验证，若通过则转到登录后的主页，否则转到登录页面。实现步骤如下。

（1）在 Eclipse 工具中创建 Web 项目 autologin，导入 JAR 包 jstl-1.2.jar、mysql-connector-java-5.0.8-bin.jar。创建 web.xml，配置过滤器和登录相关的 Servlet，代码如下。

```
<filter>
    <filter-name>AutoLoginFilter</filter-name>
    <filter-class>com.lifeng.filter.AutoLoginFilter</filter-class>
</filter>
<filter-mapping>
    <filter-name>AutoLoginFilter</filter-name>
    <url-pattern>/*</url-pattern>
</filter-mapping>

<servlet>
     <servlet-name>LoginServlet</servlet-name>
     <servlet-class>com.lifeng.servlet.LoginServlet</servlet-class>
</servlet>
<servlet-mapping>
     <servlet-name>LoginServlet</servlet-name>
     <url-pattern>/login</url-pattern>
</servlet-mapping>

<servlet>
     <servlet-name>LogoutServlet</servlet-name>
     <servlet-class>com.lifeng.servlet.LogoutServlet</servlet-class>
</servlet>
<servlet-mapping>
     <servlet-name>LogoutServlet</servlet-name>
     <url-pattern>/logout</url-pattern>
</servlet-mapping>
```

（2）创建 login.jsp 和 index.jsp 的关键代码如下。

```
<body>
     ${msg}
     <form action="${pageContext.request.contextPath}/login" method="get">
          用户名: <input type="text" name="username"/><br/>
          密      码: <input type="password" name="password"/><br/>
          <input type="checkbox" name="autologin" />启用自动登录<br/>
          <input type="submit" value="登录" /><br/>
     </form>
</body>


<body>
      <br>
      <c:choose>
           <c:when test="${sessionScope.user==null} ">
               <a href="${pageContext.request.contextPath} /login.jsp">
                        请先登录</a>, 只有授权用户才能访问此页!
           </c:when>
           <c:otherwise>
     <h2>欢迎你, ${sessionScope.user.username} !</h2>
       <a href="${pageContext.request.contextPath}/logout">注销</a>
            </c:otherwise>
     </c:choose>
</body>
```

（3）先在数据库 employee 中创建数据库表 users，其中有两个字段 username 和 password。再在项目中创建包 com.lifeng.entity，包下创建实体类 User，User 两个属性 username 和 password。最后创

建包 com.lifeng.dao 用作数据访问层，包下创建 JdbcUtil 工具类，封装了连接数据库获取 session 对象的方法。相关代码请参考配套资源。

（4）在 com.lifeng.dao 下创建 UserDao，代码如下。

```
public class UserDao extends JdbcUtil {
    public User  findUser(String username, String password){
        User user=null;
        try {
             Connection conn = getConnection();
             String sql = "select * from users where username=?and password=?";
             PreparedStatement pstmt = conn.prepareStatement(sql);
             pstmt.setString(1, username);
             pstmt.setString(2, password);
             ResultSet rs = pstmt.executeQuery();
             if(rs.next()){
                 user=new User();
                 user.setUsername(username);
                 user.setPassword(password);
             }
             closeAll(conn, pstmt, rs);
        } catch(Exception e){
           e.printStackTrace();
        }
        return user;
     }
}
```

（5）创建包 com.lifeng.service，包下创建 UserService，代码如下。

```
public class UserService {
    public User findUser(String username, String password){
        UserDao userDao = new UserDao();
        return userDao.findUser(username, password);
    }
}
```

（6）先创建包 com.lifeng.servlet，再创建 Servlet 名为 LoginServlet，关键代码如下。

```
public void doGet(HttpServletRequest request, HttpServletResponse response)
          throws ServletException, IOException {
       String username = request.getParameter("username");
       String password = request.getParameter("password");
       UserService userService = new UserService();
       User user = userService.findUser(username, password);
       if(user!=null)  {
          String autologin = request.getParameter("autologin");
          Cookie cookie = new Cookie("user", user.getUsername() +"&"+user. getPassword() );
          cookie.setPath("/");
          if(autologin!=null)  {
             cookie.setMaxAge(60*60*24*3); //Cookie 在客户端保存 3 天
          } else {
               cookie.setMaxAge(0); //清除 Cookie 对象的数据
          }
          response.addCookie(cookie); //保存 Cookie 对象到客户端
          request.getSession() .setAttribute("user", user);
          request.getRequestDispatcher("/index.jsp") .forward(request, response);
```

```
        } else {
            request.setAttribute("msg", "用户名或密码错误!");
            request.getRequestDispatcher("/login.jsp") .forward(request, response);
        }
    }
```

（7）包 com.lifeng.servlet 下创建名为 LogoutServlet 的 Servlet，关键代码如下。

```
public void doGet(HttpServletRequest request,
      HttpServletResponse response) throws ServletException, IOException {
          // 用户注销
          request.getSession().removeAttribute("user");
          // 从客户端删除自动登录的 Cookie
          Cookie cookie = new Cookie("user", "");
          cookie.setPath("/");
          cookie.setMaxAge(0);
          response.addCookie(cookie);
          response.sendRedirect(request.getContextPath() +"/login.jsp");
    }
```

（8）先创建包 com.lifeng.filter，用于放置过滤器，再创建名为 AutoLoginFilter 的过滤器，代码如下。

```
public class AutoLoginFilter implements Filter {
    public void init(FilterConfig filterConfig) throws ServletException {
    public void doFilter(ServletRequest request, ServletResponse response,
FilterChain chain) throws IOException, ServletException {
        HttpServletRequest req = (HttpServletRequest) request;
        HttpServletResponse resp = (HttpServletResponse) response;
        String uri = req.getRequestURI(); //获取请求 URI
        String path = req.getContextPath(); //获取应用路径
        path = uri.substring(path.length() ); //获取应用路径外的请求资源路径
        //如果请求的资源是 login.jsp 或者/login，则请求直接放行，其他请求一律要进行登录验证，防止
    未授权访问
        if(!("/login".equals(path) || "/login.jsp".equals(path)) ){
            User user = (User) req.getSession() .getAttribute("user");
            //如果 session 得到了 user 对象，说明已经登录过或自动登录过
            if(user == null){                  //若用户没有登录过，才执行自动登录
                // 得到 Cookies 数组
                Cookie[] cookies = req.getCookies();
                String username = "";
                String password = "";
                // 从数组中找到想要的 user 对象的信息
                for(int i = 0; cookies!= null && i < cookies.length; i++){
                    if("user".equals(cookies[i].getName()) ){
                        String value = cookies[i].getValue(); // admin&123
                        String[] values = value.split("&");
                        username = values[0] ;
                        password = values[1] ;
                    }
                }
                // 登录操作
                UserService userService = new UserService();
                User loginUser = userService.findUser(username, password);
                // 如果登录成功，把用户信息存到 session 中
                if(loginUser!= null)   {
```

```
                req.getSession().setAttribute("user", loginUser);
            }
        }
    }
    chain.doFilter(request, response);
}
public void destroy()  {
}
}
```

（9）运行测试，浏览器访问 URL“http://localhost:8080/autologin/login.jsp”，效果如图 7.27 所示。

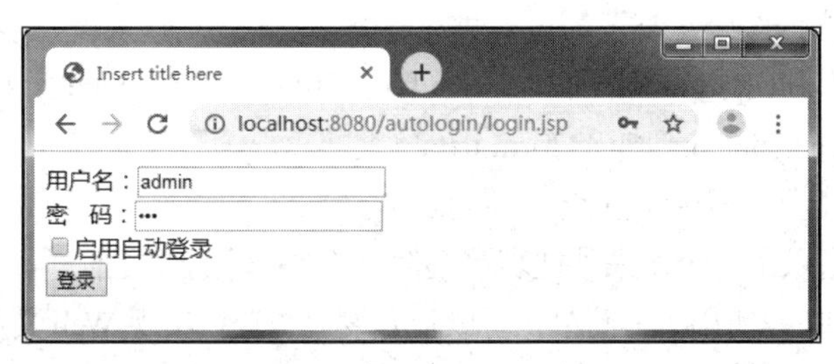

图 7.27　登录页面

（10）输入用户名为 admin，密码为 123，不勾选“启用自动登录”复选框，单击“登录”按钮，进入图 7.28 所示的页面（转发到 index.jsp）。

（11）关闭浏览器后，直接访问 URL“http://localhost:8080/autologin/index.jsp”，则会被过滤器拦截，如图 7.29 所示。

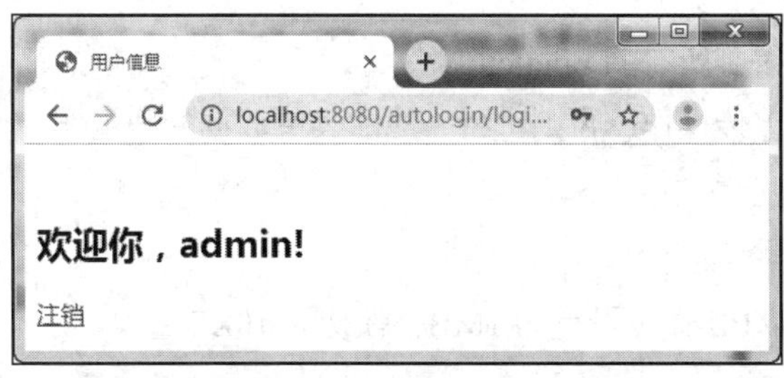

图 7.28　登录成功页面

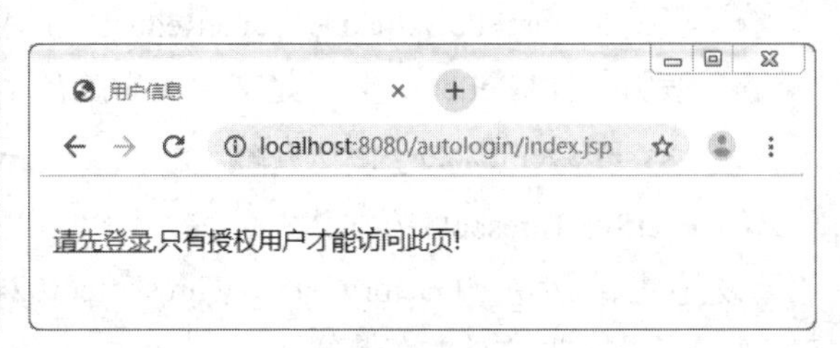

图 7.29　拦截页面

（12）重新登录，勾选“启用自动登录”复选框，如图 7.30 所示。

（13）登录后，关闭并重启浏览器，直接访问 URL“http://localhost:8080/autologin/index.jsp”，结果如图 7.31 所示，显然自动登录成功了。

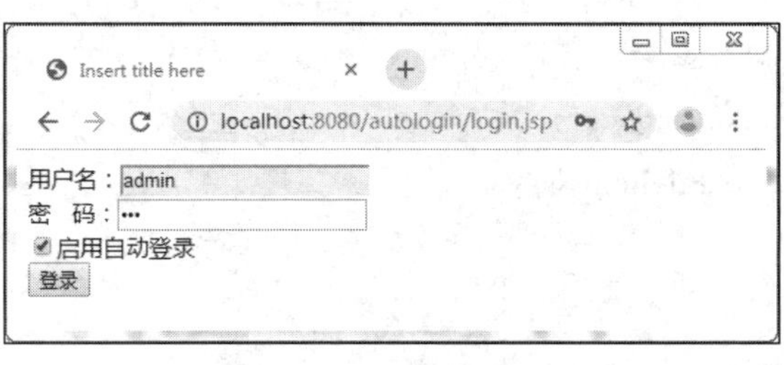

图 7.30　启用自动登录

图 7.31　自动登录成功

7.11 文件上传与下载

7.11.1 文件上传

文件上传是指将浏览器端的文件数据直接保存到服务器端的磁盘中，而不是将文件数据保存到服务器端的数据库中，这样可以减少数据库服务器的压力，让数据的操作更加灵活多样。文件上传的原理：服务器端通过 request 对象获取输入流，将浏览器端上传的数据读取出来，并保存到服务器端。

浏览器端需要满足以下条件才能进行文件上传。

- 请求方式必须是 POST。
- 需要使用类型为 file 的 input 组件，<input type="file" name="name"> 组件必须有名称。
- 表单必须设置 enctype="multipart/form-data"。

这样就在客户端创建了一个可以上传文件的表单。

Apache 开源组织提供了一个用来处理表单文件上传的一个开源组件（commons-fileupload），该组件性能优异，且其 API 的使用极其简单，可以让开发人员轻松实现 Web 文件的上传功能。因此要在 Web 开发中实现文件上传功能，可使用 commons-fileupload 组件实现，这需要在项目中导入该组件相应的 JAR 包：commons-fileupload 和 commons-io。

服务器端通过 request 对象获取输入流 InputStream，读取浏览器提交的所有数据，再通过 commons-fileupload 完成文件上传，服务器端的关键步骤如下。

- 创建 DiskFileItemFactory。
- 创建 ServletFileUpload。
- 通过 ServletFileUpload 的 parseRequest 方法得到所有的 FileItem。
- 遍历所有 FileItem，如果是文件表单就进行上传操作，否则进行一般的表单数据处理工作。

1. DiskFileItemFactory 方法介绍

（1）setSizeThreshold 方法

设置缓存大小，如 factory.setSizeThreshold(1024*1024);（设置为 1MB，默认为 10KB）。

（2）设置临时文件的存储位置

```
File temp=new File(this.getServletContext().getRealPath("/temp"));
factory.setRepository(temp)
```

指定临时文件的存储位置，默认为系统的临时文件。

2. ServletFileUpload 方法介绍

（1）parseRequest 方法

语法：

```
List<FileItem> parseRequest(HttpServletRequest request)
```

得到所有的上传信息，将表单中的每一项都映射成 FileItem 对象。

（2）isMultipartContent 方法

语法：

```
boolean isMultipartContent(HttpServletRequest request)
```

该方法用于判断当前表单是否为一个上传的表单，也就是判断它的 enctype 是否为 multipart/form-data，返回值为 boolean。

（3）setHeaderEncoding 方法

该方法用于解决上传文件中的中文乱码问题。

（4）设置上传文件的大小

void setFileSizeMax(long fileSizeMax)：设置单个文件上传的大小。

void setSizeMax(long sizeMax)：设置总文件上传的大小（如果有多个文件上传）。

3. FileItem 方法介绍

（1）isFormField 方法

该方法可判断是否为普通的表单项，如果是 True，就返回 boolean 值；如果是 False，代表上传文件表单项。

（2）write 方法

该方法可实现文件的上传。

（3）getInputStream 方法

该方法可获取输入流，通过这个输入流可以读取出上传文件的内容。

（4）delete 方法

该方法可在文件上传完成后，删除临时文件。

7.11.2　文件下载

文件下载是指将服务器端的文件资源等通过 I/O 流写回到浏览器端。客户端使用超链接来实现下载，如果文件可以直接被浏览器解析，则会直接在浏览器中打开文件，如果文件不能直接被浏览器解析，就会下载文件。

服务器端将要下载的资源创建为一个输入流 FileInputStream，再通过 response 的 getOutputStream 方法获取输出流，将输出流直接写回到浏览器端即可。

服务器端的下载需要设置两个响应头。

（1）通知浏览器下载文件类型

```
response.setHeader("content-type","image/jpeg");
```

（2）设置下载提示框

```
response.setHeader("Content-Disposition","attachment;filename=下载文件名");
```

如果文件名中带有中文，还需要用 filename = URLEncoder.encode(filename,"UTF-8")将不安全的文件名改为 UTF-8 格式，以便解决乱码问题。

7.11.3　实践案例

（1）先在 Eclipse 中创建 Web 项目 UploadDownLoad，在 WebContent/WEB-INF/lib 下导入 commons-fileupload-1.2.2.jar 及 commons-io-2.2.jar。再创建包 com.lifeng.servlet，以及一个 Servlet 名为 UploadServlet，代码如下。

```
@WebServlet("/upload")
public class UploadServlet extends HttpServlet {
    public UploadServlet(){
```

```
        super();
    }
    protected void doGet(HttpServletRequest request, HttpServletResponse response)
    throws ServletException, IOException {
        response.setContentType("text/html; charset=UTF-8");
        PrintWriter out = response.getWriter();
        // 判断表单是否支持文件上传。即 enctype="multipart/form-data"
        boolean isMultipart= ServletFileUpload.isMultipartContent(request);
        if(!isMultipart){
            throw new RuntimeException("表单必须是 multipart/form-data");
        }
        // 创建一个 DiskFileItemfactory 工厂类
        DiskFileItemFactory factory = new DiskFileItemFactory();
        //factory.setRepository(new File("E:\\temp") ); // 指定临时文件的存储目录
        // 创建一个 ServletFileUpload 核心对象
        ServletFileUpload sfu = new ServletFileUpload(factory);
        // 解决上传表单项中文乱码问题
        sfu.setHeaderEncoding("UTF-8");
        // 解析 request 对象得到一个表单项 FileItem 的集合
        try {
            // 可以在此处限制上传文件的大小
            // sfu.setFileSizeMax(1024*1024*5); //表示 5MB
            // sfu.setSizeMax(1024*1024*10);
            List<FileItem> fileItems = sfu.parseRequest(request);
            // 遍历表单项数据
            for(FileItem fileitem : fileItems)   {
                if(!fileitem.isFormField() ){//处理上传表单项
                    // 获取文件输入流
                    //InputStream is = fileitem.getInputStream();
                    // 创建一个文件存盘的目录
                    String uploadPath = this.getServletContext() .getRealPath(
                            "/upload");
                    File dir = new File(uploadPath);
                    if(!dir.exists() ){
                            dir.mkdirs();
                    }
                    // 获取上传文件的名称(全路径)
                    String filename = fileitem.getName();
                    System.out.println(filename);
                    if(filename!= null){
                        filename = FilenameUtils.getName(filename); //文件名称，不带路径
                    }
                    // 解决文件同名的问题
                    filename = UUID.randomUUID() + "_" + filename;
                    // 上传文件，然后删除临时文件
                    fileitem.write(new File(dir, filename));
                    //如果上传的是图片就显示一下
                    if(filename.endsWith(".jpg") ||filename.endsWith(".png") ||filename.
                endsWith(".bmp") ||filename.endsWith(".gif") ){
                            out.write("<img src='upload/"+filename+"'/>");
                    }
```

```
                out.write("<br/><a href='download?filename="+filename+"'>下载</a>");
                fileitem.delete();
            } else {//处理普通表单
                String fieldname = fileitem.getFieldName(); // 字段名
                String fieldvalue = fileitem.getString("UTF-8"); // 字段值
                if(fieldname.equals("name") &&!fieldvalue.equals("") ){
                    out.write("<h2>文件上传者: "+fieldvalue+"</h2>");
                }
            }
        }
    } catch(FileUploadBase.FileSizeLimitExceededException e){
        System.out.println("文件过大, 不能超过5MB");
    } catch(FileUploadBase.SizeLimitExceededException e){
        System.out.println("总文件大小不能超过10MB");
    } catch(FileUploadException e)   {
        e.printStackTrace();
    } catch(Exception e)   {
        e.printStackTrace();
    }
  }
  protected void doPost(HttpServletRequest request, HttpServletResponse response)
throws ServletException, IOException {
        doGet(request, response);
  }
}
```

（2）创建一个Servlet名为DownLoadServlet，代码如下。

```
@WebServlet("/download")
public class DownloadServlet extends HttpServlet {
    public DownloadServlet(){
        super();
    }
    protected void doGet(HttpServletRequest request, HttpServletResponse response)
            throws ServletException, IOException {
        String fileName = request.getParameter("filename");
        //获取要下载的文件所在目录的路径
        String dir = getServletContext().getRealPath("/upload");
        //获取要下载的文件
        File file = new File(dir, fileName);
        if(!file.exists() )   {
            System.out.println("文件" + fileName + "不存在");
            return;
        }
        fileName = URLEncoder.encode(fileName, "UTF-8"); ; //解决中文名称乱码问题
        //重要参数: 设置响应头, 控制浏览器下载该文件
        response.setHeader("content-disposition", "attachment; filename=" + fileName);
        //浏览器保存的文件名
        //读取要下载的文件, 保存到文件输入流
        FileInputStream fis = new FileInputStream(file);
        //创建输出流
        ServletOutputStream os = response.getOutputStream();
```

```
            //创建缓冲区
            byte[] buffer = new byte[1024] ;
            int len;
            while((len = fis.read(buffer) )  > 0)   {
               os.write(buffer, 0, len);
            }
            //关闭文件输入流
            fis.close();
            //关闭输出流
            os.close();
        }
        protected void doPost(HttpServletRequest request, HttpServletResponse response)
throws ServletException, IOException {
            doGet(request, response);
        }
}
```

（3）WebContent 下创建 upload.jsp 的关键代码如下。

```
<body>
    <form enctype="multipart/form-data" action="upload" method="post" >
        上传者: <input type="text" name="name"/>
        <input type="file" name="photo"/><br/>
        <input type="submit" value="上传"/><br/>
    </form>
</body>
```

（4）运行测试，浏览器访问 URL “http://localhost:8080/UploadDownload/upload.jsp”，填写表单，选择要上传的文件，如图 7.32 所示。

图 7.32　上传文件

（5）单击“上传”按钮，结果如图 7.33 所示。

（6）单击“下载”链接，结果如图 7.34 所示。

图 7.33　上传成功

图 7.34　下载文件

7.12　本章小结

本章介绍了 JSP 的基本概念、基本语法以及控制流语句。学完本章后读者应掌握：

- 简单 JSP 页面的编写；
- 正确使用 JSP 语法；
- 处理提交的表单信息。

7.13　习题

1. 在 JSP 页面中如何使用 Java 代码？
2. JSP 指令有哪些？各有什么作用？
3. 常用的 JSP 标签有哪些？各有什么作用？
4. JSP 的隐式对象有哪些？
5. EL 表达式有哪些功能？
6. 过滤器 Filter 的常见作用有哪些？

8 第 8 章　Java 注解的使用

本章学习目标：

- ✧ 了解注解的含义
- ✧ 掌握注解的属性、定义与使用方法
- ✧ 了解元注解的含义
- ✧ 了解 Java 预设注解
- ✧ 掌握注解与反射的用法及其使用场景

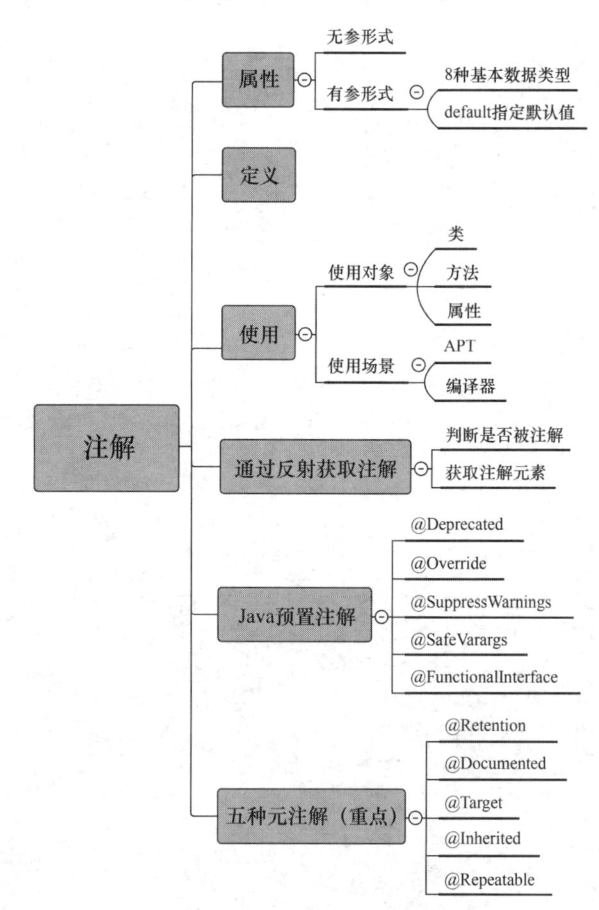

8.1　注解的概念

Java 注解可为 Java 代码提供元数据。作为元数据，注解不直接影响代码的运行。Java 注解是从 Java 5 开始添加到 Java 的。

我们可以把注解比作标签，把被注解的对象比作产品，产品出厂时，应为产品贴上标签。这样当别人看到这个产品上的标签时，就会知道这个产品有些什么用途、该如何使用。

8.2　注解的属性、定义和使用

8.2.1　属性

注解的属性也称为成员变量，注解只有成员变量，没有方法。注解的成员变量在注解的定义中会以“无形参的方法”形式来声明，其方法名定义了该成员变量的名字，其返回值定义了该成员变量的类型。

需要注意的是，在注解中定义属性时它的类型必须是 8 种基本数据类型外加类、接口、注解及它们的数组。注解的属性可以有默认值，默认值需要用 default 指定。

8.2.2　定义

```
@Target(ElementType.TYPE)
@Retention(RetentionPolicy.RUNTIME)
public @interface MyAnnotation {
     public int id() default 1;
     public String msg() default "hello world";
}
```

此处定义的是一个@MyAnnotation 注解，@Target（ElementType.TYPE）规定这个注解可以给一个类型进行注解，@Retention（RetentionPolicy.RUNTIME）规定注解可以保留到程序运行的时候。而注解里面，属性 id 的默认值是 1，属性 msg 的默认值是 hello world。

8.2.3　使用

```
@MyAnnotation(id=2, msg="hello")
public class MyAnnotationTest {
}
```

此处定义了一个 MyAnnotationTest 方法，使用了@MyAnnotation 注解。而且给注解的属性 id 和 msg 进行了赋值。

8.3　元注解

我们前面所说的注解相当于给产品的标签，而元注解就相当于 Java 提供给生产标签的原材料。系统提供的标签一般有以下 5 种。

1. @Retention

Retention 为“保留期”的意思。当 @Retention 应用到一个注解上的时候，它会解释说明这个注解的存活时间。

@Retention 有下面的取值：

- RetentionPolicy.SOURCE 注解只在源码阶段保留，在编译器进行编译时它会被丢弃、忽视；
- RetentionPolicy.CLASS 注解只被保留到编译进行的时候，它并不会被加载到 JVM 中；
- RetentionPolicy.RUNTIME 注解可以保留到程序运行的时候，它会被加载到 JVM 中，所以在程序运行时可以获取它们。

2. @Documented

@Documented 的作用是能够将注解中的元素包含到 Javadoc 中去。

3. @Target

@Target 指定了注解运用的地方。当一个注解被 @Target 注解时，这个注解就被限定了运用的场景。

@Target 有下面的取值：

- ElementType.ANNOTATION_TYPE 可以给一个注解进行注解；
- ElementType.CONSTRUCTOR 可以给构造方法进行注解；
- ElementType.FIELD 可以给属性进行注解；
- ElementType.LOCAL_VARIABLE 可以给局部变量进行注解；
- ElementType.METHOD 可以给方法进行注解；
- ElementType.PACKAGE 可以给一个包进行注解；
- ElementType.PARAMETER 可以给一个方法内的参数进行注解；
- ElementType.TYPE 可以给一个类型进行注解，如类、接口、枚举。

4. @Inherited

Inherited 是继承的意思，但是它并不是说注解本身可以继承，而是说如果一个超类被@Inherited 注解过的注解进行注解，且它的子类没有被任何注解应用，这个子类就继承了超类的注解。例如以下代码。

```
@Inherited
@Retention(RetentionPolicy.RUNTIME)
@interface InheritedTest {}

@InheritedTest
public class Parent {}

public class Kids extends Parent {}
```

此处 Parent 类被@InheritedTest 注解了，而 Kids 类继承了 Parent 类，且 Kids 类没有被注解，但是@InheritedTest 注解使用了@Inherited，所以 Kids 也是拥有@InheritedTest 注解的。

5. @Repeatable

Repeatable 是可重复的意思。例如，某人既是程序员又是产品经理，同时他还是个画家，这就是可重复。

```
@interface Persons {
Person[]  value();
}

@Repeatable(Persons.class)
@interface Person {
String role default "";
}

@Person(role="artist")
@Person(role="coder")
@Person(role="PM")
public class Man {
}
```

正如对一个人贴标签一样，一个标签只能写一个职业，但是这人有多个职业，所以重复给他贴上程序员、产品经理、画家这三个标签。

8.4　Java 预置注解

1. @Deprecated

该注解可用来标记过时的元素。当编译器在编译阶段遇到这个注解时会发出提醒警告，告诉开发者正在调用一个过时的元素，如过时的方法、过时的类、过时的成员变量。

2. @Override

该注解可提示子类要复写父类中被@Override 修饰的方法。

3. @SuppressWarnings

该注解含有阻止警告的意思。之前说过调用被@Deprecated 注解的方法后，编译器会发出警告提醒，有时候开发者会忽略这种警告，他们可以在调用的地方通过@SuppressWarnings 达到目的。

4. @SafeVarargs

这是参数安全类型注解。它的目的是提醒开发者不要用参数做一些不安全的操作，它的存在会阻止编译器产生 unchecked 这样的警告。

5. @FunctionalInterface

这是函数式接口注解。函数式接口（Functional Interface）是具有一个方法的普通接口。

8.5　注解与反射

要想检验注解，离不开一种手段，那就是反射。注解通过反射获取。首先可以通过 Class 对象的 isAnnotationPresent 方法判断它是否应用了某个注解。

```
public boolean isAnnotationPresent(Class<?extends Annotation> annotationClass)  {}
```

然后通过 getAnnotation 方法或 getAnnotations 方法来获取 Annotation 对象。前一种方法会返回指定类型的注解，后一种方法会返回注解到这个元素上的所有注解。

```
public <A extends Annotation> A getAnnotation(Class<A> annotationClass)  {}
public Annotation[] getAnnotations()  {}
```

【注意】如果一个注解要在运行时被成功提取，那么@Retention（RetentionPolicy.RUNTIME）就是必需的。

8.6 注解的使用场景

注解是一系列的元数据，它提供数据用来解释程序代码，但注解并非所解释代码本身的一部分。所以注解对于代码的运行效果没有直接的影响。注解有许多用处，主要如下。

（1）提供信息给编译器：编译器可以利用注解来探测错误和警告信息。

（2）编译阶段时的处理：软件工具可以利用注解信息生成代码、HTML 文档，或者进行其他处理。

（3）运行时的处理：某些注解可以在程序运行的时候接收代码的提取。

也就是说，运行的时候注解并不是代码的一部分。注解同样无法改变代码本身，它只是某些工具的工具。

在官方文档的解释里，注解主要针对的是编译器和其他工具软件（Software Tool）。当开发者使用 Annotation 修饰了类、方法、Field 等成员之后，这些 Annotation 不会自动生效，必须由开发者提供相应的代码来提取和处理 Annotation 信息。这些提取和处理 Annotation 的代码就统称为 APT（Annotation Processing Tool，注解处理器）。

所以，注解是给编译器或者 APT 用的。

8.7 本章小结

通过本章内容的学习，读者应掌握以下知识点：

- 知道什么是注解；
- 知道注解的属性、定义和使用方法；
- 学会@Retention、@Documented、@Target、@Inherited、@Repeatable 5 种元注解；
- Java 预置的注解有@Deprecated、@Override、@SuppressWarnings、@SafeVarargs、@FunctionalInterface；
- 了解注解是通过反射实现的，注解的存在并不影响代码，且注解是给编译器或者 APT 使用的。

8.8 习题

1. 什么是注解？
2. 什么是元注解？
3. Java 预制注解有哪些？
4. 注解的使用场合的哪些？

第 3 部分
设计我们的框架

读者在了解了 Web 原理，并掌握了基础的语法后，就可以开始学习设计 Web 框架了。框架的重点是三大部分，分别是 IOC 容器部分、AOP 增强部分和 MVC 的转发部分。本部分将逐步讲解这三大部分，帮助读者开发出自己的 MVC 框架 easyFramework（简称 EFM 框架）。读者也可以跳过这一部分，直接使用本部分最终设计出来的 EFM 框架进行开发，本书随书资源中提供了该框架，并会在第 13 章介绍如何使用框架。

9 第9章 EFM框架

本章学习目标：

- ✧ 了解 IoC 容器
- ✧ 了解 AOP 增强
- ✧ 熟悉 Dispatcher 转发器

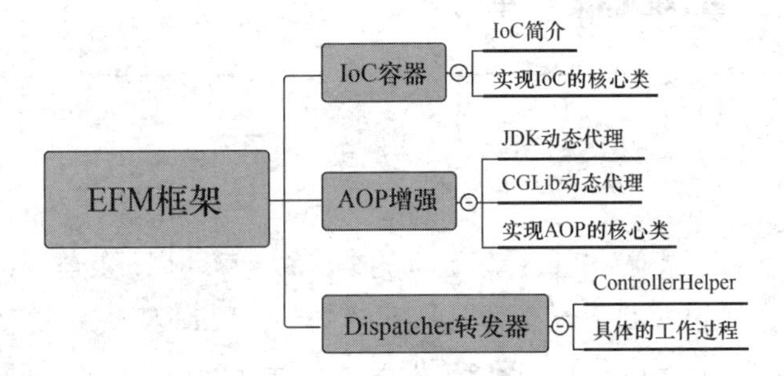

EFM 框架是自定义框架 Easy Frame 的缩写，它是对 Spring 框架的一些核心的原理思想进行简单的实现，通过 EFM 框架的设计与实现，可以帮助我们掌握框架的原理及框架开发的过程。EFM 框架主要由三部分组成，分别是 IoC 容器部分、AOP 增强部分和 MVC 的转发部分。著名的 Spring 框架就像是钢铁制造的水桶，它的用途十分广泛，能装热水、化学物品等，但其本质上还是一个桶；而我们自定义的 EFM 框架则好比是用竹子制造的一个水桶，虽然较简单、粗糙，但它们的制造原理是一样的，只是还有很多可以改进的地方。

9.1　IoC 容器

9.1.1　IoC 简介

IoC（Inversion of Control，控制反转）指的是把创建对象的权利交给框架。IoC 不是一种技术，而是一种设计思想，它是框架的重要特征，而非面向对象编程的专用术语。它包括依赖注入（Dependency Injection，DI）和依赖查找（Dependency Lookup）。在 Java 开发中，IoC 意味着将设计好的对象交给容器控制，而不是传统的在对象内部直接控制，由开发者写创建对象的代码。

之前写的 HelloWorld helloWord = new HelloWord( )这个方法就是创建一个 HelloWorld 对象，创建者控制着这个对象的生命周期等信息。而控制反转就是 HelloWorld 由 IoC 容器创建，由 IoC 容器对它进行管理，当需要一个 HelloWorld 对象的时候，使用@AutoWired 注解告诉容器需要一个这样的对象，容器就会把一个 HelloWorld 对象给我们。而 IoC 容器把 HelloWorld 给我们的过程就是“依赖注入”。

举一个通俗点的例子：在奶茶店还没有出现的时候，我们拥有了做奶茶的原材料，当我们想喝奶茶的时候，就自己做奶茶（新建对象），如图 9.1 所示，这个就是没有控制反转的实现。而奶茶店出现后，当我们想喝奶茶的时候，直接到奶茶店去买就行了，如图 9.2 所示，而我们并不需要知道奶茶是怎么做的。这就相当于控制反转了，而点了什么样的奶茶，奶茶店把做好的奶茶给我们的这个过程就相当于依赖注入。具体的实现过程如图 9.2 所示。

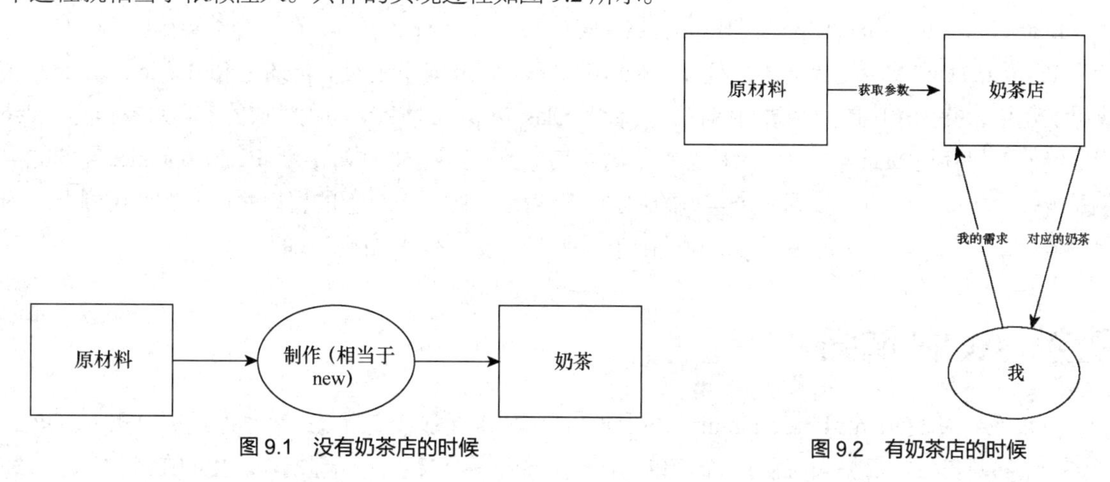

图 9.1　没有奶茶店的时候

图 9.2　有奶茶店的时候

9.1.2　实现 IoC 的核心类

想要实现 IoC 的功能，我们就需要用到 Java 的反射功能。使用一个工具类 PropertiesUtil 定位到我们这个 Web 程序类所在的位置，并且使用 ClassUtil 加载需要交给框架管理的对象，然后 ClassHelper 对这些类进行分类。这个过程就相当于获取原材料的过程。类加载后是需要 ReflectionUtil 对类进行实例化的，然后实例化后的对象使用 BeanContainer 和 IocHelper 进行管理。也就是获取类是从 BeanContainer 进行获取的。下面介绍这些帮助类和工具类的主要功能。

（1）PropertiesUtil

编写一个读取配置的工具类，这个类主要是用于读取 easyFramework.properties 一些配置信息。而这个配置文件中存放着我们自己写的包文件的所在位置、JSP 的存放位置等信息。

（2）ClassUtil 与 ClassHelper

ClassUtil 类主要是扫描配置文件指定的包文件的所有类，把带有@Controller、@Service 等注解的类都加载了，但不进行实例化，并且能够返回一个 Set 集合装有所有被加载过的类。而 ClassHelper 就会根据注解把类放到不同的 Set 集合。

（3）ReflectionUtil

这个类提供了 3 种方法，如表 9.1 所示。

表 9.1　ReflectionUtil 类提供的 3 种方法

方法名	作用	参数
Object getInstance(Class cls)	传入一个类对象，创建并返回该类的一个实体对象	cls：指定的类对象
Object invokeMethod(Object obj, Method method,Object…args)	调用指定对象中指定的实体方法	obj：调用的对象 method：调用对象中的方法 args：方法中的参数
boolean setField(Object obj, Field field, Object value)	为指定对象的属性赋值	obj：需要被赋值的对象 field：对象中的属性 value：对应的属性值

（4）BeanContainer 与 IocHelper

BeanContainer 与 IocHelper 是 Bean 容器，其核心是一个 Map 集合，在这个类实例化的时候，会使用 PropertiesUtil 读取配置文件，然后用 ClassUtil 获取已被加载的类，再通过 ReflectionUtil 的方法进行实例化，并为类中的属性进行赋值，接着把 Class 对象作为 key 与刚生成的实体对象作为 Value 组成键值对保存在 Map 集合中。然后当用户需要某个类的实例的时候，告诉 BeanContainer 需要的实例是哪一个类的，它就会找到一个实例给用户。值得注意的是，这里的属性赋值没有考虑到循环依赖的情况，并且也没有实现接口与实例的映射，所有的实例都是单例模式的。

9.2　AOP 增强

AOP（Aspect Oriented Programming，面向切面编程）增强其实就是一个动态代理模式（AOP 的详细介绍参见第 12 章）。下面用一个简单的例子来介绍一下什么是代理模式。我们在日常生活中经常听说地产中介，其实地产中介就是一个代理对象。当你想要买一套房子的时候，你找到地产中介，向他购买一套房子，此时你就是调用者。而地产中介会找到你所需要的房子，把这套房子的信息都包装了一遍（如价格提高等），这个过程就是代理过程，地产中介就是代理对象，如图 9.3 和图

9.4 所示。而真正拥有这套房子的房主才是真实的对象。

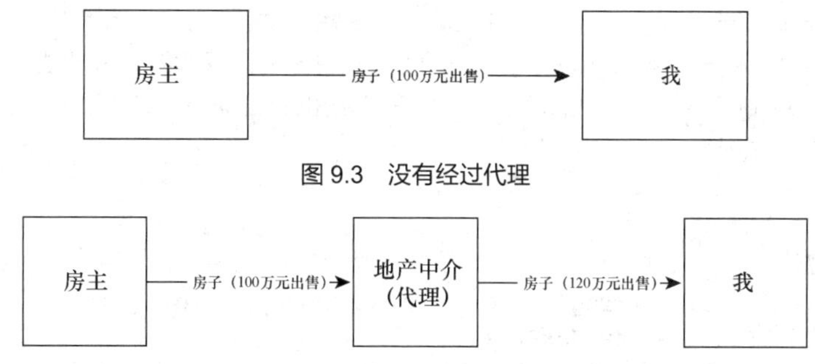

图 9.3 没有经过代理

图 9.4 经过地产中介的代理

实现动态代理有以下两种方法。

9.2.1 JDK 动态代理

新建一个 Hello 接口。

```
public interface Hello {
     void say Hello() ;
}
```

再写一个 Hello 接口的实现类。

```
public class HelloImpl implements Hello {
     public void sayHello()  {
          System.out.println("Hello world!");
     }
}
```

然后写一个代理类，这个代理类相当于地产中介要在房主提出的价格的基础上按照他们内部的规定再提升多少，这个代理类就相当于这个规定。要实现 JDK 动态代理还要实现 java.lang.reflect.InvocationHandler 接口。

```
public class JdkProxy implements InvocationHandler {
     // 被代理的对象
     private Object target;
     /**
     *获取被代理后的对象
     *@param target 被代理对象
     *@return
     */
     public Object getProxyInstancce(Object target)  {
          this.target=target;
          return Proxy.newProxyInstance(target.getClass().getClassLoader() ,
     target.getClass().getInterfaces() , this);
     }
     /**
     *代理逻辑
     *@param proxy 被代理的对象
     *@param method 当前调用的方法
     *@param args 当前方法的参数
     *@return 代理的结果
     *@throws Throwable
     */
```

```
    public Object invoke(Object proxy, Method method, Object[] args) throws Throwable
    {
        System.out.println("代理方法：真实对象调用前的逻辑");
        Object obj=method.invoke(target, args); //调用真实对象的方法
        System.out.println("代理方法：真实对象调用后的逻辑");
        return obj;
    }
}
```

最后编写一个测试类。

```
public static void main(String[] args) throws Exception {
    JdkProxy jdbProxy = new JdkProxy() ;
    Hello proxy=(Hello) jdbProxy.getProxyInstancce(new HelloImpl() );
    proxy.sayHello();
}
```

测试结果如下。

```
代理方法：真实对象调用前的逻辑
Hello world!
代理方法：真实对象调用后的逻辑
```

9.2.2 CGLib 动态代理

JDK 动态代理是原生支持的，不需要任何外部依赖。但是它只能基于接口进行代理。假设编写了一个类没有接口，那是不是代表这个类不能进行动态代理呢？其实 CGLib 动态代理就能很好地解决了这个问题。代理类的代码如下，必须实现 MethodInterceptor 接口，然后实现接口的 intercept 方法才能实现代理。

```
public class CgLibProxy implements MethodInterceptor {
    /**
    * 生成 CGLib 代理对象
    * @param cls 被代理的类
    * @return
    */
    public Object getProxyInstance(Class cls)  {
        Enhancer enhancer = new Enhancer();
        enhancer.setSuperclass(cls);
        enhancer.setCallback(this);
        return enhancer.create();
    }
    /**
    * 代理逻辑
    * @param obj 代理对象
    * @param method 方法
    * @param args 方法参数
    * @param proxy 方法代理
    * @return 结果返回
    * @throws Throwable 异常
    */
    public Object intercept(Object obj, Method method, Object[] args, MethodProxy proxy)
throws Throwable {
        System.out.println("代理方法：真实对象调用前的逻辑");
```

```
            Object object = proxy.invokeSuper(obj, args);    //调用真实对象
            System.out.println("代理方法：真实对象调用后的逻辑");
            return object;
        }
    }
```

去掉了 HelloImpl 中的 Hello 接口后写测试类。

```
public static void main(String[] args) throws Exception {
    CgLibProxy cgLibProxy = new CgLibProxy();
    HelloImpl proxy = (HelloImpl) cgLibProxy.getProxyInstance(HelloImpl.class);
    proxy.sayHello();
}
```

测试结果和之前的一致。

这两种代理方法在不同的环境中速度是有区别的，其适用的场景也不一样。这里的框架为了方便，都选用了 CGLib 方法进行动态代理。

9.2.3　实现 AOP 的核心类

想要实现 AOP 功能首先调用 ProxyHelper 中的方法从 BeanContainer 中获取需要被代理的对象。接着调用 ProxyUtil 中的方法，根据指定的规则对需要被代理的对象进行代理得到被代理后的对象。最后用被代理后的对象替换掉 BeanContainer 中未被代理的对象。

ProxyUtil 和 ProxyHelper 就是在 BeanContainer 容器的实例创建完成并完成映射后调用的，主要是找到哪些需要被代理的类和生成的实例，然后使用 CGLib 代理方法对这些实例进行代理，代理后就把 BeanContainer 中此类对应的实例用代理后的实例进行替换。这样每次我们从这个集合中获取的实例就是被代理过的对象。

9.3　Dispatcher 转发器

Dispatcher 继承 HttpServlet，也就是说这是一个 Servlet 请求处理器。HttpServlet 中的请求有很多方法，而 init 方法就是在 Servlet 请求初始化的时候回调的。

1. Dispatcher 的核心类 ControllerHelper

在 Dispatcher 初始化的时候调用 ControllerHelper 扫描指定目录下所有的类，获取所有带@Controller 注解的类，并进行初始化。读取@RequestMapping 注解的方法与注解的参数，建立起请求路径（使用 Request 封装）与调用对应的方法（使用 Action 封装）的映射并保存在一个 Map 对象中。当用户请求的时候，会根据用户请求路径调用对应的方法进行处理。

2. Dispatcher 的工作过程

当有请求的时候，就会生成一个 Servlet 请求对象(在生成这个对象的过程中，创建并初始化 IoC 容器，建立一个 Request 与 Action 的映射集合，对指定的类进行代理等），然后 Servlet 对象会回调 service 方法，在这个方法里就能获取用户的请求路径、请求参数等信息，然后对用户信息进行解析找到对应的 Action 进行调用，当 Action 里的方法调用完后，对结果进行解析，把解析后的数据返回给用户，如图 9.5 所示。

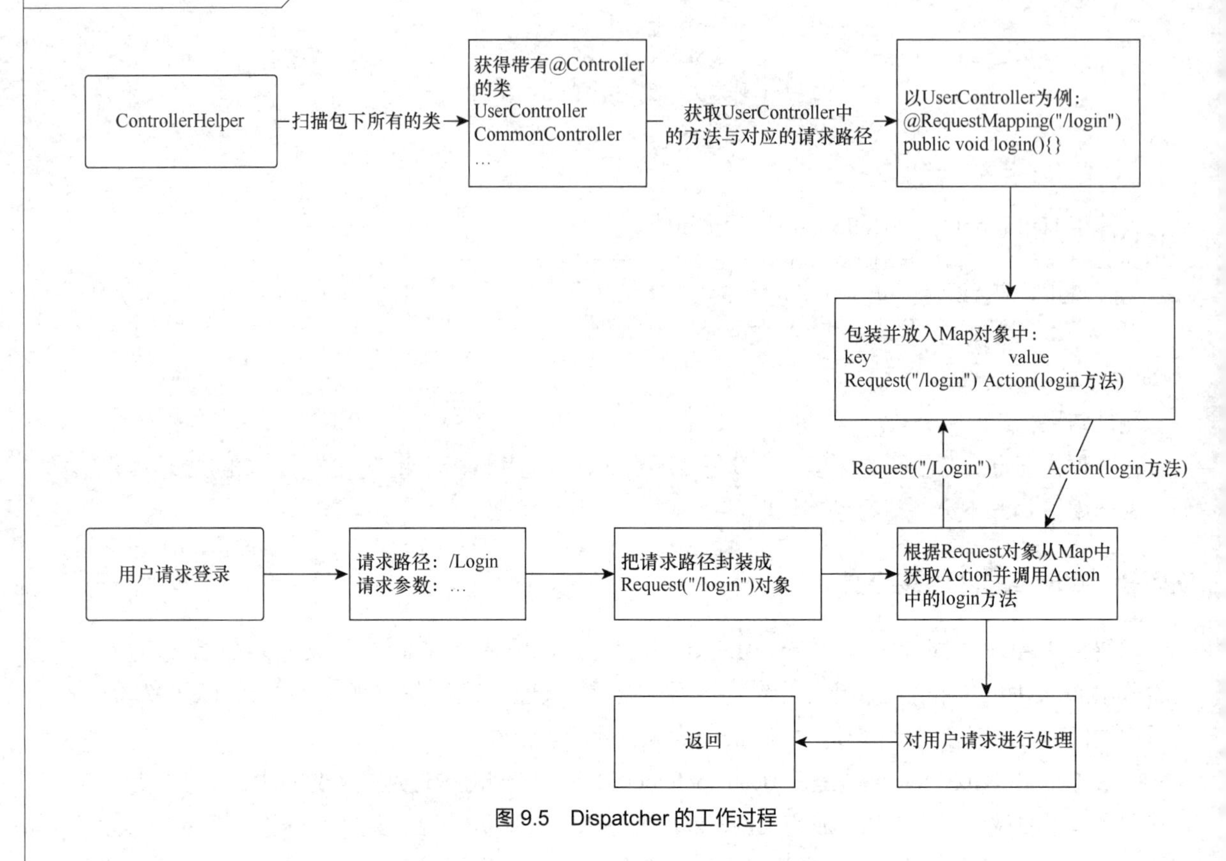

图 9.5　Dispatcher 的工作过程

9.4　本章小结

本章主要讲解了以下内容：

- IoC 的容器概念，对象的生命周期由容器进行管理；
- AOP 的概念、AOP 的两种动态代理方式，以及两种动态代理之间的区别及优缺点；
- Dispatcher 实际上是一个 Servlet，负责转发。

9.5　习题

1. 什么是 IoC？
2. 什么是 AOP 增强？
3. CGLib 动态代理与 JDK 动态代理有什么不同？

第 10 章　IoC 特性的实现

本章学习目标：

- ✧　了解优化目标
- ✧　理解为何要使用 IoC 特性
- ✧　了解动态加载
- ✧　掌握 IoC 特性的实现方法

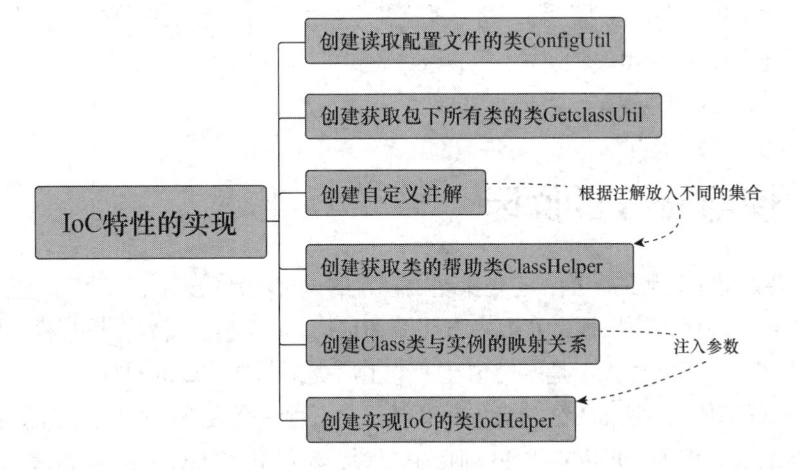

10.1 优化目标

（1）增加 IoC 特性，IoC 即依赖注入，分为两个部分，第一部分是加载所有配置的类对象（每个类只有 new 一个对象），第二部分是注入。

① 加载：加载所有配置的类对象，根据配置文件加载所有的类，并以<声明的类名,new 的对象>格式写入 map。

② 注入：遍历 map 取出每个对象，取出 field[]，对每个 field 判定 isAnnotationPresent（MyIoC.class），该过程主要是为了判断当前属性是否需要进行自动注入。如果是，则调用 getType 方法获取 Class 对象，然后根据 Class 对象从 Map 集合中取得对应的属性值，接着调用 invoke 方法对属性进行赋值。

（2）增加延迟初始化的功能。IoC 是通过反射的方式创建对象和对属性进行赋值，这个过程是相对较慢的。所以创建对象的时候并不需要立即对对象进行初始化，而是在使用到该对象的时候才对其进行初始化，这样可以提高运行效率和降低虚拟机内存的消耗。

（3）简化配置文件，改为注解，这样就避免了普通配置缺少 IDE 重构操作的支持，如果要对类改名，那么还需要到 XML 文件里手工去改，这是所有 XML 配置方式的缺陷所在。所以尽量取消 XML 文件配置，改为注解。

10.2 使用 IoC 的原因

IoC 主要是为了代码的解耦，它是实现松耦合的一种设计模式。

Java 中要实现代码的松耦合有很多方法，如接口、抽象类。另外在设计模式中也有工厂模式实现代码的松耦合，工厂模式就是专门创建一个工厂类来创建需要的对象。在这里可以把 IoC 模式看作工厂模式的升华，把 IoC 看作一个大工厂，只不过这个大工厂里要生成的对象都是在 XML 文件中给出定义的。例如，可以在 Web 项目中配置，然后利用 Java 的反射编程，根据 XML 中给出的类名生成相应的对象。从实现来看，IoC 是把以前在工厂方法里写死的对象生成代码，改变为由 XML 文件来定义，也就是把工厂和对象生成这两者独立分隔开来，目的是提高灵活性和可维护性。

IoC 最大的好处是把对象生成放在 XML 里定义，所以当需要换一个实现子类将会变得很简单（一般这样的对象都是实现于某种接口的），只要修改 XML 就可以了，这样甚至可以实现对象的热插拔（像 USB 接口和 SCSI 硬盘）。

IoC 主要的缺点如下。

（1）生成一个对象的步骤变复杂了，对于不习惯这种方式的人，会觉得有些别扭和不直观。

（2）对象生成因为是使用反射编程，在效率上有些损耗。但相对于 IoC 提高的维护性和灵活性来说，这点损耗是微不足道的，除非某对象的生成对效率要求特别高。

（3）缺少 IDE 重构操作的支持，如果在 Eclipse 要对类改名，那么就需要去 XML 文件里手工修改，这似乎是所有 XML 方式的缺陷所在。这个缺点可以通过使用注解方式来解决。

10.3　动态加载

10.3.1　动态加载的含义

静态加载指的是 new 创建对象的方式，而使用 Class.forName("XXX")则称作动态加载，它们本质的区别在于静态加载的类的源程序在编译时期加载了（必须存在），而动态加载的类在编译时期可以缺席（源程序不必存在）。

动态加载实际上就是程序在执行过程中可以根据程序设定加载需要被执行的字节码文件。动态加载在 Java 中有两种实现：第一种是通过 ClassLoader.loadClass 去加载，ApplicationClassLoader 负责加载用户类路径上所指定的类库，用 loadClass 加载的类，默认是未经过初始化的，所以静态变量和方法都无法被使用；第二种方法是 Class.forName，用这个方法加载的类已经过了初始化。

动态加载对比静态加载主要实现了高内聚低耦合，这是软件技术优化的目标之一。软件的两个本质特性是构造性和演化性，高内聚低耦合的设计能够让构造和演化都更加高效。实现动态加载的其中一个好处是可以代码解耦，当某个接口的实现类改变之后，只需要在配置中修改接口对应的类路径即可，不用对代码进行修改。这种做法十分有利于代码的分离，实现低耦合。

10.3.2　动态加载存在的不足

动态加载的不足之处在于以下几点。

（1）代码编写较为烦琐，需要开发人员手动编写实例化对象的长串，可能会造成代码冗余和繁杂。

（2）动态加载无法在编译时发现错误和异常，错误和异常只有在代码运行时才能被发现。

（3）实例化类的步骤较多。

10.4　实现 IoC 特性

10.4.1　pom.xml 配置

```
<?xmlversion="1.0"encoding="UTF-8"?>
<projectxmlns="http://maven.apache.org/POM/4.0.0"
xmlns:xsi="http://www.w3.org/2001/XMLSchema-instance"
xsi:schemaLocation="http://maven.apache.org/POM/4.0.0
http://maven.apache.org/xsd/maven-4.0.0.xsd">
<modelVersion>4.0.0</modelVersion>

<groupId>com.desheng</groupId>
<artifactId>frame</artifactId>
<version>1.0.0</version>

<properties>
<project.build.sourceEncoding>UTF-8</project.build.sourceEncoding>
</properties>

<dependencies>
<dependency>
```

```
<groupId>junit</groupId>
<artifactId>junit</artifactId>
<version>3.8.1</version>
<scope>test</scope>
</dependency>

<dependency>
<groupId>javax.servlet</groupId>
<artifactId>javax.servlet-api</artifactId>
<version>3.1.0</version>
<scope>provided</scope>
</dependency>

<dependency>
<groupId>org.springframework</groupId>
<artifactId>spring-core</artifactId>
<version>4.3.14.RELEASE</version>
</dependency>

<!--CGLib-->
<dependency>
<groupId>cglib</groupId>
<artifactId>cglib</artifactId>
<version>2.2.2</version>
</dependency>

<dependency>
<groupId>com.google.code.gson</groupId>
<artifactId>gson</artifactId>
<version>2.3.1</version>
</dependency>

<dependency>
<groupId>mysql</groupId>
<artifactId>mysql-connector-java</artifactId>
<version>5.0.7</version>
</dependency>

<dependency>
<groupId>org.mybatis</groupId>
<artifactId>mybatis</artifactId>
<version>3.4.1</version>
</dependency>

<dependency>
<groupId>org.slf4j</groupId>
<artifactId>slf4j-log4j12</artifactId>
<version>1.7.7</version>
</dependency>

</dependencies>

<build>
<plugins>
<!--Compile-->
<plugin>
```

```
<groupId>org.apache.maven.plugins</groupId>
<artifactId>maven-compiler-plugin</artifactId>
<version>3.3</version>
<configuration>
<source>1.8</source>
<target>1.8</target>
</configuration>
</plugin>
<!--Test-->
<plugin>
<groupId>org.apache.maven.plugins</groupId>
<artifactId>maven-surefire-plugin</artifactId>
<version>2.18.1</version>
<configuration>
<skipTests>true</skipTests>
</configuration>
</plugin>
</plugins>
</build>
</project
```

<dependencies>里配置的是开发框架需要使用的包的依赖。其中，junit 是一个常用的单元测试的框架，servlet 是 Web 项目中的小服务程序，spring-core 是之后开发框架需要使用的一些类和方法，cglib 是之后开发 AOP 需要使用的，实现非继承接口的动态增强工具，gson 是一个处理 JSON 格式数据的工具，mysql 和 mybatis 则是访问数据库的工具。Compiler 插件可用于编译 Maven 项目的 Java 源代码，Surefire 插件可用于运行单元测试和生成测试报告。

10.4.2 创建读取配置文件的类 ConfigUtil

下面来创建一个配置文件 frame.properties。

```
//需要读取文件的基础包
frame.webapp.base_package=com.desheng
//存放 JSP 文件的目录
frame.webapp.jsp_path=/WEB-INF/view/
//需要建立的数据库 Driver
frame.webapp.driver=com.mysql.jdbc.Driver
//需要连接的数据库路径
frame.webapp.url=jdbc:mysql://localhost:3306/frameTest
//数据库账号
frame.webapp.name=***
//数据库密码
frame.webapp.password=***
```

配置文件创建在自己想用框架的项目中，而非自己写的框架中。

下面来创建 ConfigUtil 类。

在类中创建 enum 类放置需要获取的配置项，Properties 类用于获取配置文件中的配置。

```
public class ConfigUtil {
//放置配置项
private enum WebProperties {
   FILE("frame.properties") ,
   BASE_PACKAGE("frame.webapp.base_package") ,
```

```
    JSP_PATH("frame.webapp.jsp_path");
    private String value;
    private WebProperties(String value)  {
      this.value = value;
    }
   public String value()  {
      return value;
    }
    }
    private static Properties p;
    static {
      p = load(WebProperties.FILE.value() );
    }
```

file 为配置的文件名，以下是获取配置文件，并读取里面的配置。

```
//加载配置
public static Properties load(String file)  {
    Properties p=new Properties();
    InputStream is=ClassUtil.getClassLoader().getResourceAsStream(file);
    try {
      p.load(is);
      is.close();
      } catch(IOException e)   {
      System.err.println("PropertiesUtil:load properties failure");
    }
    return p;
}
```

以下是获取配置项的配置方法。

```
public static String getBasePackage()   {
    String value = "";
    String key = WebProperties.BASE_PACKAGE.value();
    if(p.containsKey(key) )   {
      value = p.getProperty(key);
    }
    return value;
}

//获取有 JSP 页面的包的路径
public static String getJspPath()   {
    String value = "";
    String key = WebProperties.JSP_PATH.value();
    if(p.containsKey(key) )   {
       value = p.getProperty(key);
       }
       return value;
    }
}
```

10.4.3 创建获取包下所有类的类 GetclassUtil

先创建获取类加载器和加载类的方法。

```
public class GetclassUtil {
     private static final Logger log = LoggerFactory.getLogger(ClassUtil.class);
```

```
/**
* 获取类加载器
*/
     public static ClassLoader getClassLoader()   {
          return Thread.currentThread().getContextClassLoader();
     }
/**
* 加载类
*/
public static Class<?> loadClass(String className, boolean isInit){
     Class<?> myClass;
     try {
          myClass = Class.forName(className, isInit, getClassLoader() );
     } catch(ClassNotFoundException e){
          log.error("load class failure", e);
          throw new RuntimeException(e);
     }
     return myClass;
     }
}
```

想要获取包下的所有类，有以下几个步骤。

（1）先判断传入的包名 packageName 是否为空，为空就抛出异常，不为空则继续。

（2）获取包名对应的路径名。

（3）循环包下的文件。

（4）用 findClassByFile 方法找寻包下的所有文件。

（5）通过 FileFilter 设定只接收目录和 class 文件。

（6）如果文件是目录，则利用 findClassByFile 找寻该目录下的文件。

（7）如果文件是文件，则加载类，并存放在集合中。

```
/
**
* 获取指定包下的所有类
*/
public static Set<Class<?>> getClassSet(String packageName){
     //包名不能为空
     if(packageName == null){
          throw new RuntimeException("package is null");
     }

     Set<Class<?>> classSet = new HashSet<Class<?>>();
     //包名对应的路径名称
     String packagePath = packageName.replace('.', '/');
     try {
          //获取可以查找到文件的资源定位符的迭代器
          Enumeration<URL> urls = getClassLoader() .getResources(packagePath);
          while(urls.hasMoreElements() ){
              URL url = urls.nextElement();
              if(url!= null){
                   //获取文件的类型
                   String protocal = url.getProtocol();
                   if("file".equals(protocal) ){
                        System.out.println("file 类型的扫描");
```

```
                        String filePath = URLDecoder.decode(url.getFile() , "UTF-8");
                        findClassByFile(packageName, filePath, classSet);
                    } else if("jar".equals(protocal) ){
                        System.out.println("jar 类型的扫描");
                    }
                }
            }
        } catch(IOException e){
            log.error("get Class file failure!", e);
            throw new RuntimeException(e);
        }
        return classSet;
    }

    private static void findClassByFile(String packageName, String filePath, Set<Class<?>>
classSet) {
        File[] files = new File(filePath) .listFiles(new FileFilter(){
            @Override
            public boolean accept(File file){
            // 接受 dir 目录
            boolean acceptDir = file.isDirectory();
            // 接受 class 文件
            boolean acceptClass = file.getName().endsWith("class");
            return acceptDir || acceptClass;
            }
        } );
        for(File file : files){
            //文件名
            String fileName = file.getName();
            if(file.isDirectory() ){
                //子包名
                String subPackageName = packageName + "." + fileName;
                //子包对应的路径的名称
                String subFilePath = file.getAbsolutePath();
                findClassByFile(subPackageName, subFilePath, classSet);
            } else {
                //如果是文件，则加载该类，并存入集合中
                String className = packageName + "." + fileName.replace(".class", "") .trim();
                Class<?> aClass = loadClass(className, false);
                classSet.add(aClass);
            }
        }
    }
```

10.4.4 创建自定义注解

（1）创建控制器注解@Controller。

```
@Target( {ElementType.TYPE} )
@Retention(RetentionPolicy.RUNTIME)
@Documented
public @interface Controller {
String value() default "";
}
```

（2）创建服务层注解@Service。

```
@Target( {ElementType.TYPE} )
@Retention(RetentionPolicy.RUNTIME)
@Documented
public @interface Service {
}
```

（3）创建动态注入注解@Autowired。

```
@Target( {ElementType.FIELD} )
@Retention(RetentionPolicy.RUNTIME)
@Documented
public @interface Autowired {
}
```

注解说明如下。

@interface：自定义注解时需要使用。

@Target：通过 ElementType 指定注解可使用范围的枚举集合。

@Retention：指定会被保留到哪个阶段。

@Documented：表明这个注解应该被 javadoc 工具记录。默认情况下，javadoc 是不包括注解的。

10.4.5　创建获取类的帮助类 ClassHelper

ClassHelper 主要用于获取拥有不同注释的类的集合。

```
public class ClassHelper {
     private static final Set<Class<?>> CLASS_SET;
     static {
          String packageName = PropertiesUtil.getBasePackage();
          CLASS_SET = ClassUtil.getClassSet(packageName);
     }

     // 获取所有的类
     public static Set<Class<?>> getAllClass()   {
          return CLASS_SET;
     }

     // 获取所有注释 Service 的类
     public static Set<Class<?>> getServiceClass()   {
          Set<Class<?>> classSet = new HashSet<Class<?>>();
          for(Class<?> myClass : CLASS_SET)   {
             if(myClass.isAnnotationPresent(Service.class) )   {
                  classSet.add(myClass);
             }
          }
          return classSet;
     }

     // 获取所有注释 Controller 的类
     public static Set<Class<?>> getControllerClass()   {
          Set<Class<?>> classSet = new HashSet<Class<?>>();
          for(Class<?> myClass : CLASS_SET)   {
             if(myClass.isAnnotationPresent(Controller.class) )   {
                  classSet.add(myClass);
```

```
            }
        }
        return classSet;
    }

    // 获取所有注释 ProxyAOP 的类
    public static Set<Class<?>> getProxyClass()  {
        Set<Class<?>> classSet = new HashSet<Class<?>>();
        for(Class<?> myClass : CLASS_SET)  {
            if(myClass.isAnnotationPresent(ProxyAOP.class) )  {
                classSet.add(myClass);
            }
        }
        return classSet;
    }

    // 获取所有的 Bean 类
    public static Set<Class<?>> getBeanClass()  {
        Set<Class<?>> classSet = new HashSet<Class<?>>();
        classSet.addAll(getControllerClass() );
        classSet.addAll(getServiceClass() );
        classSet.addAll(getProxyClass() );
        return classSet;
    }
}
```

10.4.6 创建 Class 类与实例的映射关系

（1）创建有常用反射方法的工具类 ReflectUtil。

```
public class ReflectUtil {

    private static final Logger log = LoggerFactory.getLogger(ReflectUtil.class);

    /**
    * 创建实例
    */
    public static Object getInstance(Class<?> myClass)  {
        Object instance = null;
        try {
            instance = myClass.newInstance();
        } catch(Exception e)  {
            log.error("new Instance failure", e);
            throw new RuntimeException(e);
        }
        return instance;
    }

    /**
    * 调用方法
    */
    public static Object invoke(Object object, Method method, Object... args)  {
        Object result = null;
        try {
            method.setAccessible(true);
```

```
            result = method.invoke(object, args);
        } catch(Exception e)  {
            log.error("method invoke is failure", e);
            throw new RuntimeException(e);
        }
        return result;

    }

    /**
    * 设置成员变量
    */
    public static void setField(Object object, Field field, Object value)  {
        try {
            field.setAccessible(true);
            field.set(object, value);
        } catch(Exception e)  {
            log.error("setField is failure", e);
            throw new RuntimeException(e);
        }
    }
}
```

（2）创建建立映射关系的类 RelationUtil。

```
public class RelationUtil {
    private static final Logger log = LoggerFactory.getLogger(RelationUtil.class);

    /**
    * 建立 Bean 类与实例的映射关系
    */
    public static Map getBeanMap()  {
        Map<Class<?>, Object> beanMap = new HashMap<Class<?>, Object>();
        Set<Class<?>> beanSet = ClassHelper.getBeanClass();
        for(Class<?> myClass : beanSet)  {
            Object object = ReflectUtil.getInstance(myClass);
            beanMap.put(myClass, object);
        }
        return beanMap;
    }

    /**
    * 建立方法与注释中 value 的映射关系
    */
    public static Map getMethodMap()  {
        Map<String, Method> methodMap = new HashMap<String, Method>();
        Set<Class<?>> ControllerSet = ClassHelper.getControllerClass();
        for(Class<?> myClass : ControllerSet)  {
            //获取 Controller 注释
            Controller controller = (Controller) myClass.getAnnotation(Controller.class);
            //获取注释上的 value 值
            String cValue = controller.value();
            //获取所有的方法
            Method[] methods = myClass.getMethods();
            for(Method method : methods)  {
                if(method.isAnnotationPresent(RequestMapping.class) )  {
```

```
                RequestMapping rm = (RequestMapping) method.getAnnotation
            (RequestMapping.class);
                String rValue = rm.value();
                methodMap.put("/" + cValue + "/" + rValue, method);
            } else {
                continue;
            }
        }
    }
    return methodMap;
  }
}
```

10.4.7 创建实现 IoC 的类 IocHelper

先获取 Class 与实例的映射关系集合 BeanMap，遍历 BeanMap 集合，从中获取 Class 和实例，获取类中的所有属性，即成员变量，判断属性是否有 Autowired 注释，有这个注释则获取属性的 Class 类，并在 BeanMap 中找出此属性对应的实例，如果属性有对应的实例则通过反射将实例动态注入属性中，如果没有该实例，则不进行注入，继续执行遍历。getBeanMap 方法用于获取动态注入后的 BeanMap。

```
public class IocHelper {
    private static final Map<Class<?>, Object> BEAN_MAP;
    /**
    * 动态加载
    */
    static {
        ProxyHelper proxyHelper = new ProxyHelper();
        BEAN_MAP = proxyHelper.getProxyInstance();
        for(Map.Entry<Class<?>, Object> entry : BEAN_MAP.entrySet() )  {
            //获取 Class 和实例
            Class<?> beanClass = entry.getKey();
            Object beanInstance = entry.getValue();
            //获取所有属性
            Field[] fields = beanClass.getDeclaredFields();
            for(Field field : fields)  {
                //判断当前属性是否有 Autowired 注解
                if(field.isAnnotationPresent(Autowired.class) )  {
                    Class<?> fieldClass = field.getType();
                    Object fieldInstance = BEAN_MAP.get(fieldClass);
                    if(fieldInstance!= null)  {
                        ReflectUtil.setField(beanInstance, field, fieldInstance);
                    }
                }
            }
        }
    }

    /**
    * 获取完成动态加载后的 Map
    */
    public static Map<Class<?>, Object> getBeanMap()  {
        return BEAN_MAP;
    }
}
```

10.5　本章小结

本章主要讲解了如何实现 IoC 特性，具体包括以下知识点：

- 为什么要使用 IoC；
- 动态加载的概念；
- 实现 IoC 特性的过程。

10.6　习题

1. 为什么要使用 IoC？
2. 动态加载的含义是什么？
3. 实现 IoC 特性的步骤有哪些？

11

第 11 章　服务器端开发优化

本章学习目标：

- ✧ 了解 Servlet 的优点和缺点
- ✧ 学会改进框架
- ✧ 了解 MVC 模式
- ✧ 掌握框架实现 MVC 模式的特性

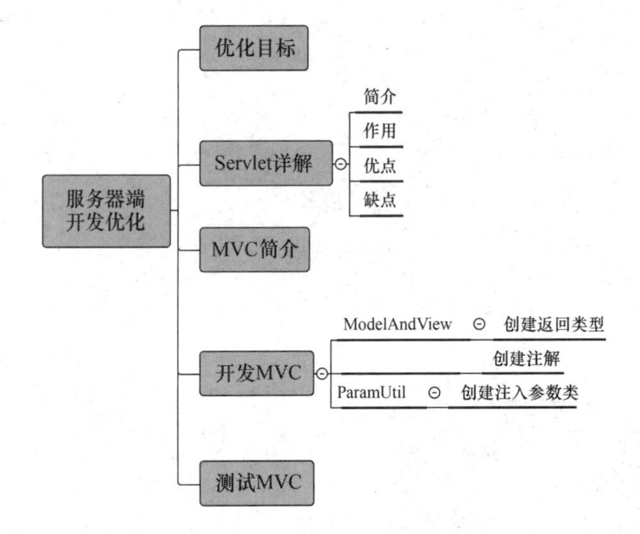

11.1 优化目标

框架应该怎样配置才能对开发人员更加友好，并且功能够用？至少应该实现以下几点。

（1）简化配置，尽量实现少配置，通过注解配置，追求零配置。去掉类似 Spring 框架中的 application-Context.xml 和 spring-mvc.xml 的配置，只留下注解配置，包含自动配置支持、日志库和对 YAML 配置文件的支持。

（2）增加热部署，在项目开发过程中常常会改动页面数据或者修改数据结构，为了显示改动效果，往往需要重启应用以查看改变后的效果，其实就是重新编译生成了新的 Class 文件，这个文件里记录着和代码等对应的各种信息，然后 Class 文件将被虚拟机的 ClassLoader 加载。而热部署正是利用了这个特点，它监听到如果有 Class 文件改动了，就会创建一个新的 ClassLoader 加载该文件，经过一系列的过程，最终将结果呈现在眼前（可参考 Spring Boot 的实现原理）。

（3）自动匹配变量，在 controller 层接收数据的时候，优先根据参数名称匹配数据到对应变量，实现模糊匹配，以及根据 JSON 的层次进行多层匹配。

11.2 Servlet 详解

1. Servlet 回顾

前面介绍过 Java Servlet 是运行在 Web 服务器或应用服务器上的程序，它是作为来自 Web 浏览器或其他 HTTP 客户端的请求和 HTTP 服务器上的数据库或应用程序之间的中间层。

当使用交互式 Web 站点时，用户看到的所有内容都是在浏览器中显示的。在这些场景背后，有一个 Web 服务器接收会话中来自用户的请求，可能要切换到其他代码（可能位于其他服务器上）来处理该请求和访问数据，并生成在浏览器中显示的结果。Servlet 就是用于该过程的网守（Gatekeeper）。它驻留在 Web 服务器上，处理新来的请求和输出的响应。运行时由 Web 服务器处理一般请求，并把 Servlet 调用传递给“容器”来处理。Tomcat 就是满足这种需要的 JSP/Servlet 引擎，是 JSP/Servlet 的官方实现。Servlet 容器作为构成 Web 服务器的一部分而存在。当使用基于 Java 的 Web 服务器时，就属于这种情况。这种方式是 Tomcat 的默认模式。

Java Servlet API 是 Servlet 容器和 Servlet 之间的接口，它定义了 Servlet 的各种方法，还定义了 Servlet 容器传送给 Servlet 的对象类，其中最重要的是请求对象 ServletRequest 和响应对象 ServletResponse。这两个对象都是由 Servlet 容器在客户端调用 Servlet 时产生的，Servlet 容器把客户请求信息封装在 ServletRequest 对象中，然后把这两个对象都传送给要调用的 Servlet，Servlet 处理完后把响应结果写入 ServletResponse，然后由 Servlet 容器把响应结果发送到客户端。

2. Servlet 的优缺点

Servlet 不是服务于 Web 页面的唯一方式。满足该目的的最早技术之一是公共网关接口（Common Gateway Interface，CGI），但 CGI 要为每个请求派生不同的进程，因而会影响效率。还有专用的服务器扩展，如 Netscape Server API（NSAPI），但那些都是完全专用的。Microsoft 还有活动服务器页面（Active Server Pages, ASP）标准。Servlet 为所有这些提供了一个替代品，并有以下优点。

（1）它们与 Java 语言一样是与平台无关的。

（2）它们允许用户完全访问整个 Java 语言 API，包括数据访问库（如 JDBC）。

（3）大多数情况下，它们比 CGI 更高效，因为 Servlet 为请求派生新的线程，而非不同的进程。

（4）对于 Servlet 有一个广泛的行业支持，包括用于最流行的 Web 和应用程序服务器的容器。

不过 Servlet 的不足也是很明显的，主要体现为以下几点。

（1）web.xml 配置量太多，不利于团队开发，每写一个 Servlet 都需要在 web.xml 中做相应的配置。多人开发时会使用版本工具对项目进行管理，但是由于需要经常对 web.xml 文件进行修改，容易出现修改冲突。

（2）Servlet 具有容器依赖性，不利于单元测试。要测试某个方法，则必须启动服务器才可以进行，十分不利于开发者进行单元测试。

（3）Servlet 处理的请求有一定的局限性，主要有 form 表单、文件，对于 JSON 数据支持力度不够（如对异步请求需要加入注解）。

（4）页面内容展示效果极差。如果页面中的内容很多，页面响应会很慢，因为它们是同步加载的。

（5）Servlet 不是线程安全的，多用户访问时有可能会出现并发问题。每一个 Servlet 对象在 Tomcat 容器中只有一个实例对象，即单例模式。如果多个 HTTP 请求是请求的同一个 Servlet，那这两个 HTTP 请求对应的线程将并发调用 Servlet 的 service 方法。这时，如果在 Servlet 中定义了实例变量或静态变量，那么可能会发生线程安全问题（Strust2 是线程安全的）。

针对 Servlet 的这些缺点，可以使用 MVC 的模式对 Servlet 进行改进，以减少或者避免这些缺点的影响。下面介绍 MVC 模式。

11.3 MVC 简介

Servlet（DispatcherServlet）是模型-视图-控制器（MVC）的 Web 架构中的前端控制器，负责发送每个请求到合适的处理程序，使用视图最终返回响应结果的概念。

具体的 MVC 架构如图 11.1 所示。

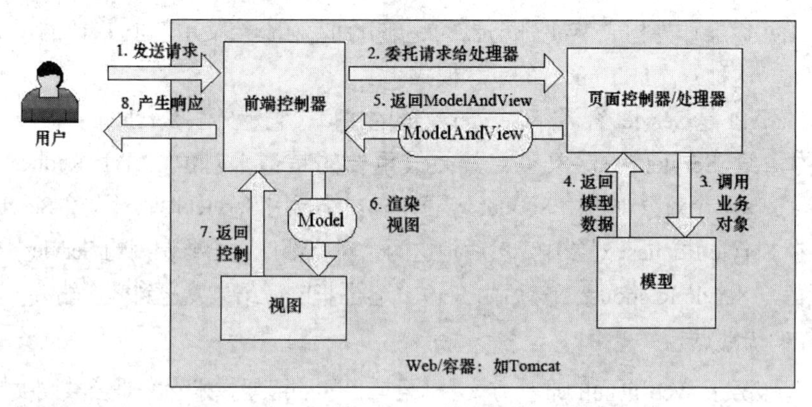

图 11.1　MVC 架构图

在 MVC 模型中可以解决 Servlet 中的许多缺点。

（1）使用一个 DispatcherServlet 进行请求转发，这样就可以保证线程是安全的，并且只需对一个

Servlet 进行配置，减少了许多 web.xml 配置。

（2）由于 DispatcherServlet 只是一个转发器，这样就降低了单元测试对服务器的依赖，提高了项目的开发进度。

（3）由 MVC 模式可以看出，前端转发器不仅可以转发页面，还可以转发数据。该模式下的 Web 应用能够很好地支持 JSON 数据请求和异步请求。

（4）客户端每次只请求需要的数据，减少客户端与服务器端的数据传输。这样在实现复杂页面的同时还能够保证响应速度。

11.4　开发自己的 MVC

11.4.1　创建返回类型 ModelAndView

ModelAndView 类是响应请求的返回值。

```
public class ModelAndView {
    //路径
    private String path;
    //数据
    private Map<String, Object> model;
    public ModelAndView()  {
        model = new HashMap<String, Object>();
    }
    public void add(String key, Object value)  {
        model.put(key, value);
    }
    public String getPath()  {
        return path;
    }
    public void setPath(String path)  {
        this.path = path;
    }
    public Map<String, Object> getModel()  {
        return model;
    }
    public void setModel(Map<String, Object> model)  {
        this.model = model;
    }
}
```

在 ModelAndView 类中，path 代表需要跳转的页面路径，model 代表要传到前端的数据。

11.4.2　创建注解

下面创建有关方法参数注入的注解。

```
@Target(ElementType.PARAMETER)
@Retention(RetentionPolicy.RUNTIME)
@Documented
public @interface RequestParam {
    String value() default "";
```

```
}
```

其中，value 代表注入参数的名称。

下面创建请求转发器 DispatcherServlet。

```
@WebServlet(urlPatterns = "/DispatcherServlet/*", loadOnStartup = 0)
public class DispatcherServlet extends HttpServlet {
    Set<Class<?>> ControllerSet = new HashSet<Class<?>>();
    Map<Class<?>, Object> instanceMap = new HashMap<Class<?>, Object>();
    Map<Class<?>, Object> methodMap = new HashMap<Class<?>, Object>();
    public DispatcherServlet()  {
        super();
    }
    @Override
    public void init(ServletConfig config) throws ServletException {
        ClassUtil.loadClass(ClassHelper.class.getName() , false);
        ClassUtil.loadClass(IocHelper.class.getName() , false);
        ControllerSet = ClassHelper.getControllerClass();
        instanceMap = IocHelper.getBeanMap();
        methodMap = RelationUtil.getMethodMap();
    }
}
```

ControllerSet 为注释@Controller 的类的集合，instanceMap 是键为 Class 类、值为实例的 Map 集合，methodMap 是键为方法、值为方法对应访问路径的 Map 集合。

```
@Override
protected void service(HttpServletRequest req, HttpServletResponse resp) throws
ServletException, IOException {
    String url = req.getRequestURI();
    String context = req.getContextPath();
    String path = url.replace(context, "");
    String methodPath = path.replace("/DispatcherServlet", "");
    Method method = (Method) methodMap.get(methodPath);
    String cPath = path.split("/") [2] ;
    Object controllerInstance = null;
    Object result = null;
    for(Class<?> controllerClass : ControllerSet)  {
        Controller controller = (Controller) controllerClass.getAnnotation
    (Controller.class);
        String cValue = controller.value();
        if(cValue.equals(cPath) )  {
            controllerInstance = instanceMap.get(controllerClass);
            break;
        }
    }
    try {
        result = ParamUtil.setParameter(controllerInstance, method, req);
    } catch(Exception e)  {
        System.err.println("DispatcherServlet.servlet:start-up web failure");
    }
    setResult(result, req, resp);
}
```

首先，获取请求地址 URL，然后，获取当前的项目 context，去除项目名得到 path="/DispatcherServlet/"+请求的方法对应的路径，去除"/DispatcherServlet"得到方法路径 methodPath，根据 methodPath 从 methodMap 获取方法 method。获取对应控制器的路径 cPath，根据 cPath 从 ControllerSet 找到控制器的 Class 类，

根据 Class 类从 instanceMap 获取实例。执行 ParamUtil 类的 setParameter 方法执行请求的方法，setResult 方法返回对应返回值给前端。ParamUtil 类与 setResult 方法将在下文详述。

```
//执行方法后的返回值
private void setResult(Object result, HttpServletRequest req, HttpServletResponse resp)  {
    //如果有返回值
    if(result!= null)  {
        //如果返回的是 JSP 路径
        if(result instanceof String)  {
            try {
                req.getRequestDispatcher(PropertiesUtil.getJspPath() +result) .forward
            (req, resp);
            } catch(Exception e)  {
            System.err.println("DispatcherServlet.setResult:return JSP failure!");
            }
            return;
        }
        //如果返回的是 ModelAndView 类
        ModelAndView data = (ModelAndView) result;
        if(data.getPath()  != null)  {
            //返回 JSP 页面
            Map<String, Object> model = data.getModel();
            for(Map.Entry<String, Object> entry:model.entrySet() )  {
                req.setAttribute(entry.getKey() , entry.getValue() );
            }
            try {
                req.getRequestDispatcher(PropertiesUtil.getJspPath() +data.getPath() )
            .forward(req, resp);
            } catch(Exception e)  {
            System.err.println("DispatcherServlet.setResult:return JSP failure!");
            }
        } else {
            //返回数据
            try {
                Gson gson=new Gson();
                resp.setContentType("application/json");
                resp.setCharacterEncoding("UTF-8");
                PrintWriter writer = resp.getWriter();
                writer.write(gson.toJson(data.getModel() ) );
                writer.flush();
                writer.close();
            } catch(Exception e)  {
                System.err.println("DispatcherServlet.setResult:return DATA failure!");
            }
        }
    }
}
```

先判断是否有返回值，如果有返回值则先判断是否为字符串，如果为字符串则直接跳转到返回值所写的页面，如果不为字符串则判断是否为我们自定义的 ModelAndView 类。ModelAndView 类是存放了页面和数据的类，如果类中保存了页面信息，则将里面的数据和页面一同返回给前端；如果没有页面信息，则直接返回数据给前端。

11.4.3 创建注入参数类 ParamUtil

ParamUtil 是关于方法参数动态注入的类。

```
public class ParamUtil {
    //基本数据类型
    static Set<Class<?>> classSet = new HashSet<Class<?>>();
    static {
        classSet.add(Byte.class);
        classSet.add(Character.class);
        classSet.add(String.class);
        classSet.add(Short.class);
        classSet.add(Integer.class);
        classSet.add(Long.class);
        classSet.add(Float.class);
        classSet.add(Double.class);
    }
    public static Object setParameter(Object object, Method method, HttpServletRequest
request)  {
        Object result = null;
        //获取所有参数
        Parameter[] paramTypes = method.getParameters();
        Class<?>[] types = method.getParameterTypes();
        int size = paramTypes.length;
        int num = 0;
        Object[] list = new Object[size] ;
        Param parameter = getParameter(request);
        try {
            for(int i = 0; i < size; i++)  {
                /* 参数的类型 */
                Class<?> param = types[i] ;
                /* 为了获取注释的类 */
                Parameter paramType = paramTypes[i] ;
                if(param.isAssignableFrom(Param.class) )  {
                    method.invoke(object, parameter);
                } else if(classSet.contains(param) )  {
                    if(paramType.isAnnotationPresent(RequestParam.class) )  {
                        RequestParam rParam = paramType.getAnnotation(RequestParam.
                    class);
                        String pKey = rParam.value();
                        String value = parameter.getString(pKey);
                        Object obj = getInstance(param, value);
                        list[num]  = obj;
                        num++;
                    }
                } else {
                    Object instance = param.newInstance();
                    setInstanceParam(instance, param, parameter.getParamMap() );
                    list[num]  = instance;
                    num++;
                }
            }
            result =  method.invoke(object, list);
```

```
            } catch(Exception e)   {
              System.err.println("ParamUtil.setParameter:invoke method failure!");
            }
            return result;
        }
    }
```

classSet 是一个保存了基本数据类型的集合。在开始自动注入参数时，先用 method.getParameters( )获取方法中的所有参数，用 method.getParameterTypes( )获取方法中参数的类型，size 为参数的个数，Param 为我们自己创建的一个类，里面存放了请求参数列表集合，用 getParameter(request)可以获取请求参数列表集合。循环方法中的参数，如果参数是 Param 类，就直接执行方法。如果参数是基本数据类型，则判断参数是否有加@RequestParam 注释，如果有则获取注释中的值，根据注释中的值在请求参数列表中找到对应的需要传入的值，利用 getInstance 方法创建一个基本数据类型的实例，将实例存放在 list 数组中，继续循环。如果参数不是基本数据类型，则是使用这个框架的用户自定义的 Bean 类，那么先创建该类的一个实例再通过 setInstanceParam 方法将参数注入该类中，并将该类存入 list 数组中。循环结束后执行方法，result 为执行方法后的返回值。

```
    public static Param getParameter(HttpServletRequest request)   {
        Map<String, String> paramMap = new HashMap<String, String>();
        Map<String, String[] > params = request.getParameterMap();
        for(String key : params.keySet() )   {
            String[] values = params.get(key);
            for(int i = 0; i < values.length; i++)   {
                String value = values[i] ;
                paramMap.put(key, value);
            }
        }
        Param param = new Param(paramMap);
        return param;
    }
    private static Object getInstance(Class<?> cls, String value)   {
        Object object = null;
        try {
            Constructor constructor = cls.getConstructor(String.class);
            object = constructor.newInstance(value);
        } catch(Exception e)   {
            System.err.println("ParamUtil.getInstance:get constructor failure");
        }
        return object;
    }
```

getParameter 方法为获取请求参数列表的方法，在该方法中先利用 request.getParameterMap( )获取请求参数列表，再将参数传入 paramMap 集合中，利用 paramMap 作为参数创建一个 Param 实例后返回 Param 实例。getInstance 是创建一个基本数据类型实例的方法，该方法需要传入基本数据类型和其值，然后利用反射原理获取构造器，并利用构造器创建实例。

```
    private static void setInstanceParam(Object obj, Class<?> cls, Map<String, String> data) {
        Method[] methods = cls.getMethods();
        for(Method method : methods)   {
            String methodName = method.getName();
            //如果是 set 方法或 is 方法
            if(methodName.startsWith("set")  || methodName.startsWith("is") )   {
                //获取参数名(原本格式)
```

```
                String paramName1 = methodName.replace("set", "");
                paramName1.replace("is", "");
                //获取参数名(全部小写)
                String paramName2 = methodName.replace("set", "") .toLowerCase();
                //获取该方法的参数
                Class<?>[] types = method.getParameterTypes();
                paramName2.replace("is", "") .toLowerCase();
                if(data.containsKey(paramName1) )  {
                    //如果参数列表中存在此参数(原本格式)
                    try {
                        Object param = getInstance(types[0] , data.get(paramName1) );
                        method.invoke(obj, param);
                    } catch(Exception e)  {
                        System.err.println("ParamUtil.setInstanceParam:invoke method
                    failure");
                    }
                } else if(data.containsKey(paramName2)  && !paramName1.equals(paramName2) ) {
                    //如果参数列表中存在此参数(全部小写)
                    try {
                        Object param = getInstance(types[0] , data.get(paramName2) );
                        method.invoke(obj, param);
                    } catch(Exception e)  {
                        System.err.println("ParamUtil.setInstanceParam:invoke method
                    failure");
                    }
                }
            }
        }
    }
```

setInstanceParam 方法是为自定义 Bean 类进行属性注入的方法,先获取该类的 set 方法和 is 方法,根据方法名获取需要注入的属性名称,再从 data,也就是请求参数列表中获取该属性对应的值,并执行该类的 set 方法来进行属性的注入,循环并完成注入。

11.5 测试 MVC

下面写一个简单的程序,测试上边编写的 MVC 转发器部分。

先在 resource 文件夹下创建一个 easyFramwork.properties,用于指明项目中的资源存放的位置。

```
###源码位置
easyFramework.app.base_package=com.ssm.test
###jsp 页面存放位置
easyFramework.app.jsp_path=/WEB-INF/jsp/
###静态资源 CSS、JavaScript 位置
easyFramework.app.static=/
```

然后在 java 文件夹下创建 com.ssm.test 文件夹,在里面创建一个 Controller 文件夹,再创建一个 TestController 类。代码如下。

```
@Controller
@RequestMapping("/Test")
public class TestController {
```

```
    @RequestMapping(value = "/form")
    public String formGet()  {
        return "testForm.jsp";
    }
}
```

接着创建 webapp/WEB-INF/jsp 文件夹，并在里面创建一个 testForm.jsp。其代码如下。

```
<%@ page contentType="text/html; charset=UTF-8" language="java" %>
<html>
<head>
    <title>testForm</title>
</head>
<body>
<center>
    <form action="/Test/form" method="post">
        <table>
            <tr>
                <td>用户名：</td>
                <td><input name="username"></td>
            </tr>
            <tr>
                <td>密码:</td>
                <td><input type="password" name="password"></td>
            </tr>
            <tr>
                <td><input type="submit" value="提交"></td>
            </tr>
        </table>
    </form>
</center>
</body>
</html>
```

就这样，运行 Tomcat 并在浏览器中输入 http://localhost:8080/Test/form，访问结果如图 11.2 所示。

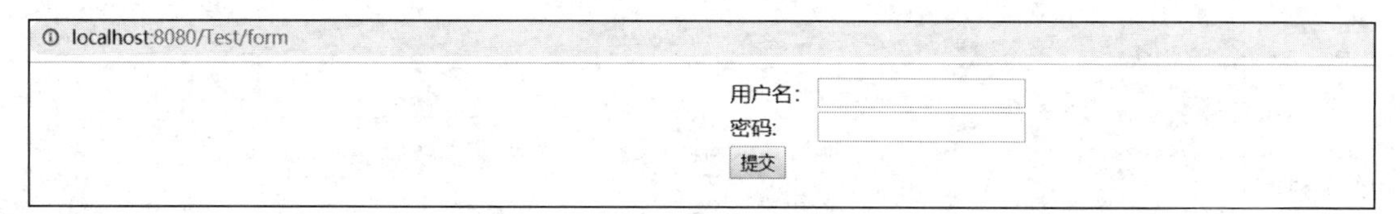

图 11.2　访问结果

输入用户名和密码为 test 后，单击“提交”按钮，显示结果如图 11.3 所示。

图 11.3　提交后的结果

11.6 本章小结

本章讲解了服务器端开发优化的实现，具体包括以下知识点：

- 优化目标；
- Servlet 的优缺点；
- 介绍、开发、测试 MVC。

11.7 习题

1. Servlet 的优缺点有哪些？
2. 什么是 MVC？
3. 简述如何开发自己的 MVC。

12 第 12 章　类动态增强

本章学习目标：

- ✧ 学会实现类的动态增强
- ✧ 学会改进框架的方法
- ✧ 了解 AOP 特性
- ✧ 掌握实现 AOP 特性的方法

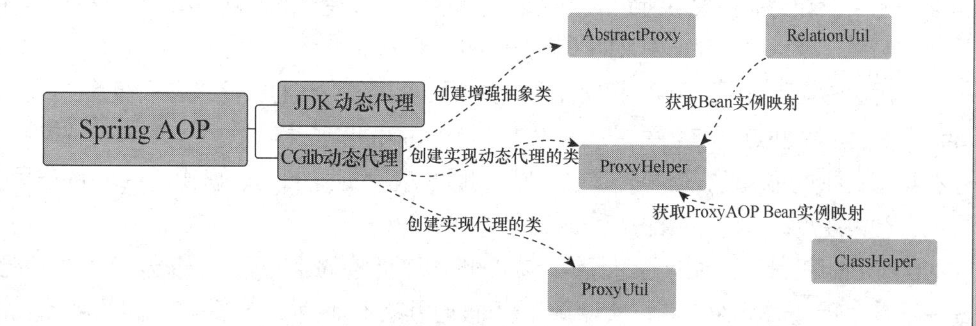

12.1 AOP 简介

12.1.1 AOP 的含义

面向切面编程（AOP）可以说是面向对象编程（Object Oriented Programming，OOP）的补充和完善。OOP 引入封装、继承、多态等概念来建立一种对象层次结构，用于模拟公共行为的一个集合。不过 OOP 允许开发者定义纵向的关系，但并不适合定义横向的关系，如日志功能。日志代码往往横向地散布在所有对象层次中，而与它对应的对象的核心功能代码与其他类型的代码并无多大关系，如安全性、异常处理和透明的持续性也都是如此，这种散布在各处的无关的代码被称为横切（Crosscutting），在 OOP 设计中，它导致了大量代码的重复，不利于各个模块的重用。

AOP 技术恰恰相反，它利用"横切"的技术，剖解开封装的对象内部，并将那些影响了多个类的公共行为封装到一个可重用模块中，并将其命名为"Aspect"，即切面。所谓"切面"就是把那些与业务无关，却为业务模块所共同调用的逻辑或责任封装起来，以便减少系统的重复代码，降低模块之间的耦合度，并有利于未来的可操作性和可维护性。

使用"横切"技术，AOP 把软件系统分为两个部分：核心关注点和横切关注点。业务处理的主要流程是核心关注点，与之关系不大的部分是横切关注点。横切关注点的一个特点是，它们经常发生在核心关注点的多处，而各处基本相似，例如权限认证、日志、事物。AOP 的作用在于分离系统中的各种关注点，将核心关注点和横切关注点分离开来。

面向切面编程是一种可以通过预编译方式和运行期动态代理实现在不修改源代码的情况下给程序动态统一添加功能的技术。AOP 可以实现调用者和被调用者之间解耦，从而提高代码的灵活性和可扩展性。

面向切面编程允许通过分离应用的业务逻辑与系统级服务进行内聚性的开发，如审计（Auditing）和事务（Transaction）管理。负责应用业务的对象只需要实现相应的业务逻辑，它们并不需要实现系统级的逻辑，如日志或事务支持。

AOP 提供了 5 种类型的通知，分别是 BeforeAdvice（前置通知）、AfterReturningAdvice（后置通知）、InterceptionAroundAdvice（周围通知）、ThrowsAdvice（异常通知）和 IntroductionAdvice（引介通知）。

12.1.2 AOP 的主要功能及主要意图

AOP 的主要功能包括：日志记录、性能统计、安全控制、事务处理、异常处理等。

AOP 的主要意图是将日志记录、性能统计、安全控制、事务处理、异常处理等代码从业务逻辑代码中划分出来，通过对这些行为的分离，希望可以将它们独立到非指导业务逻辑的方法中，进而改变这些行为的时候不影响业务逻辑的代码。

12.1.3 AOP 和 OOP 的区别

AOP 和 OOP 在字面上虽然有些类似，却是面向不同领域的两种设计思想。

OOP 针对业务处理过程的实体及其属性和行为进行抽象封装，以获得更加清晰、高效的逻辑单元划分。

而 AOP 则针对业务处理过程中的切面进行提取，它所面对的是处理过程中的某个步骤或阶段，以获得逻辑过程中各部分之间低耦合性的隔离效果。这两种设计思想在目标上有着本质的差异。

上面的陈述可能过于理论化，举个简单的例子，对于“雇员”这样一个业务实体进行封装，自然是 OOP 的任务，我们可以为其建立一个“Employee”类，并将“雇员”相关的属性和行为封装其中。而用 AOP 设计思想对“雇员”进行封装将无从谈起。

同样，对于“权限检查”这一动作片段进行划分，则是 AOP 的目标领域。而通过 OOP 对一个动作进行封装，则有点不伦不类。

换言之，OOP 面向名词领域，AOP 面向动词领域。

12.1.4　AOP 的具体应用

AOP 在日常开发中的应用是很广泛的。主要包括：权限、缓存、内容传递、错误处理、延时加载、调试、性能优化、持久化、资源池、同步、事务。

12.1.5　AOP 的事务代理的实例

下面通过一个小例子来说明动态代理以及 AOP 到底是什么。首先，什么是代理？代理简单地说就是让别人帮你做你不想做的事，在代码里就是别的类或者函数为一个函数实现一个叠加的功能。

（1）写一个 Animals 接口类。

```
public interface Animals {
     void run();
}
```

（2）然后写一个 Tiger 类实现 Animals 接口，并实现接口中的 run 方法。

```
public class Tiger implements Animals {
   String name;
   public Tiger(String name){
   this.name=name;
     }

   @Override
   public void run(){
   System.out.println("I am a "+this.name+", Run!!!!");
}
```

现在想让老虎类输出“I am a tiger，Run！！！！”，这个很简单，只要实例化老虎类，再调用 run("tiger")就可以了。若要在 run 输出的前后输出一点信息，表示这个 run( )的启动和结束。这个时候你也许会想，直接在 run( )里加不就行了。但这样是不行的，这不符合代码松耦合的特性。这个时候就要用到代理了。

（3）下面使用 JDK 提供的动态代理接口 InvocationHandler 类来实现。

```
import java.lang.reflect.InvocationHandler;
import java.lang.reflect.Method;
```

```
import java.lang.reflect.Proxy;

public class MyProxy implements InvocationHandler {
        private Object myObject;

        public MyProxy(Object object)  {
          this.myObject=object;
        }

        @Override
        public Object invoke(Object proxy, Method method, Object[] args) throws Throwable
        {
          before();
          Object object = method.invoke(this.myObject, args); //通过反射来调用实体类
          after();
           return object; //返回实体类
        }

        public void before()  {
           System.out.println("代理前置增强");
        }
        public void after()  {
          System.out.println("代理后置增强");
        }

        @SuppressWarnings("unchecked")
        public <T> T getProxy()  {
          return(T) Proxy.newProxyInstance(          //动态创建一个 Animals 接口的代理类
          myObject.getClass() .getClassLoader() ,    //代理的实体类的类加载器
          myObject.getClass() .getInterfaces() ,     //代理的实体类的接口
          this);                                     //我们的代理类
        }

        @SuppressWarnings("unchecked")
        public static  <T> T getmyProxy(Object object)  {
          return(T) new MyProxy(object) .getProxy();        //封装代理方法
        }
}
```

（4）下面用一个 main 类来看怎样调用代理类。

```
public class Main {
     public static void main(String[] args)   {
          Animals tiger =MyProxy.getmyProxy(new Tiger("Tiger") ); //实例化 Tiger 代理类对象
          tiger.run();
     }
}
```

（5）控制台会输出以下信息。

```
代理前置增强
I am a Tiger, Run!!!!
代理后置增强
```

到这里我们成功实现了代理类，这个代理就是动态代理。当然这个代理类也有缺点，它不可以代理一个没有接口的类，我们将在下面的框架里用 Cglib 动态代理来解决这个问题。

12.2　实现 AOP 特性

12.2.1　创建注解

在开始实现 AOP 特性前，需要创建一个有关 AOP 的注解。

```
@Target( {ElementType.TYPE} )
@Retention(RetentionPolicy.RUNTIME)
@Documented
public @interface ProxyAOP {
   Class<?> value();
}
```

其中 value 值代表需要被增强的类。

12.2.2　创建增强抽象类 AbstractProxy

创建一个 AbstractProxy 抽象类，可以通过继承该类并重写前置增强和后置增强方法自定义增强过程。

```
public abstract class AbstractProxy {
   //前置增强方法
   public void before()  {}
   //后置增强方法
   public void after()  {}
}
```

12.2.3　创建实现代理的类 ProxyUtil

由于 CGLib 动态代理方式可以代理所有类，因此为了方便开发本框架采用该代理方法。接着实现 CGLib 动态代理的拦截器 ProxyUtil 类，但 ProxyUtil 需要实现 MethodInterceptor 接口。

```
public class ProxyUtil implements MethodInterceptor {
  private List<Class<?>> proxyList;
  private int num;

  public ProxyUtil(List<Class<?>> proxyList)  {
    this.proxyList = proxyList;
    this.num = proxyList.size();
  }

  @SuppressWarnings("unchecked")
  public <T> T getProxy(Class<?> cls)  {
    return(T) Enhancer.create(cls, this);
  }
}
```

proxyList 是一个增强类的集合，即一个帮助增强方法的类；num 是集合的数量；getProxy 是生成代理类的方法。

```
private Method getMethod(Class<?> cls, String methodName)  {
//获取增强类中的特定方法
  Method[] methods = cls.getMethods();
  for(Method method : methods)  {
    String name = method.getName();
```

```
        if(methodName.equals(name) )   {
        return method;
        }
    }
    return null;
}

private Object getInstance(Class<?> cls)   {
    //获取增强类的实例
    Object object = null;
    try {
        object = cls.newInstance();
        } catch(Exception e)   {
    System.out.println("ProxyHandler.getInstance:failure");
    }
    return object;
}
```

在动态增强时需要获取增强类的实例和方法。

以下是实现动态增强的关键，即获取前置增强、后置增强，并增强到对应方法中。

```
@Override
public Object intercept(Object target, Method method, Object[] args, MethodProxy proxy)
throws Throwable {
    before();
    Object result = proxy.invokeSuper(target, args);
    after();
    return result;
}

private void before()   {
    for(Class<?> cls : proxyList)   {
        Method method = getMethod(cls, "before");
        Object proxyObject = getInstance(cls);
        try {
        method.invoke(proxyObject, null);
        } catch(Exception e)   {
            System.err.println("ProxyHander:method invoke failure");
            }
    }
}

private void after()   {
    for(Class<?> cls : proxyList)   {
        Method method = getMethod(cls, "after");
        Object proxyObject = getInstance(cls);
        try {
        method.invoke(proxyObject, null);
        } catch(Exception e)   {
        System.err.println("ProxyHander:method invoke failure");
        }
    }
}
```

proxy.invokeSuper 是指需要增强的方法，result 是执行方法后的返回值。

before( )是整合前置增强的方法，即找到所有前置增强的方法并执行。after( )与 before( )类似。

12.2.4 创建实现动态代理的类 ProxyHelper

先创建实现动态代理的类 ProxyHelper。

```
public class ProxyHelper {
  private final static Map<Class<?>, Object> BEAN_MAP;
  private final static Set<Class<?>> PROXY_BEAN;
  private Map<Class<?>, List<Class<?>>> proxyMap;

  static {
    PROXY_BEAN = ClassHelper.getProxyClass();
    BEAN_MAP = RelationUtil.getBeanMap();
  }
}
```

beanMap 是指 Bean 类的 Class 类与实例集合，主要用于 IoC；proxyBean 是注释了@ProxyAOP 的类；proxyMap 存储被代理类与该类对应的所有增强类组成的映射。

```
private Map getProxyMap()  {
   Map<Class<?>, List<Class<?>>> map = new HashMap<Class<?>, List<Class<?>>>();
   for(Class<?> cls : PROXY_BEAN)  {
      ProxyAOP proxy = cls.getAnnotation(ProxyAOP.class);
      /* 要代理的类 */
      Class<?> value = proxy.value();
      if(map.containsKey(value) )  {
      map.get(value) .add(cls);
      } else {
      List<Class<?>> proxyList = new ArrayList<Class<?>>();
      proxyList.add(cls);
      map.put(value, proxyList);
      }
   }
   return map;
}
```

getProxyMap( )是获取被代理类与增强类集合 List 的集合 proxyMap，主要是根据注解中的 value 值找到需要被增强的类，然后根据 value 将相同 value 的增强类组成一个集合 List。想要完成 AOP，则需要将要实现 IoC 的类的实例替换成已经增强完后的代理类。

```
public Map<Class<?>, Object> getProxyInstance()  {
   proxyMap = getProxyMap();
   for(Map.Entry<Class<?>, List<Class<?>>> entry:proxyMap.entrySet() )  {
      Class<?> target = entry.getKey();
      List<Class<?>> proxyList = entry.getValue();
      Object result = getProxy(target, proxyList);
      BEAN_MAP.put(target, result);
      }
      return BEAN_MAP;
   }
   private Object getProxy(Class<?> target, List<Class<?>> list)  {
   ProxyUtil handler = new ProxyUtil(list);
   return handler.getProxy(target);
}
```

getProxy 方法是生成代理类的方法，getProxyInstance 方法主要是循环 proxyMap，生成代理类并用代理类来替换被增强的类原来的实例。

通过上面的设计与优化，我们最终做出了一个完整的自定义框架 easyFramework，这个框架实现了 IoC 特性、AOP 类动态增强与 MVC 转发功能，可以使用它进行 Java Web 开发。该框架的详细代码请见本书配套资源，文件名称是 easyFramework，可以在 IDEA 中导入查看完整的结构与代码。该框架使用 Maven 打包后的名称为 easyFramework-1.0-SNAPSHOT.jar，放在随书资源的 easyFramework\easyFramework\target 目录下，可以直接放入本地 Maven 中使用。第 13 章将说明如何在项目中使用（导入）该框架，第 14～17 章则是使用该框架开发多个实用的 Java Web 项目。

最后总结一下如何设计框架。

第 9 章介绍了框架主要分为 IoC、AOP 与 Dispatcher 三大部分，并且简单地进行了讲解。

第 10 章的前 3 节主要介绍了 IoC 容器部分原理，10.4 节介绍了框架中 IoC 容器的实现过程，根据这部分代码，读者可以实现自己的 IoC 容器。

第 11 章的前 3 节介绍了 Servlet 的优缺点和 MVC 模式，Dispatcher 其实就是 Servlet 与 MVC 模式的结合。10.4 节介绍了框架中 Dispatcher 的实现过程，根据这部分代码，读者可以实现自己的 Dispatcher。最后用具体的代码对 Dispatcher 进行测试。

其实根据第 9～10 章就可以完成一个简单的 Web 框架，但是要实现系统级的日志功能等，还需要加入 AOP 功能。因此第 12 章的 12.1 节介绍了 AOP 的详细概念与实现过程，并举了一些例子以便读者理解。12.2 节介绍了框架的 AOP 功能的实现过程，根据这部分代码，读者能够在前面的 Web 框架中加入 AOP 功能。

至此，一个简易的 Web 框架就可以设计完成了。

12.3 本章小结

本章讲解了类动态增强，主要内容包括：

- AOP 的介绍；
- 实现 AOP 的特性。

12.4 习题

1. AOP 的主要功能是什么？
2. AOP 的主要意图是什么？
3. 实现 AOP 特性的基本步骤有哪些？

第 4 部分 使用我们的框架

我们通过前面的学习，掌握了框架设计的方法，下面使用设计的框架来做项目。本部分先介绍如何调用设计的框架，然后提供数个完整的 Java Web 项目供读者实际上机训练，包括在线购书商城、个人云文件系统、论坛、个人博客，每个系统都有全面的实现过程，让读者获得实际项目开发经验。

13 第13章　框架的调用方法

本章学习目标：

- ✧ 学会使用 Maven 编译并导入本地仓库
- ✧ 学会创建新工程并使用编译后的框架

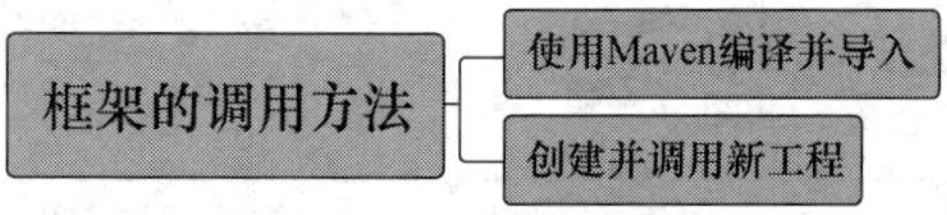

框架的调用方法
- 使用Maven编译并导入
- 创建并调用新工程

13.1　把框架导入本地仓库

首先，使用 Maven 把刚写的框架导入本地的 Maven 仓库。打开命令提示符并进入框架源码的文件夹，如图 13.1 所示。

图 13.1　进入源码所在文件夹

然后把框架编译放进本地仓库，依次输入以下内容。

（1）mvn clear（如果之前没生成过则不用运行此行）。

（2）mvn compile。

（3）mvn install。

运行结果如图 13.2 所示。

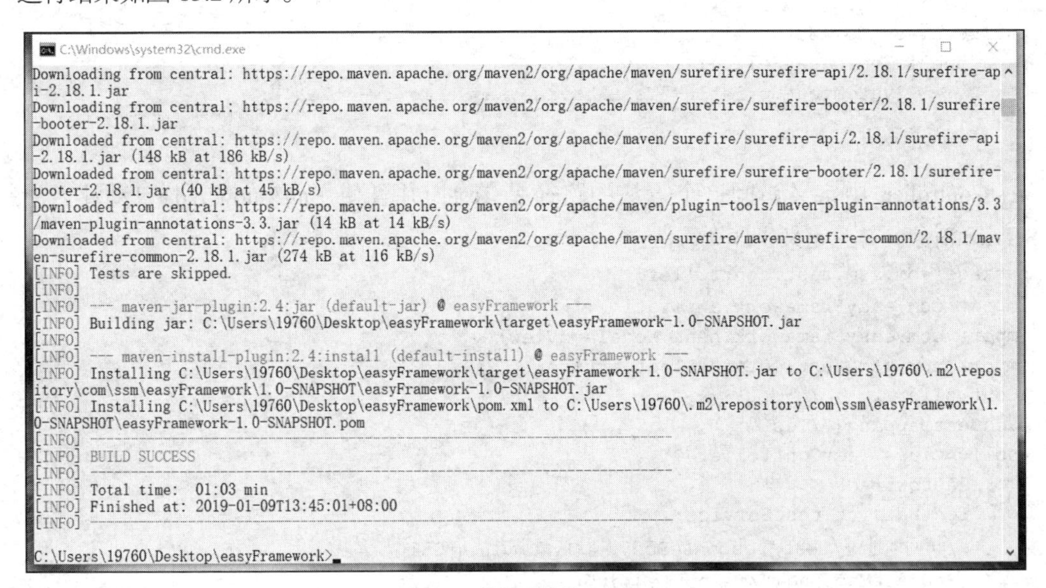

图 13.2　编译后放进本地仓库

13.2 创建新工程并调用

打开 IDEA，新建一个 Maven 工程，其文件目录如图 13.3 所示。

```
easyFramework D:\18-19年上\java高级\easyFramework
> .idea
v src
  v main
    v java
      v com.ssm.test
        v aop
            TestAspect
        v controller
            TestController
          dao
        v service
            TestService
    v resources
        easyFramework.properties
    v webapp
      v WEB-INF
          web.xml
```

图 13.3　文件目录

在创建工程之后打开 pom.xml 文件加入以下代码。

```
<dependencies>
      <dependency>
           <groupId>com.ssm</groupId>
           <artifactId>easyFramework</artifactId>
           <version>1.0-SNAPSHOT</version>
      </dependency>
</dependencies>
```

然后在 resource 文件夹下添加一个 easyFramework.properties 的文件，里面的代码如下。

```
###源码位置
easyFramework.app.base_package=com.ssm.test
###JSP 页面存放位置
easyFramework.app.jsp_path=/WEB-INF/jsp/
###静态资源 CSS、JavaScript 位置
easyFramework.app.static=/
###上传文件的最大长度(MB)
###若这里填小于或等于 0 的数，则会关闭文件上传
easyFramework.app.upload_limit=10
```

这样就把框架配置到测试 demo 中了。接着编写一个 TestService 的类，要使这个类被加载进容器中，那就在类上加上注解。

TestService 中定义了一个 sayHello 的方法。

```
package com.ssm.test.service;
import com.easyFramework.annotation.Service;
@Service
public class TestService {
     public void sayHello()  {
          System.out.println("TestService.sayHello : Hello!");
     }
}
```

TestController 中定义访问这个方法的路径是/Test，并且使用@Autowired 自动注入所需的 TestService 对象，并且定义了 3 个方法。

```
package com.ssm.test.controller;
import com.easyFramework.annotation.*;
import com.easyFramework.bean.ModelAndView;
import com.ssm.test.service.TestService;
@Controller
@RequestMapping("/Test")
public class TestController {
     @Autowired
     TestService testService;
     //访问地址是/Test/responseBody，默认请求方法是 GET
     @RequestMapping("/responseBody")
```

```
    //返回的 JSON 类型的数据
    @ResponseBody
    public String helloResposetBody()  {
        testService.sayHello();
        return "TestController.helloResponseBody";
    }
    //访问地址是/Test/form，默认请求方法是 GET
    @RequestMapping(value = "/form", method = "get")
    //返回的是 String，直接从 JSP 页面存放位置找到 testForm.jsp 视图
    public String formGet()  {
        return "testForm.jsp";
    }
    //访问地址是/Test/form，此处处理的是 POST 提交方法
    @RequestMapping(value = "/form", method = "post")
    //这里获取两个参数，一个是 username，另一个是 password
    //返回的是 ModelAndView 视图
    public ModelAndView formPost(
    @RequestParam("username") String username,
    @RequestParam("password") String password)  {
       ModelAndView modelAndView = new ModelAndView();
       //指定视图是从 JSP 页面存放位置找到 test.jsp 视图
       modelAndView.setPath("test.jsp");
       modelAndView.addModel("username", username);
       modelAndView.addModel("password", password);
       return modelAndView;
    }
}
```

在 webapp/WEB-INF/jsp 文件夹下创建两个 JSP 页面：test.jsp 和 testForm.jsp。

test.jsp 页面代码如下：

```
<%@ page contentType="text/html; charset=UTF-8" language="java" %>
<html>
<head>
    <title>testForm.return</title>
</head>
<body>
<center>
    <table>
        <tr>
            <td>用户名：</td>
            <td>${requestScope.username} </td>
        </tr>
        <tr>
            <td>密码：</td>
            <td>${requestScope.password} </td>
        </tr>
    </table>
</center>
</body>
</html>
```

testForm.jsp 页面代码如下：

```
<%@ page contentType="text/html; charset=UTF-8" language="java" %>
<html>
```

```
<head>
     <title>testForm</title>
</head>
<body>
<center>
     <form action="/Test/form" method="post">
          <table>
             <tr>
                  <td>用户名：</td>
                  <td><input name="username"></td>
             </tr>
             <tr>
                  <td>密码：</td>
                  <td><input type="password" name="password"></td>
             </tr>
             <tr>
                  <td><input type="submit" value="提交"></td>
             </tr>
          </table>
     </form>
</center>
</body>
</html>
```

进行编译测试，在浏览器中输入 http://localhost:8080/Test/responseBody，结果如图 13.4 和图 13.5 所示。

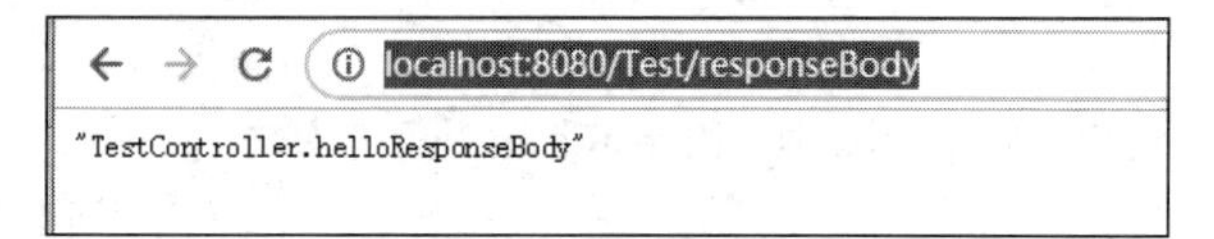

图 13.4　运行结果 1

```
TestService.sayHello : Hello!
```

图 13.5　运行结果 2

接下来测试 AOP 功能。要使 AOP 能实现，可创建一个 TestAspect 类，让其继承抽象类 AspectProxy 并在类上加上@Proxy(TestService.class)拦截 TestService 对象。

```
package com.ssm.test.aop;
import com.easyFramework.annotation.Proxy;
import com.easyFramework.bean.AspectProxy;
import com.ssm.test.service.TestService;
@Proxy(TestService.class)
public class TestAspect extends AspectProxy {
     //在真实方法调用前调用
     @Override
     public void before()  {
          System.out.println("TestAspect.before:TestService.class");
     }
     //在真实方法调用后调用
     @Override
     public void after()  {
          super.after();
          System.out.println("TestAspect.after:TestService.class");
     }
}
```

再次测试 http://localhost:8080/Test/responseBody 这个地址，结果和之前的就不一样了。在 sayHello 方法调用前调用了 before 方法，在 sayHello 方法调用后又调用了 after 方法，结果如图 13.6 所示。

```
TestAspect.before:TestService.class
TestService.sayHello : Hello!
TestAspect.after:TestService.class
```

图 13.6　运行结果 3

此处还有两个方法没有进行测试，大家可以自行测试。

13.3　本章小结

本章主要讲解了以下内容：

- 编译框架源码并将其添加到本地的 Maven 仓库；
- 创建并调用 Maven 新工程。

14 第 14 章　在线购书商城

本章学习目标：

- ✧ 学会使用框架
- ✧ 学会搭建一个在线商城
- ✧ 学会部署 Web 应用

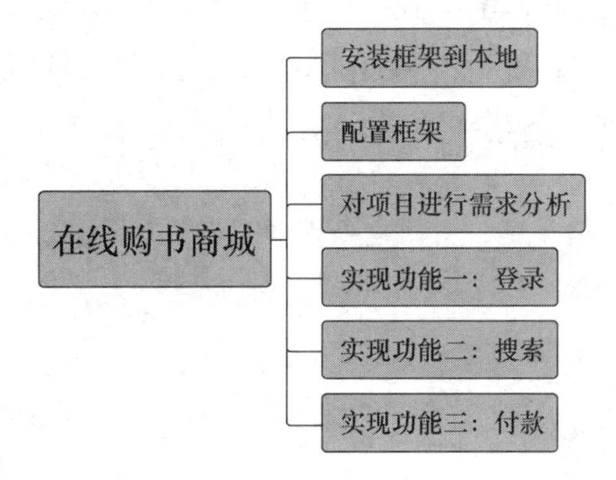

14.1　需求分析

14.1.1　背景

据调查，大学生每学期需要淘汰的课本数量非常多，绝大部分人都是选择丢弃，只有极少数人会选择将书籍出售给二手书店。其中主要的原因是出售的途径太过于局限和不方便。于是我们决定，借助现有的资源制作一个在线的二手书交易平台，提供在线选书、线下交易等功能，以方便校内学生，让书籍资源得到合理的重复利用，同时也为环保事业做贡献。

14.1.2　系统功能

（1）基础功能：登录、修改个人信息、搜索书籍、书籍详情。

（2）卖家功能：上架书籍、查看书籍出售状态、修改书籍出售状态。

（3）买家功能：查看购物车、添加书籍至购物车、查看书籍发货状态、购买书籍。

14.1.3　基本要求

（1）作为一个二手书交易平台，最基本的要求就是提供书籍的上架和购买功能。

（2）每本上架的书籍，需要向买家提供详细的介绍信息，包括图片描述、出版日期、出版社等要素。

（3）对于书籍的查找，需要向买家提供尽可能方便的搜索功能（模糊查询），如提供关键字查找，关键字包括书名、出版社、作者等信息。

（4）对于书籍的购买，需要对书籍的状态进行实时性的更新，如对添加到购物车的书籍进行锁定等，以保证交易行为的正确性。

14.2　详细设计

数据库设计分析 E-R 图及说明如图 14.1 所示，图中包含 sell 交易记录表，item 交易书籍信息表，user 用户信息表，shopcar 用户购物车信息表。

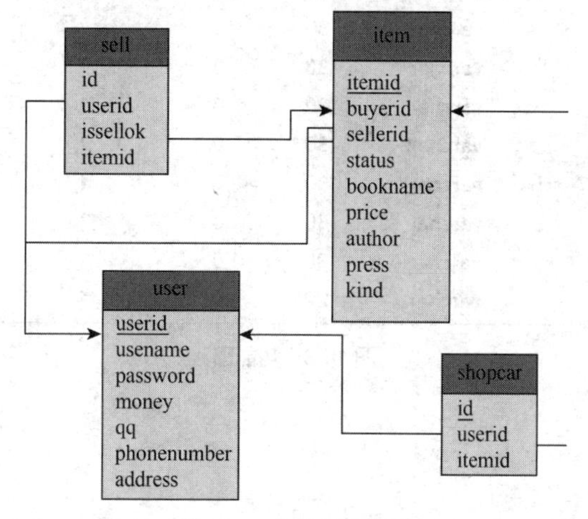

图 14.1　E-R 图及说明

数据库逻辑结构中表的结构和相关约束如图 14.2 所示。

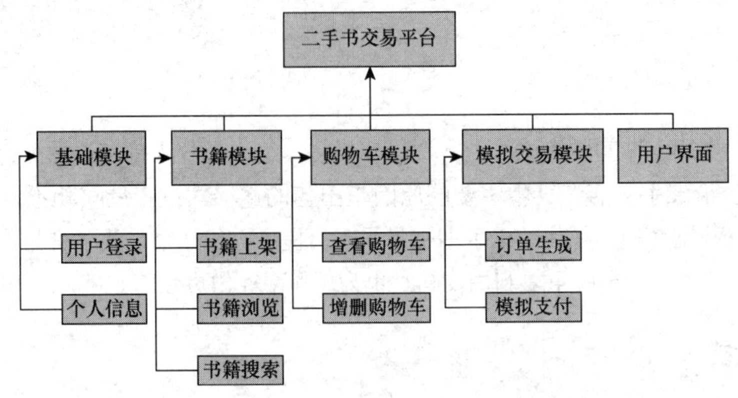

图 14.2　二手书交易平台的数据库逻辑结构图

14.2.1　总述

二手书交易平台主要采用 B/S 架构，在设计上体现了 MVC 思想。后端服务器使用 Spring 4.0 框架处理业务层逻辑、使用 MyBatis 3.2 作为持久层框架操作数据库、使用 Spring MVC 处理和转发前台的请求，使用 JSP 作为视图层。

14.2.2　功能模块

二手书交易平台主要分为基础模块、书籍模块、购物车模块、模拟交易模块、用户界面模块。功能图如图 14.3 所示。

名	类型	长度	小数点	不是 null	
itemid	int	11	0	☑	🔑1
buyerid	bigint	255	0	☐	
sellerid	bigint	255	0	☑	
status	int	11	0	☐	
bookname	varchar	30	0	☑	
price	int	11	0	☑	
author	varchar	30	0	☐	
press	varchar	30	0	☐	
kind	varchar	30	0	☐	
version	varchar	30	0	☐	
qq	varchar	30	0	☐	
phone	varchar	30	0	☐	
address	varchar	30	0	☐	
images	varchar	225	0	☐	

图 14.3　功能图

14.2.3　模块关系

模块关系如图 14.4 所示。

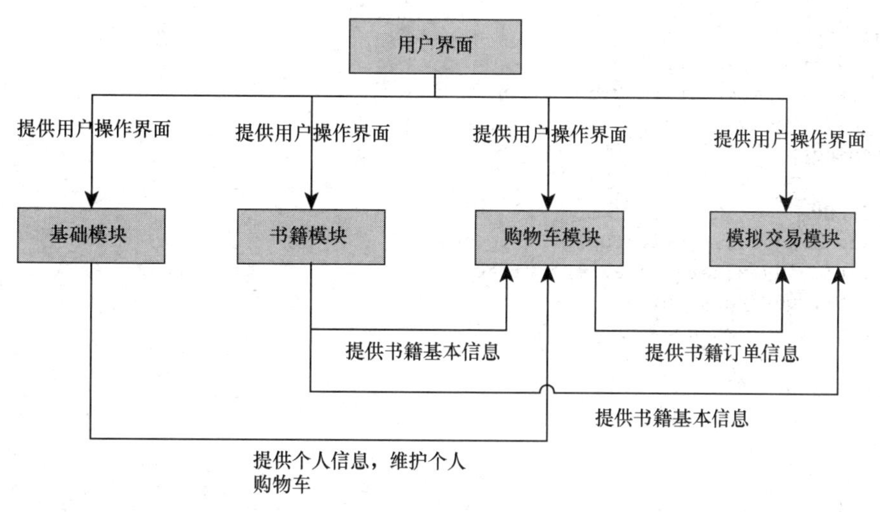

图 14.4　模块关系

14.2.4　主要功能的实现

（1）书籍上架

前台提供了人性化的操作界面，提示用户输入书籍的基本信息，如书名、出版社、作者、出版日期、上传描述图片等，输入完毕后，前台通过 Ajax 提交到后台上架书籍接口，通过解析数据，调用 DAO 的 insertBook 接口，将书籍信息存入数据库 item 表，图片文件只存一个路径到数据库表的字段中，浏览图书信息时通过该字段读取图片路径，紧接着再加载图片资源。

（2）书籍搜索

前台输入一串关键字之后，通过 Ajax 提交到后台 Search 接口。Search 接口是一个模糊搜索接口，支持书名、作者、出版社，通过对三者进行联合查询，最后获得搜索结果。

14.2.5　项目的配置

新建一个 Web 项目，并为它加上 Maven，相关操作第 3 章有详细讲述，这里不再赘述。建好项目后，项目目录如图 14.5 所示。

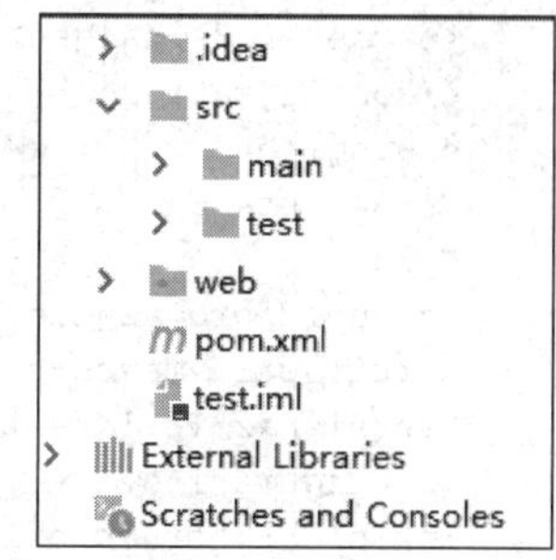

图 14.5　项目目录

打开 pom.xml 文件，加入框架依赖，一个是实现的 Frame，另一个是 MyBatis 框架，代码如下。

```
<?xml version="1.0" encoding="UTF-8"?>
<project xmlns="http://maven.apache.org/POM/4.0.0"
xmlns:xsi="http://www.w3.org/2001/XMLSchema-instance"
xsi:schemaLocation="http://maven.apache.org/POM/4.0.0 http://maven.apache.org/xsd/maven-
4.0.0.xsd">
<modelVersion>4.0.0</modelVersion>

<groupId>com.scau</groupId>
<artifactId>yezl</artifactId>
<version>1.0-SNAPSHOT</version>

<dependencies>
```

```
<dependency>
<groupId>com.desheng</groupId>
<artifactId>frame</artifactId>
<version>1.0.0</version>
</dependency>

<dependency>
<groupId>javax.servlet</groupId>
<artifactId>javax.servlet-api</artifactId>
<version>3.1.0</version>
<scope>provided</scope>
</dependency>
</dependencies>

<build>
<resources>
<resource>
<directory>src/main/java</directory>
<includes>
<include>**/*.xml</include>
</includes>
</resource>
</resources>

<plugins>
<!-- Compile -->
<plugin>
<groupId>org.apache.maven.plugins</groupId>
<artifactId>maven-compiler-plugin</artifactId>
<version>3.3</version>
<configuration>
<source>1.8</source>
<target>1.8</target>
</configuration>
</plugin>
<!-- Test -->
<plugin>
<groupId>org.apache.maven.plugins</groupId>
<artifactId>maven-surefire-plugin</artifactId>
<version>2.18.1</version>
<configuration>
<skipTests>true</skipTests>
</configuration>
</plugin>
</plugins>

</build>
</project>
```

添加包依赖后需要加入项目的配置文件，先修改 web.xml，它在这里的作用是启动项目时，会先查找到 index.html 来作为登录页面。代码如下。

```
<?xml version="1.0" encoding="UTF-8"?>
<web-app xmlns="http://xmlns.jcp.org/xml/ns/javaee"
xmlns:xsi="http://www.w3.org/2001/XMLSchema-instance"
xsi:schemaLocation="http://xmlns.jcp.org/xml/ns/javaee
```

```
http://xmlns.jcp.org/xml/ns/javaee/web-app_4_0.xsd"
version="4.0">
   <welcome-file-list>
   <welcome-file>index.html</welcome-file>
   <welcome-file>index.htm</welcome-file>
   <welcome-file>/WEB-INF/view/index.html</welcome-file>
   <welcome-file>default.html</welcome-file>
   <welcome-file>default.htm</welcome-file>
   <welcome-file>default.jsp</welcome-file>
   </welcome-file-list>
</web-app>
```

然后需要配置数据库以及项目目录。在 resource 里新建一个文件 frame.properties，代码如下。

```
frame.webapp.base_package=com.scau
frame.webapp.jsp_path=/WEB-INF/view/
frame.webapp.driver=com.mysql.jdbc.Driver
frame.webapp.url=jdbc:mysql://127.0.0.1:3306/scauub
frame.webapp.name=root
frame.webapp.password=1234
```

再添加一个配置文件，作为 DAO 层的配置文件，代码如下。

```
<?xml version="1.0" encoding="UTF-8"?>
<!DOCTYPE configuration PUBLIC "-//mybatis.org//DTD Config 3.0//EN"
"http://mybatis.org/dtd/mybatis-3-config.dtd">
<configuration>
   <!-- 引用 frame.properties 配置文件 -->
   <properties resource="frame.properties"/>

   <environments default="development">
      <environment id="development">
         <transactionManager type="JDBC"/>
         <!-- 配置数据库连接信息 -->
         <dataSource type="POOLED">
            <property name="driver" value="$ {frame.webapp.driver} "/>
            <property name="url" value="$ {frame.webapp.url} "/>
            <property name="username" value="$ {frame.webapp.name} "/>
            <property name="password" value="$ {frame.webapp.password} "/>
         </dataSource>
      </environment>
   </environments>
   <!-- 需要使用的 Mapper -->
   <mappers>
      <mapper resource="com/scau/mapper/UserMapper.xml"/>
   </mappers>
</configuration>
```

到这里，整个项目的基本配置就完成了，接下来开始实现商城的主要功能，先要实现登录和注册的功能。

14.3 功能实现

首先要建好目录，以方便后续的程序开发。下面我们在源程序 src 目录下新建几个文件夹。

（1）dao：持久层。

（2）controller：控制层。

（3）mapper：数据库 XML 映射文件。

（4）service：业务处理层。

（5）bean：数据模型层。

（6）model：模板类。

（7）util：工具类。

文件目录如图 14.6 所示。

接下来是前端代码结构，需要在 WEB-INF 中新建一个 view 和 static 目录来存放静态资源和页面，如图 14.7 所示。

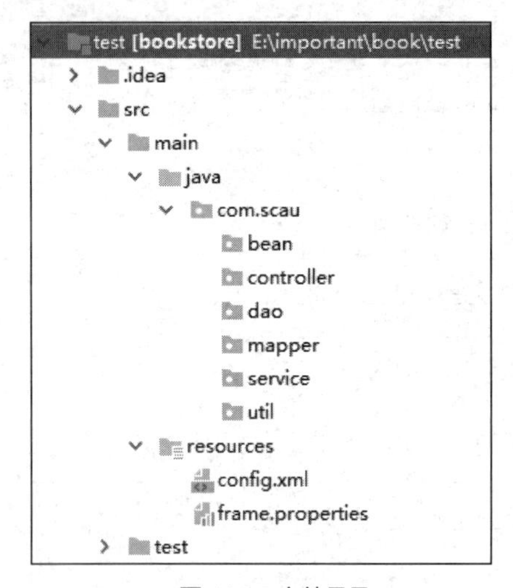

图 14.6　文件目录

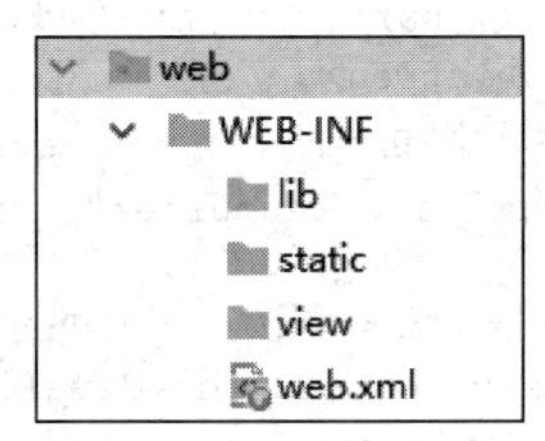

图 14.7　前端代码结构

至此，基本的结构就构建好了。接下来就开始一一实现具体的功能。

14.3.1　登录功能

首先完成第一个功能——商城的登录。登录商城需要输入学号、密码，后台对前端传回来的信息做校验，信息无误后才允许跳转页面，否则提示登录失败。

先编写第一个前端页面，也就是商城登录页面。针对前端知识比较薄弱的读者，这里把代码简单处理一下，先写一个 form 表单，然后把学号和密码写进去，使之能填写并提交，这里 action 是后台的接口。

```
<form method="post" action="DispatcherServlet/test/login" name="loginform" accept-charset=
"utf-8" id="login_form" class="loginForm">
    <div id="userCue1" class="cue"></div>
    <div class="user-name">
        <label><i class="am-icon-user"></i></label>
        <input type="text" name="username" id="username" placeholder="请输入学号">
    </div>
    <div class="user-pass">
        <label><i class="am-icon-lock"></i></label>
        <input type="password" name="password" id="p" placeholder="请输入密码">
    </div>
```

```
    <div class="am-cf">
        <input type="submit" name="submit" value="登 录" class="am-btn am-btn-primary am-btn-sm">
    </div>
</form>
```

前端界面就这样完成，接下来是后台的代码。

既然要登录，首先就要有用户，需要先新建一个实体类 User，这里的属性只有 userid、password 是登录所需要的，其他的暂时可以不用理会。

```
package com.scau.bean;
public class User {
    private Long userid;
    private String username;
    private String password;
    private Integer money;
    private String qq;
    private String phonenumber;
    private String address;
    //……省略其他代码
}
```

接下来需要写一个 controller 类来接收表单，首先在 controller 文件下新建一个 UserController 类，然后把这个类加入 controller 注解，最后需要把返回信息放入 modelview，再返回给前端，以实现跳转。

```
@Controller("user")
public class UserController {
    @Autowired
    UserService userService;

    @RequestMapping("login")
    public ModelAndView login(@RequestParam("userid") Long userid,
    @RequestParam("password") String password) {
        ModelAndView modelAndView = new ModelAndView();
        User user=new User();
        user.setUserid(userid);
        user.setPassword(password);
        User u= userService.login(user);

        if(u!=null) {
            modelAndView.add("result", "学号或密码错误");
            modelAndView.setPath("home.jsp");
        } else {
            modelAndView.add("result", "");
            modelAndView.setPath("index.html");
        }
        return modelAndView;
    }
}
```

通过 controller 接口接收前端传来的数据，此外还需要编写一些代码，来验证登录信息。首先通过 SqlSessionFactory 获取 SqlSession 会话对象，然后通过 UserMapper 接口和 mapper 映射文件获取 UserMapper 持久化数据库操作对象，对数据库进行查询，获得结果。

用于验证登录信息的业务类 TestService：

```
@Service
public class TestService {
```

```
    public User find(Long userId, String password)  {
        //获取 SqlSession
        SqlSession session = MybatisUtil.openSession();
        //获取 UserMapper
        UserMapper userMapper = session.getMapper(UserMapper.class);
        User user= new User();
        user.setUserid(userId);
        user.setPassword(password);
        //执行 Mapper 中的 find 方法
        UserExample ue =new UserExample();
        UserExample.Criteria uec =ue.createCriteria();
        uec.andUseridEqualTo(userId);
        uec.andPasswordEqualTo(password);
        List<User> userList= userMapper.selectByExample(ue);
        if(userList.size() >0)  {
            //关闭 SqlSession
            session.close();
            return userList.get(0);
        }
        return null;
    }
```

DAO 层的 UserMapper 接口：

```
public interface UserMapper {
    List<User> selectByExample(UserExample example);
}
```

对应的 Mapper 映射文件：

```
<?xml version="1.0" encoding="UTF-8" ?>
<!DOCTYPE mapper PUBLIC "-//mybatis.org//DTD Mapper 3.0//EN" "http://mybatis.org/
dtd/mybatis-3-mapper.dtd" >
<mapper namespace="com.desheng.dao.UserMapper" >
  <resultMap id="BaseResultMap" type="com.desheng.bean.User" >
    <id column="userid" property="userid" jdbcType="BIGINT" />
    <result column="username" property="username" jdbcType="VARCHAR" />
    <result column="password" property="password" jdbcType="VARCHAR" />
    <result column="money" property="money" jdbcType="INTEGER" />
    <result column="qq" property="qq" jdbcType="VARCHAR" />
    <result column="phonenumber" property="phonenumber" jdbcType="VARCHAR" />
    <result column="address" property="address" jdbcType="VARCHAR" />
  </resultMap>

<select id="selectByExample" resultMap="BaseResultMap" parameterType="com.desheng.bean.
UserExample" >
    select
    <if test="distinct" >
      distinct
    </if>
    'true' as QUERYID,
    <include refid="Base_Column_List" />
    from user
    <if test="_parameter!= null" >
      <include refid="Example_Where_Clause" />
    </if>
```

```
        <if test="orderByClause!= null" >
          order by $ {orderByClause}
        </if>
    </select>
</mapper>
```

到这里就可以启动项目了，运行项目如图 14.8 所示，输入学号和密码，单击“登录”按钮，就可以进行成功跳转了。

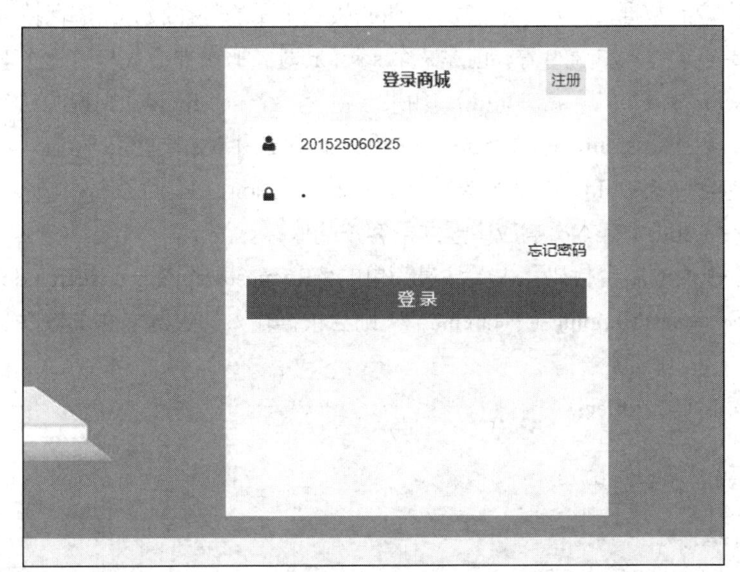

图 14.8　登录界面

14.3.2　搜索功能

登录功能做完了，注册也是一些类似的代码，这里不再赘述。接下来，开始实现商城的搜索页面，这里主要列出搜索框代码和后台返回的用户信息。

```
<!--用户基本信息-->
<a href="../view/information" target="_top" class="h"
style="color:#000000">欢迎你， {sessionScope.user.getUsername()  } , </a>
<a href="index" target="_top" class="h" style="color:#0033ff" text-decoration=
"underline">退出登录</a>

<!--搜索框-->

<form action="../book/search.do">
<input value="$ {keyword} " id="searchInput" name="keyword" type="text" placeholder="
书名/出版社"
autocomplete="on">
<input type="hidden" name="sort" value="1"/>
<input type="hidden" name="start" value="1"/>
<input type="hidden" name="limit" value="8"/>
<input id="ai-topsearch" class="submit am-btn" value="搜索" index="1" type="submit">
</form>

……省略其他的 HTML 代码
```

sessionScope.user.getUsername( )可以把登录时设置的会话httpSession.setAttribute的user值显示出来。下面介绍httpsession。httpsession其实就是服务器内存中保存的HTTP会话。

在Web开发中，服务器可以为每个用户浏览器创建一个会话对象（session对象）。注意，一个浏览器独占一个session对象（默认情况下）。因此，在需要保存数据时，服务器程序可以把用户数据写到用户浏览器独占的session中，当用户使用浏览器访问其他程序时，其他程序可以从用户的session中取出该用户的数据，为用户服务。session机制采用的是在服务器端保持HTTP状态信息的方案，当程序需要为某个客户端的请求创建一个session时，服务器会先检查这个客户端的请求里是否包含了一个session标识（即sessionId），如果已包含一个sessionId，则说明以前为此客户创建过session，服务器就按照sessionId把这个session检索出来使用（如果检索不到，可能会新建一个）。如果客户请求不包含sessionId，则为此客户创建一个session，并生成一个与此session相关联的sessionId，这个sessionId将在本次响应中返回给客户端保存。

接着来写搜索模块的后台代码，先关注最简单的@RequestMapping（"search.do"）接口，这里列出所有的书籍，@RequestMapping（"search.do"）则会根据输入的关键字和页数以及排序方式来返回结果。

处理书籍搜索的Controller：

```
@Controller("book")
public class BookController {

    @Autowired
    BookService bookService;
    @RequestMapping("search.do")
    public ModelAndView search(@RequestParam("keyword") String keyword,
    @RequestParam("sort") Integer sort,
    @RequestParam("start") Integer start,
    @RequestParam("limit") Integer limit,
    HttpServletRequest request)  {
        HttpSession httpSession =request.getSession();
        int nextsort =1;
        System.out.println("sort"+sort);
        System.out.println("start"+start);
        System.out.println("limit"+limit);
        String sortStr = "itemid desc";
        if(sort!=null)   {
           if(sort == 1)   {          //价格从低到高
              sortStr = "price asc";
           } else if(sort == -1)   {  //价格从高到低
              sortStr = "price desc";
           }
           nextsort = -sort;
        }

        if(start==null)  {
           start=1;
        }

        if(limit==null)  {
```

```
            limit=8;
        }
        if(start<=0) {
            start=1;
        }

        int starts=limit*(start-1);

        User user =(User) httpSession.getAttribute("user");
        ModelAndView modelAndView =new ModelAndView();
        List<Item> book_list = new ArrayList<Item>();
        if(keyword.equals("全部旧书") )
        book_list = bookService.getallBook(user.getUserid() , starts, limit, sortStr);
        else
        book_list = bookService.searchBook(keyword, user.getUserid() , starts, limit,
    sortStr);
        modelAndView.add("booklist", book_list);
        modelAndView.getModel() .put("keyword", keyword);
        modelAndView.getModel() .put("nextsort", nextsort);
        modelAndView.getModel() .put("sort", sort);
        modelAndView.getModel() .put("start", start);
        modelAndView.setPath("search.jsp");
        return modelAndView;
    }
}
```

搜索的业务逻辑代码如下，简单把每个关键词分割成一个个字，再根据每个字去数据库中查找包含的记录。如果对搜索进行优化，可以使用 Solr 之类的框架。

```
@Service
public class BookService {

    public List<Item> searchBook(String keywords, long userid, int start, int num, String
orderStr) {
        System.out.println("你搜索的是"+keywords);

        SqlSession session = MybatisUtil.openSession();
        ItemMapper itemMapper = session.getMapper(ItemMapper.class);

        String[] keyword= keywords.split("");
        HashMap<Integer, Item> searchlist =new HashMap<Integer, Item>();
        for(int i=0; i<keyword.length; i++) {
            keyword[i] ="%"+keyword[i] +"%";
            System.out.println(keyword[i] );
        }
        ItemExample ie =new ItemExample();
        ie.setOrderByClause(orderStr);
        ie.setStart(start);
        ie.setLimit(num);

        for(String kw:keyword) {
            ItemExample.Criteria iec = ie.or() .andAuthorLike(kw) .andStatusEqualTo(0).
        andSelleridNotEqualTo(userid);
            ItemExample.Criteria iec1 = ie.or() .andBooknameLike(kw) .andStatusEqualTo(0).
        andSelleridNotEqualTo(userid);
            ItemExample.Criteria iec2 = ie.or() .andPressLike(kw) .andStatusEqualTo(0).
```

```
            andSelleridNotEqualTo(userid);
                ItemExample.Criteria iec3 = ie.or() .andKindLike(kw) .andStatusEqualTo(0).
            andSelleridNotEqualTo(userid);
                ie.or(iec);
                ie.or(iec1);
                ie.or(iec2);
                ie.or(iec3);
            }
            session.commit();
            List<Item> itemlist = itemMapper.selectByExample(ie);
            session.close();
            return itemlist;
        }

        public List<Item> getallBook(long userid, int start, int num, String orderstr)  {
            SqlSession session = MybatisUtil.openSession();
            ItemMapper itemMapper = session.getMapper(ItemMapper.class);
            ItemExample ie =new ItemExample();
            ItemExample.Criteria iec = ie.createCriteria();
            iec.andStatusEqualTo(0) .andSelleridNotEqualTo(userid);
            ie.setOrderByClause(orderstr);
            ie.setStart(start);
            ie.setLimit(num);
            List<Item> itemlist = itemMapper.selectByExample(ie);
            //session.commit();
            session.close();
            return itemlist;
        }
}
```

DAO 层的 ItemMapper 接口：

```
public interface ItemMapper {
      List<Item> selectByExample(UserExample example);
}
```

对应的 Mapper 映射文件：

```
<?xml version="1.0" encoding="UTF-8" ?>
<!DOCTYPE mapper PUBLIC "-//mybatis.org//DTD Mapper 3.0//EN"
"http://mybatis.org/ dtd/mybatis-3-mapper.dtd" >
<mapper namespace="com.desheng.dao.ItemMapper" >
    <resultMap id="BaseResultMap" type="com.desheng.bean.Item" >
       <id column="itemid" property="itemid" jdbcType="INTEGER" />
       <result column="buyerid" property="buyerid" jdbcType="BIGINT" />
       <result column="sellerid" property="sellerid" jdbcType="BIGINT" />
       <result column="status" property="status" jdbcType="INTEGER" />
       <result column="bookname" property="bookname" jdbcType="VARCHAR" />
       <result column="price" property="price" jdbcType="INTEGER" />
       <result column="author" property="author" jdbcType="VARCHAR" />
       <result column="press" property="press" jdbcType="VARCHAR" />
       <result column="kind" property="kind" jdbcType="VARCHAR" />
       <result column="version" property="version" jdbcType="VARCHAR" />
       <result column="images" property="images" jdbcType="VARCHAR" />
       <result column="other" property="other" jdbcType="VARCHAR" />
    </resultMap>

<select id="selectByExample" resultMap="BaseResultMap" parameterType="com.desheng.bean.
ItemExample" >
```

```
        select
        <if test="distinct" >
          distinct
        </if>
        'true' as QUERYID,
        <include refid="Base_Column_List" />
        from item
        <if test="_parameter!= null" >
          <include refid="Example_Where_Clause" />
        </if>
        <if test="orderByClause!= null" >
          order by $ {orderByClause}
        </if>
        <if test="start!=0 or limit!=0">
          limit $ {start} , $ {limit}
        </if>
    </select>
</mapper>
```

程序运行结果如图 14.9 所示。

单击“搜索”按钮，将会跳转到搜索结果列表，如图 14.10 所示。

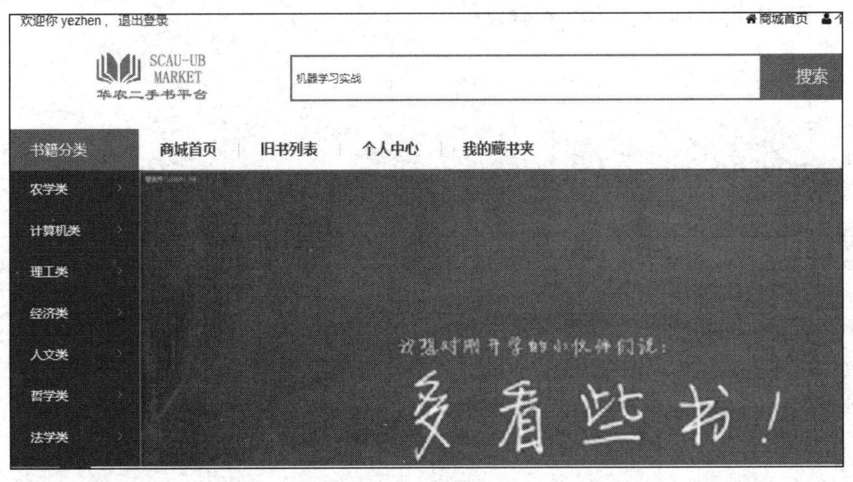

图 14.9　搜索界面

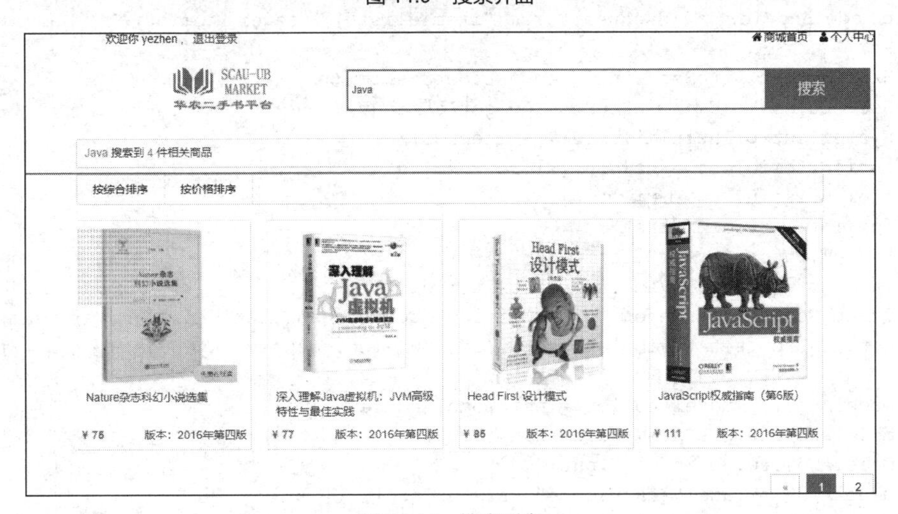

图 14.10　搜索列表

搜索模块介绍到这里基本结束了，所使用的框架并没有针对这个搜索进行优化，但是基本功能还是实现了。

14.3.3 付款功能

商城的付款下单功能要实现的功能：买家下单付款，卖家的商品状态变为已卖出，买家的金额减去了书籍的价钱，卖家的金额加上了书籍的价钱。当然现实中的交易不会这么简单，这里只做简单的模拟。下面用一个表单将商品的信息和买家的信息提交到后台接口，进行交易。

```
<form action="../order/preparePay.do" id="submitpayiteid" method="get">
<div class="attr-list-hd tm-clear">
<h4>书籍信息：</h4></div>
<div class="clear"></div>
<ul id="J_AttrUL">
<li title="">作者/主编:  $ {book.getAuthor()  }
</li>
<li title="">出版社:  $ {book.getPress()  }
</li>
<li title="">版本:  $ {book.getVersion()  }
</li>
<li title="">专业:  $ {book.getKind()  }
</li>
</ul>
<input id="itemid" name="itemid" value="$ {book.getItemid()} " >
<li>
<div class="clearfix tb-btn tb-btn-buy theme-login">
<a type="submit" id="LikBuy" title="点此按钮到下一步确认购买信息" href="#">立即购买</a>
</div>
</form>
```

后台得到商品的 ID 和买家的 ID，先判断买家的金额是否大于商品的价钱，如果大于则继续下一步操作，将商品的状态设为已卖出的状态，扣去买家的金额，增加卖家的金额。否则会出现返回交易失败的提示。

```
@RequestMapping("pay.do")
public ModelAndView pay(@RequestParam("itemidlist") Integer itemids, HttpServletRequest
request){
     HttpSession httpSession = request.getSession();
     User buyer = (User) httpSession.getAttribute("user");
     System.out.println("itemid:" + itemids);
     int[] itemidlist = new int[1] ;
     itemidlist[0]  = itemids;
     for(int i : itemidlist)
     System.out.println("itemidlist" + i);
     int sum = orderService.sumPrice(itemidlist);
     StatusCode statusCode = orderService.accountcash(itemidlist, buyer, sum);
     httpSession.setAttribute("user", userService.getUser(buyer.getUserid()));

     ModelAndView modelAndView = new ModelAndView();
     modelAndView.setPath("successPay.jsp");
     modelAndView.getModel().put("sum", sum);
     modelAndView.add("statusCode", statusCode);
     modelAndView.add("buyer", buyer);
```

```
        return modelAndView;
}
```

业务处理的代码：

```
public int sumPrice(int[] itemidlist) {
        SqlSession session = MybatisUtil.openSession();
        ItemMapper itemMapper= session.getMapper(ItemMapper.class);
        int sum=0;
        for(int itemid:itemidlist)  {
                Item item = itemMapper.selectByPrimaryKey(itemid);
                sum += item.getPrice();
        }
        //session.commit();
        session.close();
        return  sum;
}

public StatusCode accountcash(int[] itemidlist, User user, int sum)  {
        SqlSession session = MybatisUtil.openSession();
        UserMapper userMapper = session.getMapper(UserMapper.class);
        ItemMapper itemMapper= session.getMapper(ItemMapper.class);
        SellMapper sellMapper = session.getMapper(SellMapper.class);

        User theuser =userMapper.selectByPrimaryKey(user.getUserid() );
        if(theuser.getMoney() <sum)
        return StatusCode.MONEY_NOT_ENOUGH;

        for(int itemid:itemidlist)  {
                Item item=itemMapper.selectByPrimaryKey(itemid);
                if(item.getStatus() !=0)
                return StatusCode.HAS_BUY;
                if(item.getSellerid() .equals(user.getUserid() ) )
                return StatusCode.BUY_SEIFITEM;
                item.setStatus(1);
                item.setBuyerid(user.getUserid() );
                itemMapper.updateByPrimaryKey(item);

                Sell sell =new Sell();
                sell.setItemid(itemid);
                sell.setUserid(user.getUserid() );
                sell.setIssellok(1);
                sellMapper.insert(sell);

                User seller=userMapper.selectByPrimaryKey(item.getSellerid() );
                seller.setMoney(seller.getMoney() +item.getPrice() );
                userMapper.updateByPrimaryKey(seller);
        }

        theuser.setMoney(user.getMoney() -sum);
        userMapper.updateByPrimaryKey(theuser);
        session.commit();
        session.close();
        return StatusCode.PASS;
}
```

DAO 层的 UserMapper 接口：

```
public interface UserMapper {
     User selectByPrimaryKey(Long userid);
     int updateByPrimaryKey(User record);
}
```

对应的 Mapper 映射文件 UserMapper.xml：

```
<?xml version="1.0" encoding="UTF-8" ?>
<!DOCTYPE mapper PUBLIC "-//mybatis.org//DTD Mapper 3.0//EN" "http://mybatis.org/
dtd/mybatis-3-mapper.dtd" >
<mapper namespace="com.desheng.dao.UserMapper" >
    <resultMap id="BaseResultMap" type="com.desheng.bean.User" >
      <id column="userid" property="userid" jdbcType="BIGINT" />
      <result column="username" property="username" jdbcType="VARCHAR" />
      <result column="password" property="password" jdbcType="VARCHAR" />
      <result column="money" property="money" jdbcType="INTEGER" />
      <result column="qq" property="qq" jdbcType="VARCHAR" />
      <result column="phonenumber" property="phonenumber" jdbcType="VARCHAR" />
      <result column="address" property="address" jdbcType="VARCHAR" />
    </resultMap>

<select id="selectByPrimaryKey" resultMap="BaseResultMap" parameterType="java.lang.Long" >
    select
     <include refid="Base_Column_List" />
     from user
     where userid = # {userid, jdbcType=BIGINT}
  </select>

<update id="updateByPrimaryKey" parameterType="com.desheng.bean.User" >
     update user
     set username = # {username, jdbcType=VARCHAR} ,
       password = # {password, jdbcType=VARCHAR} ,
       money = # {money, jdbcType=INTEGER} ,
       qq = # {qq, jdbcType=VARCHAR} ,
       phonenumber = # {phonenumber, jdbcType=VARCHAR} ,
       address = # {address, jdbcType=VARCHAR}
     where userid = # {userid, jdbcType=BIGINT}
  </update>
</mapper>
```

DAO 层的 ItemMapper 接口：

```
public interface ItemMapper {
     Item selectByPrimaryKey(Integer itemid);
     int updateByPrimaryKey(Item record);
}
```

对应的 Mapper 映射文件 ItemMapper.xml：

```
<?xml version="1.0" encoding="UTF-8" ?>
<!DOCTYPE mapper PUBLIC "-//mybatis.org//DTD Mapper 3.0//EN" "http://mybatis.org/
dtd/mybatis-3-mapper.dtd" >
<mapper namespace="com.desheng.dao.ItemMapper" >
  <resultMap id="BaseResultMap" type="com.desheng.bean.Item" >
     <id column="itemid" property="itemid" jdbcType="INTEGER" />
     <result column="buyerid" property="buyerid" jdbcType="BIGINT" />
     <result column="sellerid" property="sellerid" jdbcType="BIGINT" />
     <result column="status" property="status" jdbcType="INTEGER" />
     <result column="bookname" property="bookname" jdbcType="VARCHAR" />
     <result column="price" property="price" jdbcType="INTEGER" />
```

```
    <result column="author" property="author" jdbcType="VARCHAR" />
    <result column="press" property="press" jdbcType="VARCHAR" />
    <result column="kind" property="kind" jdbcType="VARCHAR" />
    <result column="version" property="version" jdbcType="VARCHAR" />
    <result column="images" property="images" jdbcType="VARCHAR" />
    <result column="other" property="other" jdbcType="VARCHAR" />
  </resultMap>
<select id="selectByPrimaryKey" resultMap="BaseResultMap" parameterType="java.lang.
Integer" >
    select
    <include refid="Base_Column_List" />
    from item
    where itemid = # {itemid, jdbcType=INTEGER}
</select>
<update id="updateByPrimaryKey" parameterType="com.desheng.bean.Item" >
    update item
    set buyerid = # {buyerid, jdbcType=BIGINT} ,
      sellerid = # {sellerid, jdbcType=BIGINT} ,
      status = # {status, jdbcType=INTEGER} ,
      bookname = # {bookname, jdbcType=VARCHAR} ,
      price = # {price, jdbcType=INTEGER} ,
      author = # {author, jdbcType=VARCHAR} ,
      press = # {press, jdbcType=VARCHAR} ,
      kind = # {kind, jdbcType=VARCHAR} ,
      version = # {version, jdbcType=VARCHAR} ,
      images = # {images, jdbcType=VARCHAR} ,
      other = # {other, jdbcType=VARCHAR}
    where itemid = # {itemid, jdbcType=INTEGER}
  </update>
</mapper>
```

DAO 层的 SellMapper 接口：

```
public interface SellMapper {
    int insert(Sell record);
}
```

对应的 Mapper 映射文件 SellMapper.xml：

```
<?xml version="1.0" encoding="UTF-8" ?>
<!DOCTYPE mapper PUBLIC "-//mybatis.org//DTD Mapper 3.0//EN" "http://mybatis.org/dtd/
mybatis-3-mapper.dtd" >
<mapper namespace="com.desheng.dao.SellMapper" >
  <resultMap id="BaseResultMap" type="com.desheng.bean.Sell" >
    <id column="id" property="id" jdbcType="INTEGER" />
    <result column="userid" property="userid" jdbcType="BIGINT" />
    <result column="issellok" property="issellok" jdbcType="INTEGER" />
    <result column="itemid" property="itemid" jdbcType="INTEGER" />
  </resultMap>
<insert id="insert" parameterType="com.desheng.bean.Sell" >
    insert into sell(id, userid, issellok,
      itemid)
    values(#{id, jdbcType=INTEGER}, #{userid, jdbcType=BIGINT}, #{issellok, jdbcType=
INTEGER} ,
      # {itemid, jdbcType=INTEGER} )
  </insert>
</mapper>
```

商品购买界面如图 14.11 所示。

单击“立即购买”按钮，将跳转到购买成功界面，如图 14.12 所示。

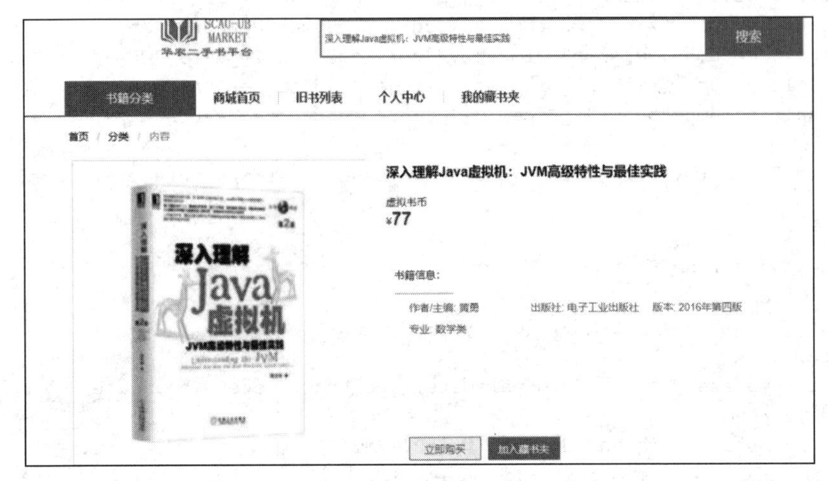

图 14.11　商品购买界面

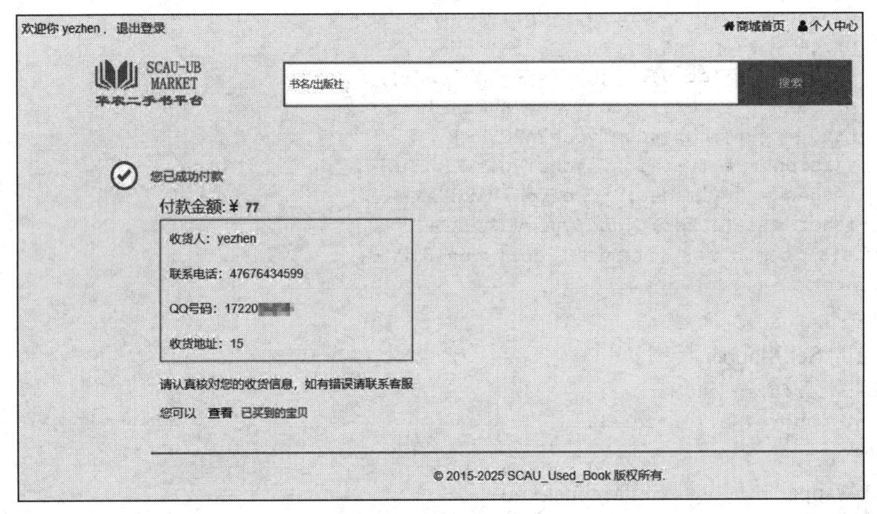

图 14.12　购买成功界面

至此，我们基本了解了一个在线商城是如何搭建的。相信用过 SSM 的读者会发现该框架虽然功能简单，但对于一般的项目来说已是足够的，不需要太多复杂的配置，也不需要繁杂的框架支持。总体来说所使用的框架完成了目标。

14.4　本章小结

本章使用框架开发在线商城，读者要学会：

- 在本地安装 Maven 项目；
- 利用框架搭建 Web 应用；
- 实现在线商城的简单功能。

第 15 章　个人云文件系统

本章学习目标：

- ✧ 掌握实现文件上传和下载的方法
- ✧ 学会制作一个简单的个人文件管理系统

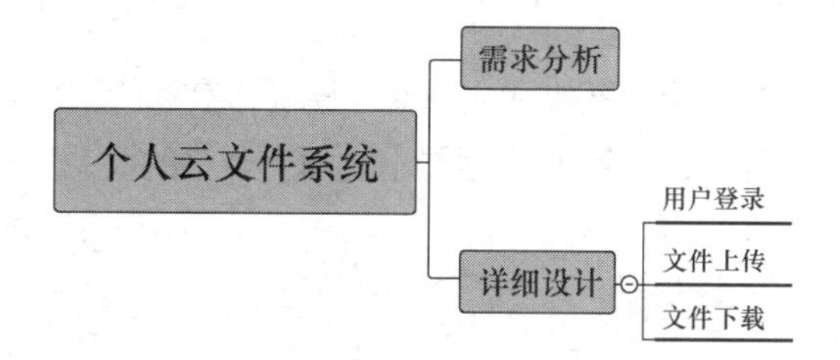

15.1 需求分析

现在很多网站都提供了图片上传、文件上传和下载的功能。其实图片也是文件的一种，为了实现文件的上传和下载，可以做一个简单的个人云文件上传和下载的功能模块。个人云文件系统有以下需求。

（1）用户的注册、登录验证。

（2）对不同用户上传的文件进行分开管理。

（3）在服务器上保存用户上传的文件。

（4）用户能够对上传的文件进行删除和下载。

（5）用户能够根据文件名对文件进行模糊查询。

15.2 详细设计

文件系统主要有用户信息管理模块和文件管理模块，具体的架构如图 15.1 所示。

将数据库的表设计为两个，并用 E-R 图展示这两个表格的关系，如图 15.2 所示。

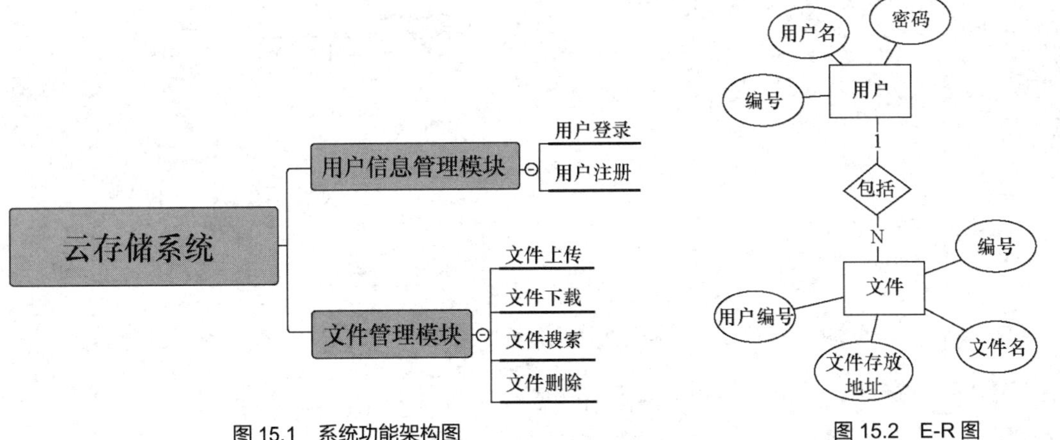

图 15.1 系统功能架构图

图 15.2 E-R 图

两个数据库表的具体展示为 user 表和 img 表，如表 15.1 和表 15.2 所示。

表 15.1 user 表

列名	数据类型	长度	备注
id	int	11	用户编号
username	varchar	20	用户名
password	varchar	20	用户密码

表 15.2 img 表

列名	数据类型	长度	备注
id	int	11	文件编号
user_id	int	11	用户编号
filepath	varchar	256	文件保存地址
filename	varchar	25	文件名

15.3 功能实现

因为在架构中并没有加入文件上传和下载的功能，所以要使用 commons-fileupload.jar 实现上传文件的接收和返回下载的文件。首先在 pom.xml 文件里面加上以下这段代码，添加一个 Maven 依赖。

```
<dependency>
    <groupId>commons-fileupload</groupId>
    <artifactId>commons-fileupload</artifactId>
    <version>1.3.1</version>
</dependency>
```

再把事先准备好的 HTML 和 JSP 放在/webapp/WEB-INF/view 目录下，然后开始编写后端代码，数据库 DAO 层的操作可使用 mybatis-generator 插件生成。

15.3.1 Util 类

Util 类主要有 FileUtil 和 MyBatisUtil 这两个工具类：FileUtil 主要是为了负责保存从浏览器接收的文件，并且保存在服务器本地；MyBatisUtil 则是用来获得 MyBatis 操作所需的 SqlSession 实例（源码请见随书资源第 15 章）。

15.3.2 DAO 层

DAO 层负责业务层与数据库的数据交互，这里只有一个 ImgMapper 映射的类。ImgMapper.java 写一些操作接口，ImgMapper.xml 是对应接口的具体增删改查的 SQL 语句。ImgMapper.java 具体代码如下。

```
public interface ImgMapper {
    int deleteByPrimaryKey(Integer id);
    int insert(Img record);
    int insertSelective(Img record);
    List<Img> selectByExample(ImgExample example);
    Img selectByPrimaryKey(Integer id);
    int updateByPrimaryKeySelective(Img record);
    int updateByPrimaryKey(Img record);
}
```

ImageMapper.xml 映射文件的具体代码参见随书资源第 15 章。

15.3.3 Service 层

Service 层有一个 ImgService 类负责文件信息的上传、保存、查找。具体代码如下。

```
public class ImgService {

    public void upload(Img img)  {
        SqlSession sqlSession = MyBatisUtil.openSqlSession();
        ImgMapper imgMapper = sqlSession.getMapper(ImgMapper.class);
        imgMapper.insert(img);
        sqlSession.commit();
        if(sqlSession!=null)
            sqlSession.close();
```

```
        }

        public Img findImgById(Integer id)  {
            SqlSession sqlSession = MyBatisUtil.openSqlSession();
            ImgMapper imgMapper = sqlSession.getMapper(ImgMapper.class);
            Img img = imgMapper.selectByPrimaryKey(id);
            if(sqlSession!=null)
               sqlSession.close();
            return img;
        }

        public List<Img> findAllImg()  {
            SqlSession sqlSession = MyBatisUtil.openSqlSession();
            ImgMapper imgMapper = sqlSession.getMapper(ImgMapper.class);
            ImgExample imgExample = new ImgExample();
            List<Img> imgList = imgMapper.selectByExample(imgExample);
            if(sqlSession!=null)
               sqlSession.close();
            return imgList;
        }
    }
```

15.3.4 Controller 层

这个简单的云文件存储系统主要是为了展示在 Web 下的文件上传与文件下载，所以这里只列出了 upload 和 download 的代码，其他的登录代码和HTML 代码可以到 GitHub 下载。

```
    @RequestMapping("upload")
    public ModelAndView upload(HttpServletRequest request)   {
        //获取用户编号
        Integer userId = (Integer) request.getSession() .getAttribute("userId");
        System.out.println(userId);
        //取得文件上传的临时目录
        String tempPath = request.getServletContext() .getRealPath("/WEB-INF/temp");
        //取得文件上传的保存目录
        String savePath = request.getServletContext() .getRealPath("/WEB-INF/real");
        //获取当天日期
        Date date = new Date();
        SimpleDateFormat format = new SimpleDateFormat("yyyy-MM-dd");
        String formatDate = format.format(date);
        try {
            File tmpFile = new File(tempPath);
            //如果临时文件不存在，就创建临时目录
            if(!tmpFile.exists() )   {
               tmpFile.mkdir();
            }
            //创建一个 DiskFileItemFactory 工厂
            DiskFileItemFactory factory = new DiskFileItemFactory();
            //设置缓冲区大小为 100KB，如果不设置默认为 10KB
            factory.setSizeThreshold(1024 * 100);
            //设置上传时临时文件的保存目录
            factory.setRepository(tmpFile);
            //创建一个文件上传解析器
```

```
ServletFileUpload upload = new ServletFileUpload(factory);
//设置上传单个文件大小的最大值，目前设置为 10MB
upload.setFileSizeMax(1024 * 1024 * 10);
//设置上传文件总量的最大值，目前设置为 10MB
upload.setSizeMax(1024 * 1024 * 10);
//使用 ServletFileUpload 解析器上传数据，解析结果返回的是一个 List<FileItem>集合
List<FileItem> list = upload.parseRequest(request);
for(FileItem item : list)   {
    //判断 fileitem 中封装的是普通输入项的数据
    if(!item.isFormField() )   {
        //获取上传的文件名称
        String filename = item.getName();
        //解决乱码问题
        filename = new String(filename.getBytes("ISO-8859-1") , "UTF-8");
        System.out.println(filename);
        if(filename == null || filename.trim() .equals("") )
        continue;
        //只保留文件名部分
        filename = filename.substring(filename.lastIndexOf("\\")  + 1);
        //获取 item 中上传文件的输入流
        InputStream in = item.getInputStream();
        //得到文件保存的名称
        //为防止文件覆盖的现象发生，要为上传文件生成唯一的文件名
        String saveFilename = UUID.randomUUID() .toString();
        //得到文件的保存目录
        String realSavePath = savePath + "\\" + formatDate+ "_" + userId;
        File file = new File(realSavePath);
        //如果目录不存在，就创建目录
        if(!file.exists() ) file.mkdirs();
        //真正保存的绝对路径
        String path = realSavePath + "\\" + saveFilename;
        //创建一个文件输出流
        FileOutputStream out = new FileOutputStream(path);
        //创建一个缓冲区
        byte buffer[]  = new byte[1024] ;
        //判断输入流中的数据是否已经读完的标识
        int len = 0;
        //循环将输入流读入缓冲区中，(len=in.read(buffer))>0 表示 in 里面还有数据
        while((len = in.read(buffer) )  > 0)   {
            //使用 FileOutputStream 输出流将缓冲区的数据写入指定的目录(savePath +
        "\\" + filename) 中
            out.write(buffer, 0, len);
        }
        //关闭输入流
        in.close();
        //关闭输出流
        out.close();
        //删除处理文件上传时生成的临时文件
        item.delete();
        //创建 img 对象，并赋值
        Img img = new Img();
        img.setUserId(userId);
```

```
                img.setFilename(filename);
                img.setFilepath(path);
                img.setDate(date);
                //存进数据库
                imgService.saveImg(img);
            }
        }
    } catch(Exception e)  {
        e.printStackTrace();
    }
    ModelAndView modelAndView = new ModelAndView();
    modelAndView.add("imgList", imgService.findAllImgByUserId(userId) );
    modelAndView.setPath("ImgList.jsp");
    return modelAndView;
}
```

文件下载的方法：

```
@RequestMapping("download")
public void download(
@RequestParam("imgId") Integer imgId,
HttpServletRequest request, HttpServletResponse response
) throws IOException {
    //获取用户编号
    Integer userId = (Integer) request.getSession() .getAttribute("userId");
    //获取文件信息
    Img img = imgService.getImgByImgId(imgId);
    //此文件属于此用户则开始下载
    if(img.getUserId() ==userId)  {
        //设置响应头，控制浏览器下载该文件
        response.setHeader("content-disposition", "attachment; filename=" + URLEncoder.
    encode(img.getFilename() , "UTF-8") );
        //读取要下载的文件，保存到文件输入流
        FileInputStream in = new FileInputStream(img.getFilepath() );
        //创建输出流
        OutputStream out = response.getOutputStream();
        //创建缓冲区
        byte buffer[]  = new byte[1024] ;
        int len = 0;
        //循环将输入流中的内容读取到缓冲区中
        while((len=in.read(buffer) ) >0)  {
            //输出缓冲区的内容到浏览器，实现文件下载
            out.write(buffer, 0, len);
        }
        //关闭文件输入流
        in.close();
        //关闭文件输出流
        out.close();
    }
}
```

15.4 测试图片

用户登录界面如图 15.3 所示。

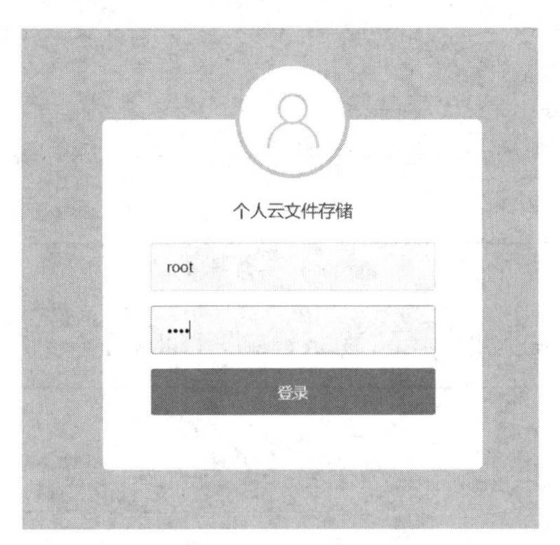

图 15.3　用户登录界面

显示文件列表如图 15.4 所示。

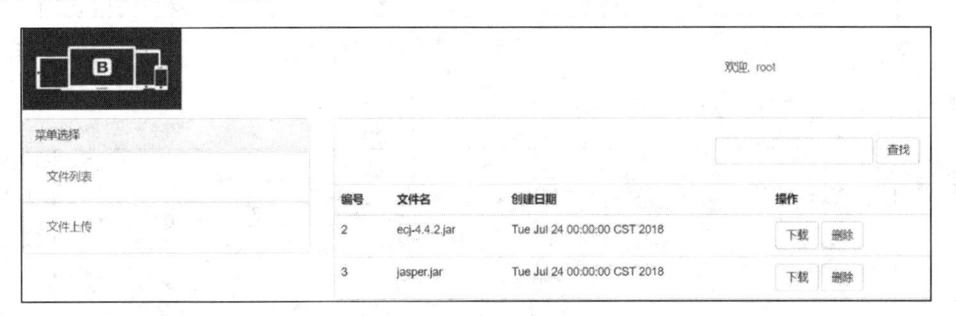

图 15.4　文件列表

准备上传 tomcat-util.jar 文件，如图 15.5 所示。

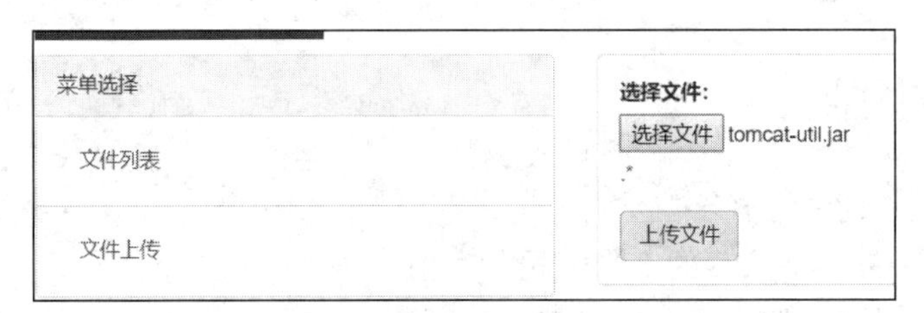

图 15.5　文件上传界面

上传成功则可在文件列表中显示出 tomcat-util.jar 文件，如图 15.6 所示。

编号	文件名	创建日期	操作
2	ecj-4.4.2.jar	Tue Jul 24 00:00:00 CST 2018	下载 删除
3	jasper.jar	Tue Jul 24 00:00:00 CST 2018	下载 删除
4	tomcat-util.jar	Fri Jul 27 00:00:00 CST 2018	下载 删除

图 15.6　上传成功后的文件列表

在搜索框输入 c 作为关键字，显示出两条信息，如图 15.7 所示。

图 15.7　文件搜索

单击下载第一个文件，左下角显示下载完成，如图 15.8 所示。

图 15.8　文件下载

删除编号为 2 的文件，如图 15.9 所示。

图 15.9　文件删除

15.5　本章小结

通过本章的学习，读者要学会：

- 使用 Servlet+JSP 实现文件的上传和下载功能；
- 实现系统上文件的删除和查找功能。

16 第 16 章　论坛

本章学习目标：

- ✧ 学会制作一个简单的论坛
- ✧ 熟悉用户信息管理模块和版块管理模块

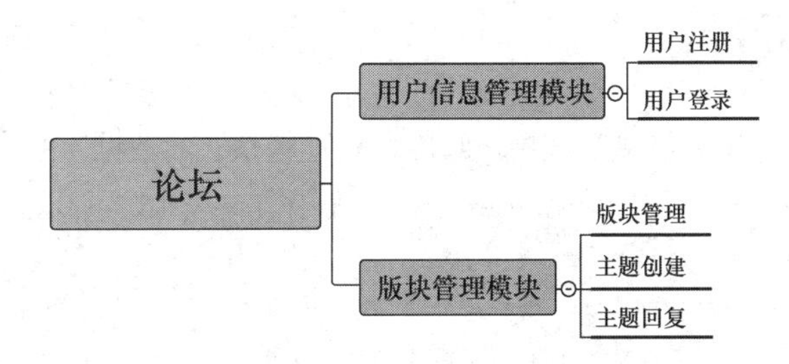

16.1 需求分析

大家都接触过论坛，在论坛上可以浏览资料，可以发表主题，也可以回复他人的帖子。因此，本论坛系统有以下的需求。

（1）用户的注册、登录验证。

（2）用户管理。

（3）版块管理。

（4）版块浏览。

（5）发表新主题。

（6）回复已有主题。

16.2 详细设计

本论坛系统主要有用户信息管理模块和版块管理模块，而数据库的表设计为 5 个，具体为 board 表、login_log 表、post 表、reply 表和 user 表，如表 16.1～表 16.5 所示。E-R 图展示了这 5 个表的关系，如图 16.1 所示。

表 16.1　board 表

列名	数据类型	长度	备注
board_id	int	10	论坛版块 ID
board_name	varchar	150	论坛版块名称
board_desc	varchar	300	论坛版块描述
board_post_num	int	10	帖子数目

表 16.2　login_log 表

列名	数据类型	长度	备注
login_log_id	int	10	日志 ID
user_name	varchar	30	用户名
login_ip	varchar	30	登录 IP
login_datetime	datetime	0	登录时间

表 16.3　post 表

列名	数据类型	长度	备注
post_id	int	10	帖子 ID
post_board_id	int	10	论坛版块 ID
post_user_name	varchar	30	发表者名称
post_title	varchar	50	帖子名称

续表

列名	数据类型	长度	备注
post_content	text	0	帖子内容
post_good_count	int	10	赞数
post_bad_count	int	10	踩数
post_view_count	int	10	浏览次数
post_reply_count	int	10	回帖数目
post_status	int	2	帖子状态：0是正常，1是锁定
post_create_time	datetime	0	创建时间
post_update_time	datetime	0	更新时间

表16.4　reply表

列名	数据类型	长度	备注
reply_id	int	10	回复ID
reply_post_id	int	10	所回复帖子的ID
reply_user_name	varchar	30	回帖者姓名
reply_content	test	0	回复内容
reply_good_count	int	10	赞数
reply_bad_count	int	10	踩数
reply_create_time	datetime	0	回复时间

表16.5　user表

列名	数据类型	长度	备注
user_id	int	10	用户ID
user_name	varchar	30	用户名
password	varchar	30	用户密码
user_email	varchar	30	用户电子邮件
user_sex	varchar	30	用户性别
user_phone	int	11	电话号码
create_time	datetime	0	用户创建时间
user_type	int	2	用户类型：0是管理员，1是普通用户
user_state	int	2	用户状态：0是正常，1是冻结
credit	int	10	用户积分
last_login_time	datetime	0	用户最后登入时间
last_ip	varchar	20	用户最后登入ip

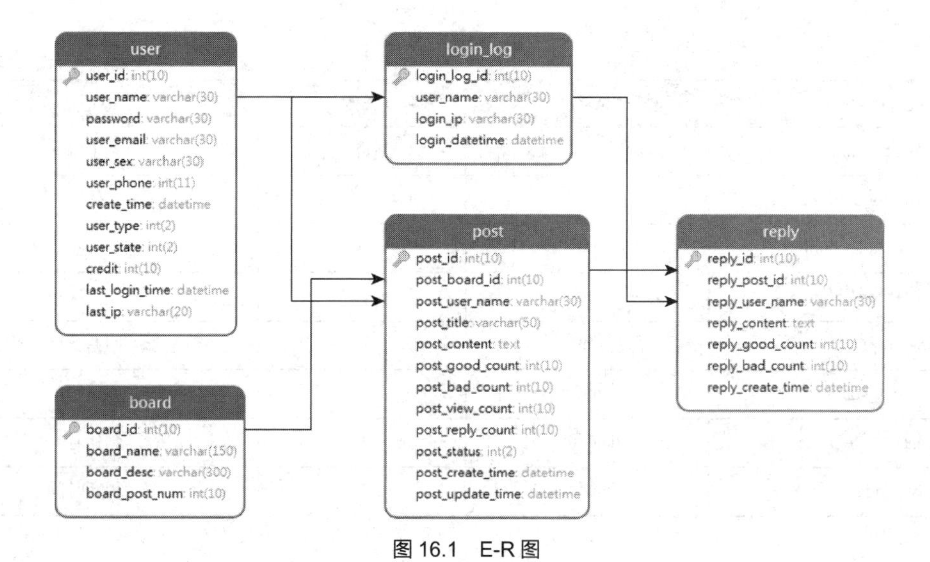

图 16.1　E-R 图

16.3　功能实现

1. 项目的配置

新建一个Web项目，并为它加上Maven，相关操作第3章都有详细讲述，这里不再赘述。建好项目后，其基本目录如图 16.2 所示。

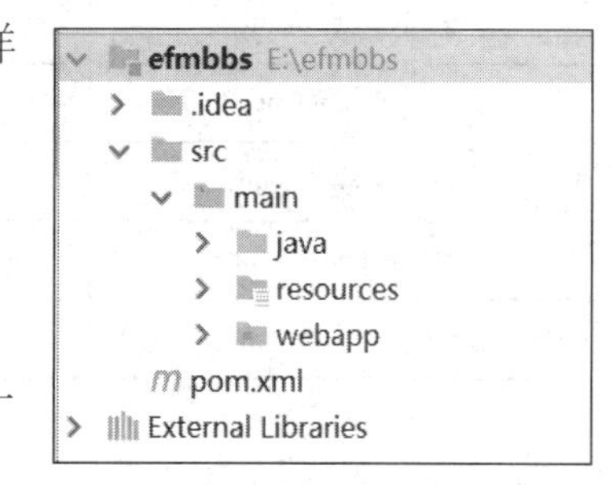

图 16.2　项目目录文件

具体配置步骤如下（源码参见随书资源第 16 章）。

（1）打开 pom.xml，加入框架依赖。

（2）添加包依赖后需要加入项目的配置文件，修改 web.xml。

（3）然后需要配置数据库以及项目目录。在 resources 里新建一个文件 easyFramework.properties。

（4）最后添加一个配置文件 config.xml，作为 DAO 层的配置文件。

至此，整个项目的基本配置就完成了。

2. 功能实现

首先建好目录，以方便后续的开发，在 src 目录下新建以下文件夹。

（1）dao：持久层。

（2）controller：控制层。

（3）mapper：数据库 xml 映射文件。

（4）service：业务处理层。

（5）bean：数据模型层。

（6）util：工具类。

创建好的文件目录如图 16.3 所示。

接下来创建前端代码结构，我们需要在 WEB-INF 中新建一个 resources 和 pages 来存放静态资源和页面，如图 16.4 所示。

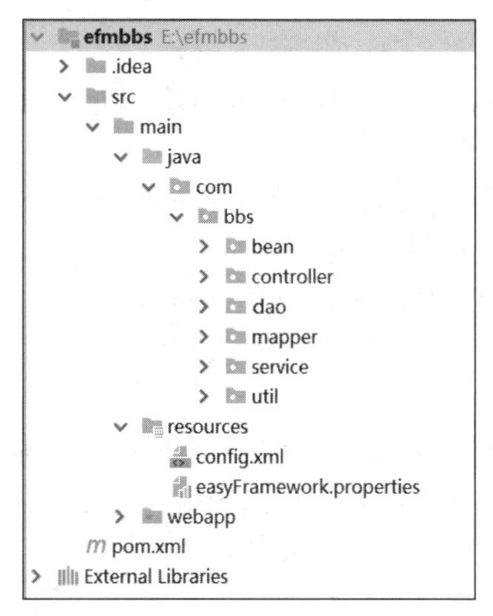

图 16.3　文件目录

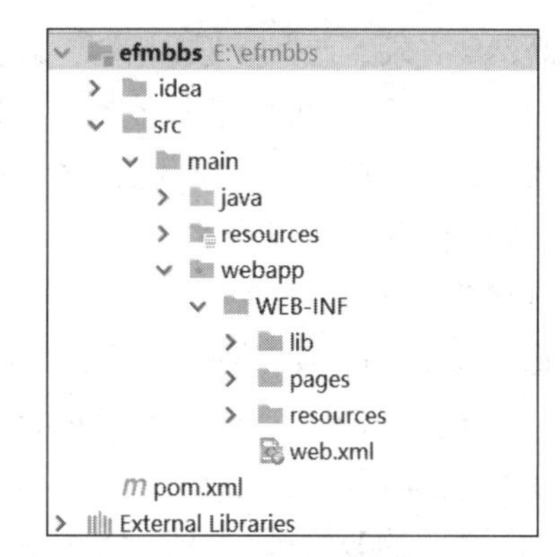

图 16.4　前端代码结构

论坛主界面如图 16.5 所示。

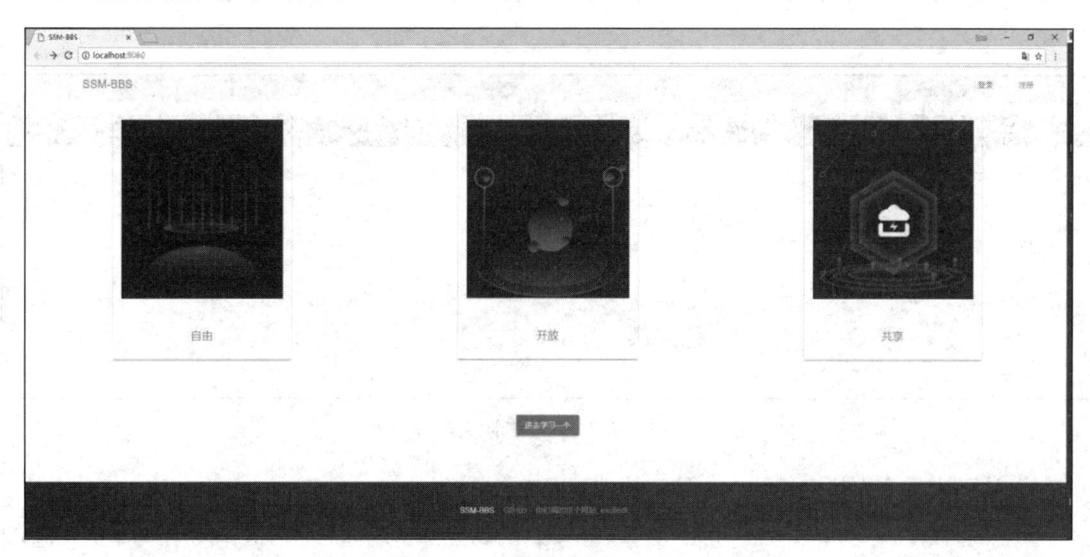

图 16.5　主界面

3. 用户管理

首先完成用户登录界面。登录需要用户输入用户名和密码，后台对前端传回来的信息进行校验，信息无误则允许跳转页面，否则返回登录失败页面，如图 16.6 所示。

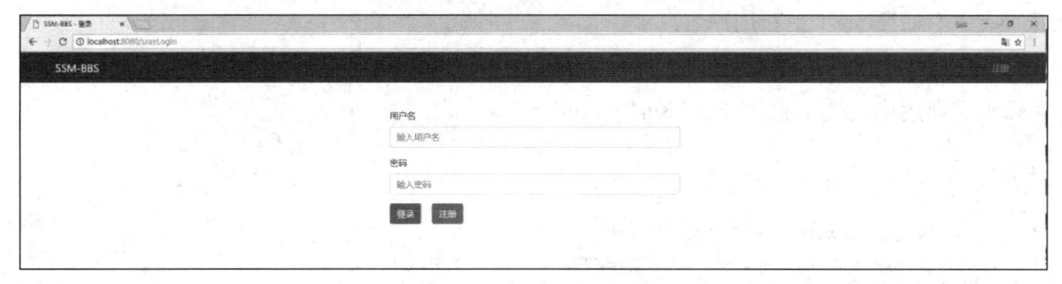

图 16.6　用户登录界面

具体实现步骤如下（源码参见随书资源第 16 章）。

（1）先编写第一个前端页面，即登录页面 userLogin.jsp。前端界面就这样完成了，接下来编写后台的代码。

（2）既然要登录，首先就要有用户，新建一个实体类 User，其属性只有 userName，password 是登录所需要的，以后其他的业务可能也会需要，这里暂时可以不必理会。

（3）接下来需要写一个 controller 类来接收表单提交的数据，首先在 controller 文件下新建一个 UserController 类，然后把这个类加入 controller 注解，最后把返回信息放入 modelview，再返回给前端，以实现跳转。

（4）通过 controller 接口接收前端传来的数据，此外还需要写一些业务代码，验证登录信息。

首先通过 SqlSessionFactory 获取 SqlSession 会话对象，然后通过 UserDao 接口和 mapper 映射文件获取 UserMapper 持久化数据库操作对象，对数据库进行查询，获得结果。

（5）编写对应的 DAO 层的 UserDao 接口。

（6）编写对应的 Mapper 映射文件 UserDao.xml。

至此，登录界面制作完成，注册界面的制作方法也是类似的，这里不再赘述。注册界面如图 16.7 所示。

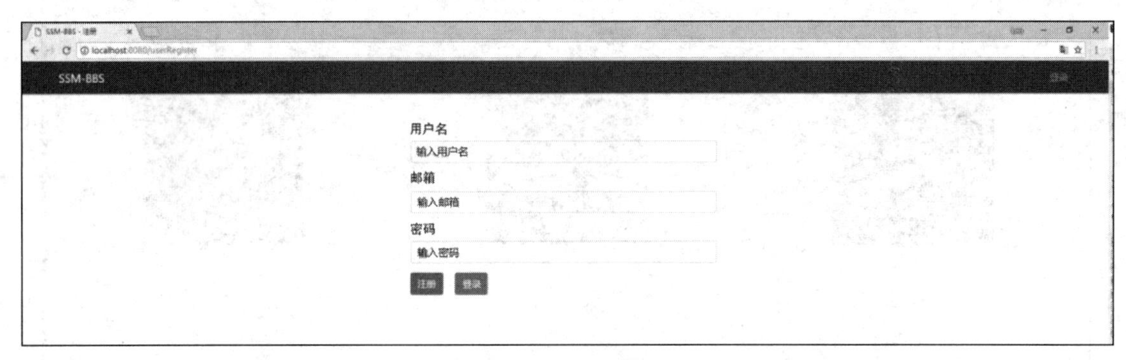

图 16.7 用户注册界面

（7）接下来是个人信息功能，先编写前端页面 userInfo.jsp。

（8）然后在 UserController 中补充 listUserInfo 方法以显示个人信息，补充 userUpdateInfoPage 方法以修改个人信息。

（9）随后在 UserService 中加入相关方法：getUserByUserName（根据用户名找用户）、updateUserByUserName（根据用户名更新用户）。

（10）在对应的 DAO 层的 UserDao 接口添加方法：findUserByUserName（通过用户名查找用户）、updateUserByUserName（更新用户信息）。

（11）在对应的 Mapper 映射文件 UserDao.xml 中补充相关内容。

（12）实现用户注销功能，写在 UserController 中。

```
/**
* 用户注销功能
*/
@RequestMapping(value = "/loginOut")
public ModelAndView loginOut(HttpServletRequest request)   {
     ModelAndView modelAndView = new ModelAndView();
```

```
        request.getSession() .removeAttribute("username");
        modelAndView.setPath("index.jsp");
        return modelAndView;
    }
```

4. 版块管理

版块管理实现后界面如图 16.8 所示。具体实现步骤如下（源码参见随书资源第 16 章）。

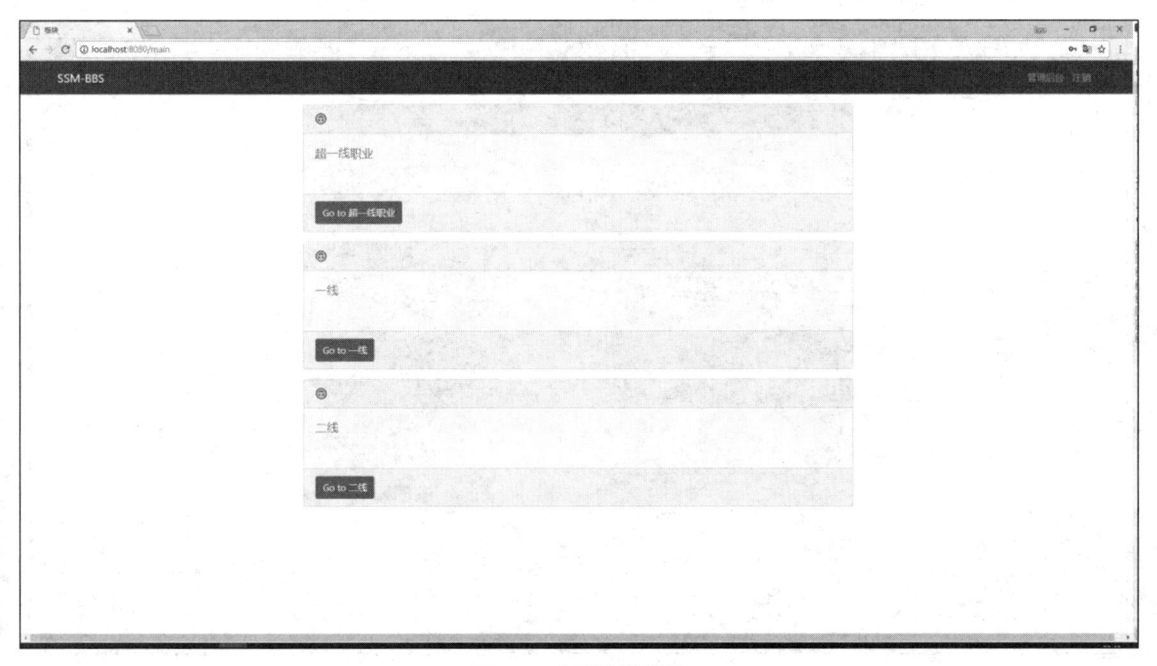

图 16.8　版块浏览界面

（1）首先编写版块实体类 Board。

（2）然后做版块总览，用于查看当前所有版块的主题、帖子条数。编写前端页面 postMain.jsp。

（3）编写 BoardController 控制器。

（4）在对应的 boardService 中添加方法 listAllPostOfBoard。

（5）在对应的 DAO 层的 UserDao 接口添加方法 listAllPostOfBoard，用于获取指定版块的所有文章。

（6）在对应的 Mapper 映射文件 UserDao.xml 中补充相关内容。

（7）接下来做版块管理，版块管理包括版块的修改、增添和删除。编写前端页面 manageBoard.jsp。

（8）随后编写 BoardController。

（9）在对应的 boardService 中添加方法 addBoardByBoard（用于添加版块）、listAllBoard（用于列出所有版块）。

（10）在对应的 DAO 层的 BoardDao 接口添加方法 addBoard（用于添加主题版块）、listAllBoard（用于获取所有的主题版块）、updateBoardByBoard（用于更新版块信息）、deleteBoardById（用于通过 id 删除版块）。

（11）编写对应的 Mapper 映射文件 BoardDao.xml。

5. 主题与回复管理

主题管理包括主题的修改、增添和删除，以及主题回复的增加和删除。实现后界面如图 16.9 所示。其具体实现步骤如下（源码参见随书资源第 16 章）。

（1）首先是主题的管理，编写前端页面 postMain.jsp。

（2）随后编写 PostController。

（3）在对应的 PostService 中编写方法 addPostByPost（用于添加主题）、listPostContent（用于列出主题内容）、listAllPost（用于列出全部主题）。

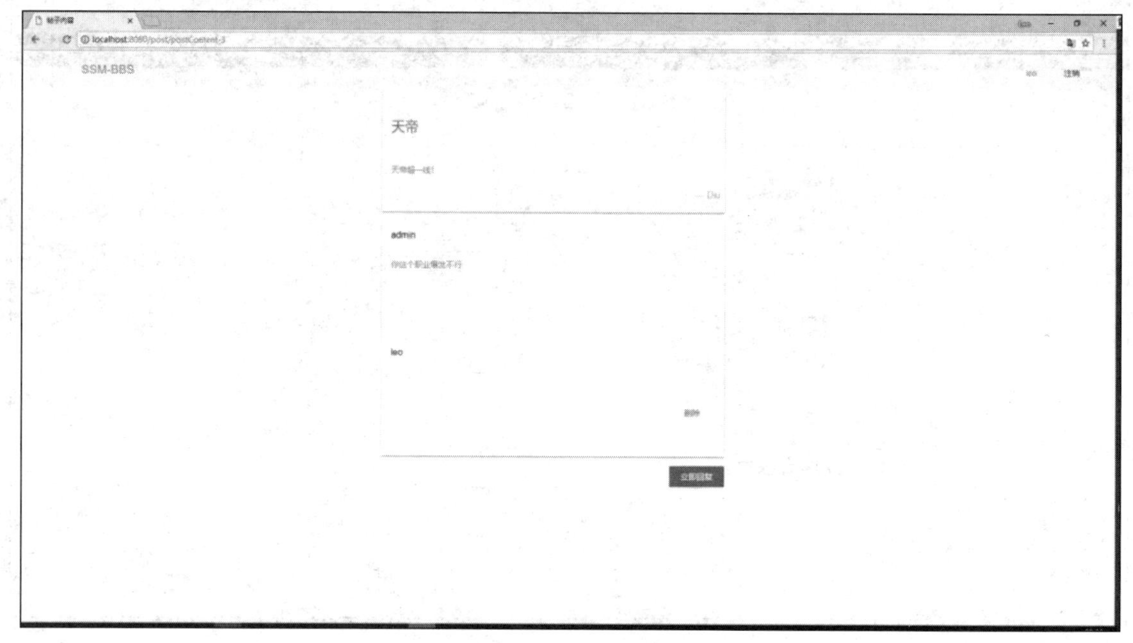

图 16.9　帖子回复界面

（4）在对应的 DAO 层的 PostDao 接口中添加方法 addPost（用于添加文章）、findPostByPostId（用于通过文章 id 查找文章）、listAllPostInfo（用于获取所有文章）、deletePostById（用于通过文章 id 删除文章）、updatePostByPost（用于更新文章）。

（5）编写对应的 Mapper 映射文件 PostDao.xml。

（6）编写对应的 DAO 层的 BoardDao 接口，方法 updateBoardByBoard 可用于更新版块信息，方法 findBoardByBoardId 可用于通过主题版块 id 查找版块。

（7）编写对应的 Mapper 映射文件 BoardDao.xml。

（8）然后是回复的管理，编写前端页面 reply.jsp。

（9）随后编写 ReplyController。

（10）编写对应的 ReplyService。

（11）编写对应的 DAO 层的 ReplyDao 接口。

（12）编写对应的 Mapper 映射文件 ReplyDao.xml。

图 16.10 所示为后台管理界面。

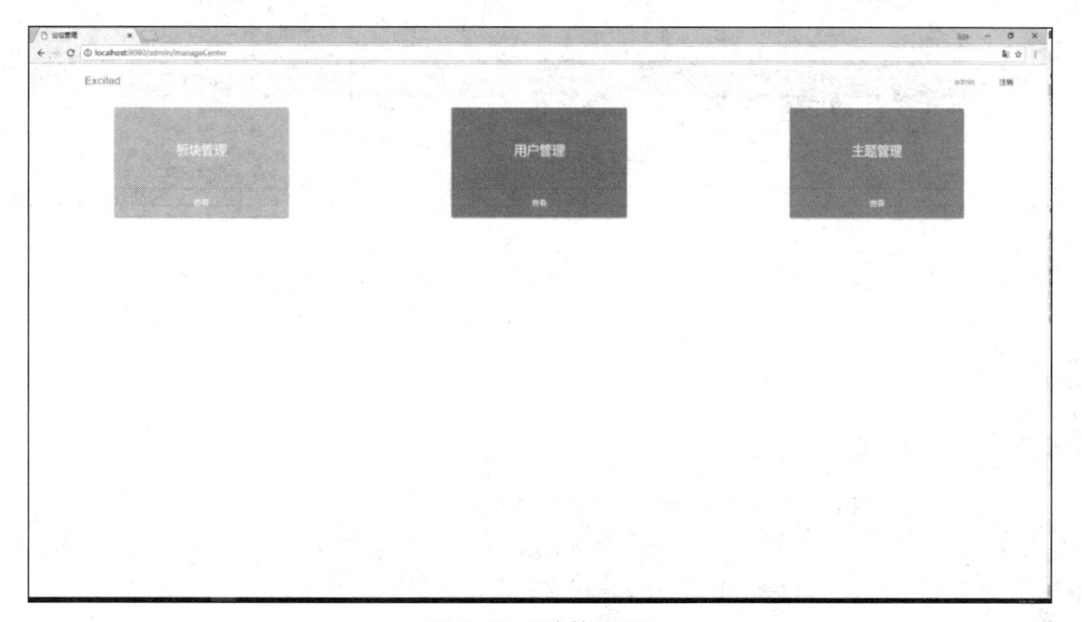

图 16.10　后台管理界面

16.4　本章小结

本章介绍了使用框架开发论坛，读者要学会：

- 如何充分利用数据库；
- 如何实现论坛的用户信息管理功能；
- 如何实现论坛的版块管理功能。

17 第17章　个人博客

本章学习目标：

- ✧　学会实现简单的个人博客管理系统
- ✧　熟悉增、删、改、查功能
- ✧　学会使用 jQuery 搭建简单的前端页面

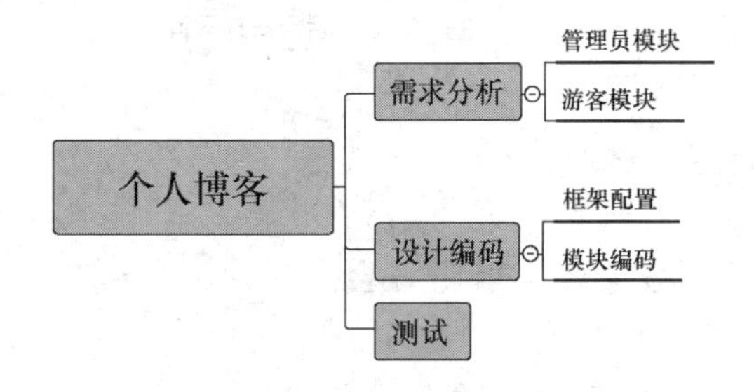

17.1　需求分析

通过前面的学习，下面我们可以试着综合使用已学到的知识快速搭建一个简单的个人博客系统，这样可以更好地理解 Spring MVC 的思想。增、删、改、查功能是很多后台管理系统都需要实现的基本功能。个人博客后台管理系统有以下需求。

（1）管理员登录功能。

（2）发表博客。

（3）删除博客文章。

（4）修改已有的博客文章。

（5）查看已有的博客文章。

17.2　详细设计

博客的主要功能就是向其他人展示自己的文章，所以简化版的博客分为管理员（即博客拥有者）和游客（即浏览博客者）两个部分。管理员拥有权限可以发表博客、修改博客、删除博客。而游客通过链接可以查看博客里不同栏目的所有内容，个人博客系统的各功能模块如图 17.1 所示，E-R 图如图 17.2 所示。

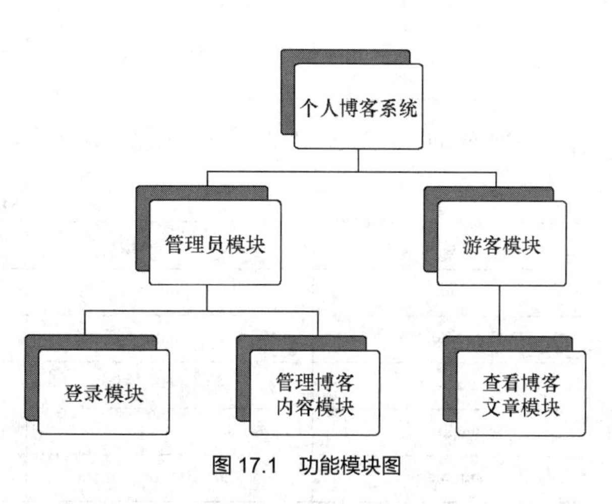

图 17.1　功能模块图

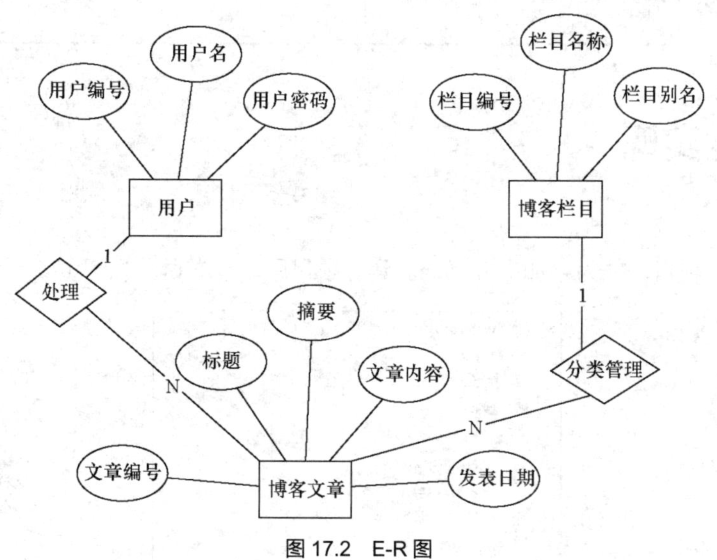

图 17.2　E-R 图

数据库中共有 3 个表。

（1）user 表：用于存放管理员，如表 17.1 所示。

表 17.1 user 表

列名	数据类型	长度	备注
id	int	11	用户编码
username	varchar	64	用户名
password	varchar	64	用户密码

（2）category 表：用于存放博客栏目，如表 17.2 所示。

表 17.2 category 表

列名	数据类型	长度	备注
id	int	11	栏目编号
name	varchar	64	栏目名称
display_name	varchar	64	栏目别名

（3）article 表：用于存放博客，如表 17.3 所示。

表 17.3 article 表

列名	数据类型	长度	备注
id	int	11	博客编号
title	varchar	64	博客标题
content	text	0	博客摘要
categoryId	int	11	博客所属栏目编号
summary	text	0	博客内容
date	varchar	64	博客发表日期

17.3 功能实现

1. 项目的配置

新建一个 Web 项目，并为它加上 Maven。建好项目后，基本目录如图 17.3 所示。

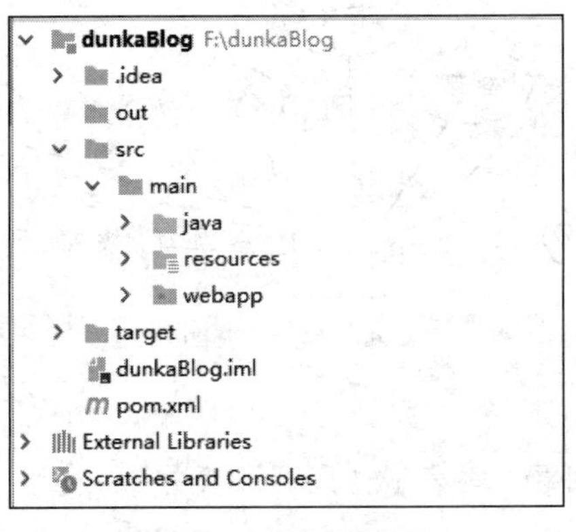

图 17.3 新建项目目录

打开 pom.xml，除了新建 Maven 项目后已有的 Maven 依赖，最重要的是为项目添加 easyFramework 框架依赖，此外还可为项目添加 servlet 依赖、markdown 编辑器依赖以及防止 Maven 打包时没有加载 src/main/java 文件夹里的**.xml 文件的<build>资源。

```
<?xml version="1.0" encoding="UTF-8"?>

<project xmlns="http://maven.apache.org/POM/4.0.0" xmlns:xsi="http://www.w3.org/2001/
XMLSchema-instance"xsi:schemaLocation="http://maven.apache.org/POM/4.0.0 http://maven.
apache.org/xsd/ maven-4.0.0.xsd">
  <modelVersion>4.0.0</modelVersion>

  <groupId>com.scau</groupId>
  <artifactId>dunka</artifactId>
  <version>1.0-SNAPSHOT</version>
  <packaging>war</packaging>

  <name>dunka Maven Webapp</name>
  <!-- FIXME change it to the project's website -->
  <url>http://www.example.com</url>

  <properties>
      <project.build.sourceEncoding>UTF-8</project.build.sourceEncoding>
      <maven.compiler.source>1.7</maven.compiler.source>
      <maven.compiler.target>1.7</maven.compiler.target>
      </properties>

  <dependencies>
      <dependency>
        <groupId>com.ssm</groupId>
        <artifactId>easyFramework</artifactId>
        <version>1.0-SNAPSHOT</version>
      </dependency>
      <dependency>
        <groupId>org.tautua.markdownpapers</groupId>
        <artifactId>markdownpapers-core</artifactId>
        <version>1.4.1</version>
      </dependency>
      <dependency>
        <groupId>javax.servlet</groupId>
        <artifactId>javax.servlet-api</artifactId>
        <version>3.1.0</version>
        <scope>provided</scope>
      </dependency>
      <dependency>
        <groupId>javax.servlet</groupId>
        <artifactId>jstl</artifactId>
        <version>1.2</version>
      </dependency>
  </dependencies>

  <build>
      <resources>
        <resource>
            <directory>src/main/java</directory>
            <includes>
              <include>**/*.xml</include>
```

```
            </includes>
          </resource>
        </resources>

        <finalName>dunka</finalName>
    <pluginManagement>
    <!-- lock down plugins versions to avoid using Maven defaults (may be moved to parent
    pom)  -->
          <plugins>
              <plugin>
                <artifactId>maven-clean-plugin</artifactId>
                <version>3.1.0</version>
              </plugin>
          <!-- see http://maven.apache.org/ref/current/maven-core/default-bindings.html
          #Plugin_bindings_ for_war_packaging -->
              <plugin>
                <artifactId>maven-resources-plugin</artifactId>
                <version>3.0.2</version>
              </plugin>
              <plugin>
                <artifactId>maven-compiler-plugin</artifactId>
                <version>3.8.0</version>
              </plugin>
              <plugin>
                <artifactId>maven-surefire-plugin</artifactId>
                <version>2.22.1</version>
              </plugin>
              <plugin>
                <artifactId>maven-war-plugin</artifactId>
                <version>3.2.2</version>
              </plugin>
              <plugin>
                <artifactId>maven-install-plugin</artifactId>
                <version>2.5.2</version>
              </plugin>
              <plugin>
                <artifactId>maven-deploy-plugin</artifactId>
                <version>2.8.2</version>
              </plugin>
          </plugins>
        </pluginManagement>
      </build>
    </project>
```

添加依赖之后，就可以修改 web.xml，使首页为 admin/login.jsp。

```
<?xml version="1.0" encoding="UTF-8"?>
<web-app xmlns="http://xmlns.jcp.org/xml/ns/javaee"
     xmlns:xsi="http://www.w3.org/2001/XMLSchema-instance"
     xsi:schemaLocation="http://xmlns.jcp.org/xml/ns/javaee
     http://xmlns.jcp.org/xml/ns/javaee/web-app_3_1.xsd"
     version="3.1">
     <welcome-file-list>
          <welcome-file>/WEB-INF/admin/login.jsp</welcome-file>
     </welcome-file-list>
</web-app>
```

然后配置数据库以及项目目录。在 resources 里新建一个文件 easyFramework.properties，在该文件中填写有关配置信息。代码如下。

```
##源码位置
easyFramework.app.base_package=com.scau.dunka
##JSP 页面存放位置
easyFramework.app.jsp_path=/WEB-INF/
##JDBC 驱动
easyFramework.app.driver=com.mysql.jdbc.Driver
##静态资源 css、js 位置
easyFramework.app.static=/static
##数据库位置信息
easyFramework.app.url=jdbc:mysql://localhost:3306/blog?useUnicode=
true&characterEncoding=UTF-8
##数据库用户名
easyFramework.app.name=root
##数据库密码
easyFramework.app.password=root
```

最后在 resources 文件夹中添加一个 config.xml，文件名最好不要更改，否则编译器可能会报错。在 config.xml 文件里引用刚才写好的 properties 属性文件，配置数据库具体信息，在此利用了 properties 文件中的定义，以方便之后修改数据库配置信息。代码如下。

```
<?xml version="1.0" encoding="UTF-8" ?>
<!DOCTYPE configuration PUBLIC "-//mybatis.org//DTDConfig3.0//EN" " http://
mybatis.org/dtd/mybatis-3-config.dtd">
<configuration>
    <!--引用 easyFramework.properties-->
    <properties resource="easyFramework.properties"/>
    <environments default="development">
        <environment id="development">
            <transactionManager type="JDBC">
            </transactionManager>
            <dataSource type="POOLED">
                <property name="driver" value="$ {easyFramework.app.driver} "/>
                <property name="url" value="$ {easyFramework.app.url} "/>
                <property name="username" value="$ {easyFramework.app.name} "/>
                <property name="password" value="$ {easyFramework.app.password} "/>
            </dataSource>
        </environment>
    </environments>
  </configuration>
```

至此，整个项目的基本配置就完成了。

2. 功能实现

首先建好目录，以方便后续的开发，在源程序 src 目录下新建以下文件夹。

（1）bean：数据模型层。

（2）controller：控制层。

（3）dao：持久层。

（4）mapper：数据库 XML 映射文件。

（5）service：业务处理层。

（6）util：工具类。

文件目录如图 17.4 所示。

接着实现前端部分，新建 static、admin、views 目录，存放静态资源、管理员页面和游客页面，如图 17.5 所示。

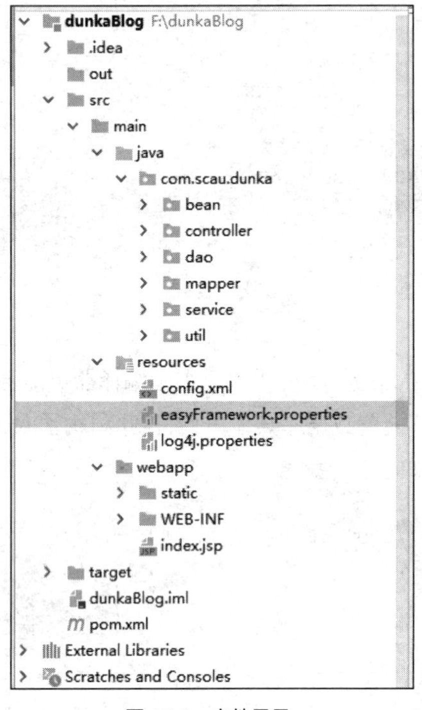

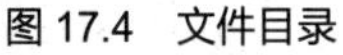
图 17.4　文件目录

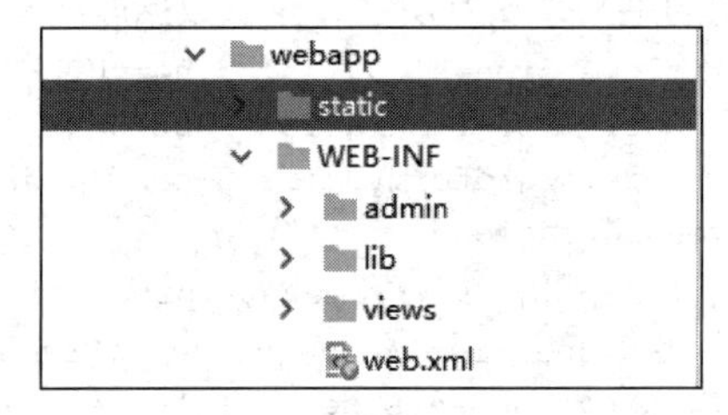

图 17.5　前端代码目录

bean 中的实体类是根据设计的数据库编写 User 用户类、Article 博文类、Category 博文分类。首先，编写用户登录的页面 login.jsp，在这里不提供注册的功能，仅是拥有这个博客的用户登录管理。

通过相对路径引用 jQuery 的静态资源，通过 username、password 将用户名和密码传递到 controller 层，找到路径为/dunka/do_login、方法为 post 的对应功能进行相应操作，login.jsp 的代码如下。

```
<%@ page contentType="text/html; charset=UTF-8" language="java" %>
<%
    String contextPath = request.getContextPath();
%>
<html>
<head>
    <title>请登录</title>
    <script src="<%=contextPath%>/static/jquery-3.1.1.js"></script>
    <script src="<%=contextPath%>/static/bootstrap/js/bootstrap.js"></script>
    <link href="<%=contextPath%>/static/bootstrap/css/bootstrap.css" rel="stylesheet"/>
   <link href="<%=contextPath%>/static/bootstrap/css/bootstrap-theme.css" rel=
"stylesheet"/>
    <link href="<%=contextPath%>/static/signin.css" rel="stylesheet"/>
</head>
```

```
<body>
<div class="container">
     <form class="form-signin" action="/dunka/do_login" method="post">
          <h2 class="form-signin-heading">请登录</h2>
          <div><%=request.getAttribute("error") %></div>
          <label for="inputEmail" class="sr-only">请输入用户名</label>
          <input type="text" id="inputEmail" name="username"
     value="123" class="form-control" placeholder="用户名" required autofocus>
          <label for="inputPassword" class="sr-only">密码</label>
          <input type="password" id="inputPassword" value="123" name="password"
     class="form-control" placeholder="密码" required>
          <div class="checkbox">
              <label>
                  <input type="checkbox" value="remember-me"> 记住我
              </label>
          </div>
          <button class="btn btn-lg btn-primary btn-block" type="submit">登录</button>
     </form>

</div>
</body>
</html>
```

对应在 UserController 中的代码如下。

```
/*
*  管理员登录
*/
@RequestMapping(value = "/dunka/login", method = "get")
public ModelAndView index()  {
     ModelAndView modelAndView =new ModelAndView("admin/login.jsp");
     return modelAndView;
}
@RequestMapping(value = "/dunka/do_login", method = "post")
public ModelAndView dologin(@RequestParam("username")
String username, @RequestParam("password") String password)  {
        ModelAndView modelAndView = new ModelAndView();
        if(userService.login(username, password) )  {
              modelAndView.addModel("username", username);
              modelAndView.addModel("password", password);
              //登录成功之后跳转到管理员界面
              modelAndView.addModel("articles", articleService.getFirst10Article() );
              modelAndView.setPath("admin/index.jsp");
          } else {
            modelAndView.addModel("error", "用户名或密码错误");
            modelAndView.setPath("admin/login.jsp");
          }
          return  modelAndView;
      }
```

在 Service 层对应的业务处理为，检查数据库用户表中是否存在此用户及其登录密码，代码如下。

```
/**
 *
 *  用处：管理员登录检验
```

```
 */
@Service
public class UserService {
     private UserDao userDao;
     public boolean login(String username, String password)  {

           SqlSession session = MybatisUtil.openSession();
           UserDao userDao = session.getMapper(UserDao.class);
           User user = userDao.getUser(username, password);
           if(user==null)  {
              if(session!=null)
                 session.close();
              return  false;
           } else {
              if(session!=null)
                 session.close();
              return true;
           }

     }
}
```

附上数据库工具类代码如下。

MybatisUtil.java：

```
public class MybatisUtil {
     private  static SqlSessionFactory sessionFactory;
     public static SqlSession openSession()  {
           SqlSessionFactoryBuilder builder = new SqlSessionFactoryBuilder();
           try {
              InputStream inputStream = Resources.getResourceAsStream("config.xml");
              sessionFactory = builder.build(inputStream);
           } catch(IOException e)   {
              e.printStackTrace();
           }
           return sessionFactory.openSession();
     }

}
```

在 DAO 层的 UserDao 代码如下。

```
/**
 *
 *  用处：管理员登录
 */
public interface UserDao {
    public User getUser(@Param("username")
    String username, @Param("password") String password);
}
```

在 Mapper 层里有关用户、密码查找的 SQL 语句如下。

UserMapping.xml：

```
<?xml version="1.0" encoding="UTF-8" ?>
<!DOCTYPE mapper
           PUBLIC "-//mybatis.org//DTD Mapper 3.0//EN"
           "http://mybatis.org/dtd/mybatis-3-mapper.dtd">
```

```
    <mapper namespace="com.scau.dunka.dao.UserDao">
    <select id="getUser" resultType="com.scau.dunka.bean.User" parameterType="string">
        select  *
        from user
        where username=# {username} and password=# {password}
    </select>
</mapper>
```

最后，需要在 config.xml 中配置 mapper.xml 文件。

```
<!--需要使用的 Mapper-->
    <mappers>
        <mapper resource="com/scau/dunka/mapper/UserMapper.xml"/>
    </mappers>
```

为项目配置 Tomcat，并进行运行测试，可以看到图 17.6 所示的界面。

图 17.6　登录界面

至此，对于用户登录从视图层到控制层再到模型层已介绍完毕，由上而下地介绍是为了能更好地从用户层面去理解代码，用户输入了用户名和密码后会 post 给后台，后台作出相应地操作与判断，并把结果返回给用户。

下面将介绍管理员的增、删、查、改模块，这次先在 DAO 层编写 ArticleDao 文件，以明确管理员需要什么功能。

```
/**
 *
 *  用处：博文管理
 */
public interface ArticleDao {
    public Article getArticleById(@Param("id") long id);
    public List<Article> getFirst10Article();
    public List<Article> getArticlesByCategoryName(@Param("categoryId") long categoryId);
    public List<Category> getCategories();
    public void writeBlog(Article article);
    public Long getCategoryIdByName(@Param("name") String name);
    public void deleteArticleById(@Param("id") long id);
    public void updateArticleById(Article article);
    public Category getCategoryById(long id);
}
```

先把对应的 mapper 文件代码放上来，跟着 Service 层的 ArticleService 来理解这几段代码。

ArticleMapper.xml：

```
<?xml version="1.0" encoding="UTF-8" ?>
<!DOCTYPE mapper
```

```
    PUBLIC "-//mybatis.org//DTD Mapper 3.0//EN"
    "http://mybatis.org/dtd/mybatis-3-mapper.dtd">
<mapper namespace="com.scau.dunka.dao.ArticleDao">
<select id="getArticleById" resultType="com.scau.dunka.bean.Article">
    select * from article a where id = # {id}
</select>
<select id="getFirst10Article" resultType="com.scau.dunka.bean.Article">
    select a.*, c.name as category
    from article a, category c
    WHERE a.categoryId=c.id limit 10
    </select>
    <resultMap id="categoryType" type="com.scau.dunka.bean.Category">
        <result property="displayName" column="display_name"/>
    </resultMap>
    <select id="getCategories" resultMap="categoryType">
        SELECT * FROM category
    </select>
    <insert id="writeBlog" parameterType="com.scau.dunka.bean.Article">
        INSERT INTO article(title, content, categoryId, summary, date) VALUES(#
    {title} , # {content} , # {categoryId} , # {summary} , # {date} )
    </insert>
<select id="getCategoryIdByName"
parameterType="string" resultType="long">
        SELECT id FROM category WHERE name=# {name}
    </select>
    <delete id="deleteArticleById" parameterType="long">
        DELETE FROM article WHERE id=# {id}
    </delete>
<update id="updateArticleById" parameterType="com.scau.dunka.bean.Article">
        UPDATE article
set title=# {title} , content=# {content} ,
summary=# {summary} , date=# {date}
WHERE id=# {id}
    </update>
<select id="getCategoryById" parameterType="long" resultMap="categoryType">
        SELECT * FROM category WHERE id=# {id}
    </select>
    <select id="getArticlesByCategoryName"
parameterType="long" resultType="com.scau.dunka.bean.Article">
        SELECT a.*, c.name as category
    FROM article a, category c
    WHERE a.categoryId=c.id AND categoryId=# {categoryId}
    </select>
</mapper>
```

在 config.xml 文件的<mappers>标签里添加<mapper>标签。

```
<mapper resource="com/scau/dunka/mapper/ArticleMapper.xml"/>
```

接下来，编写 Service 层的代码以实现所需功能，根据注释以及方法命名可以了解该方法的用途，这里不再赘述。

ArticleService.java 的代码参见随书资源第 17 章。

之后，就要考虑控制层与前端页面的编写了，这里采用的都是对应的单值传递，所以看起来会有些繁杂，但是能让我们更好地理解数据传递，以下都是采用@RequestParam 传递对应的值，并没有采用类似 JSON 的数据格式，把每个处理过的数据通过 ModelAndView 的 addModel 添加传递数据，通过 ModelAndView 的 SetPath 设置接下来的调转页面。

ArticleController：管理员管理功能，具体代码参见随书资源第 17 章。

对应的前端页面的代码有两份。一份是 index.jsp，即管理员登录之后跳转的管理页面；另一份是 write.jsp，用于写博文或者修改博文的页面，此页面引用了 MarkDown 编辑器。

index.jsp 和 write.jsp 的源码参见随书资源第 17 章。

运行之后可以看到的页面如图 17.7 所示。单击“写博客”按钮可以写博文，如图 17.8 所示。

管理员
localhost:8080/dunka/do_login
文章列表
写博客

编号	标题	摘要	操作
1	丹青引赠曹霸将军	斯须九重真龙出，一洗万古凡马空	修改　删除
2	长恨歌	在天愿作比翼鸟，在地愿为连理枝。天长地久有时尽，此恨绵绵无绝期。	修改　删除
20	同样是程序员，为什么别人比你更优秀？	随着互联网时代的飞速发展，越来越多的人投	修改　删除
21	程序员在火车站写代码，大妈直忙叫保安：破坏网络的犯罪分子	程序员加班在互联网行业中是很常见的一件事	修改　删除
22	【JavaWeb】从零实现用户登录	1.数据库预备 1.1 SQL	修改　删除

图 17.7　管理员界面

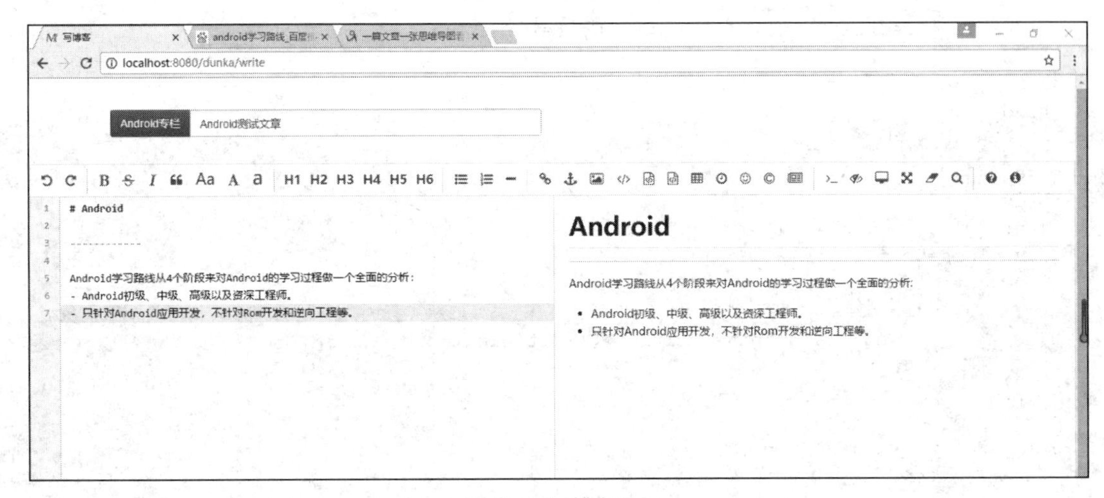

图 17.8　写博文界面

下一步就是完善游客浏览界面。

在 ArticleController 中添加游客模块代码（源码参见随书资源第 17 章），对应的前端页面将其放置于游客浏览 view 文件夹中，共有 4 个 JSP 页面。

index.jsp：游客浏览博客的首页。

```
<%@ page import="java.util.List" %>
<%@ page contentType="text/html; charset=UTF-8" language="java" %>
<%@taglib prefix="c" uri="http://java.sun.com/jsp/jstl/core" %>
<%
    String contextPath = request.getContextPath();
```

```
%>
<html>
<head>
     <title>首页</title>
     <link href="<%=contextPath%>/static/mycss.css" rel="stylesheet"/>
</head>
<body>
<%--<%@include file="comm/top.jsp" %>--%>
<jsp:include page="comm/top.jsp"/>

<c:forEach var="article" items="${articles}" begin="0" step="1">
     <div class="row">
          <div class="container">
              <div class="jumbotron">
                  <h3>${article.title}</h3>
                  <span class="summary">${article.summary}</span><br><br>
                  <p><a class="btn btn-primary
              btn-lg" href="/detail/firstPage?id=${article.id}"
                        role="button">阅读全文</a></p>
              </div>
          </div>
     </div>
</c:forEach>
</body>
</html>
```

detail.jsp：单击阅读全文之后的页面。

```
<%@ page contentType="text/html; charset=UTF-8" language="java" %>
<%
     String contextPath = request.getContextPath();
%>
<html>
<head>
     <title>详情</title>
</head>
<body>
<jsp:include page="comm/top.jsp"/>
<div class="container">
     <div class="panel panel-info">
          <div class="panel-heading">
              <h3 class="panel-title">${article.title}</h3>
          </div>
          <div class="panel-body">

              <span>${article.content}</span>
          </div>
     </div>
</div>
</body>
</html>
```

ColumnPage.jsp：单击首页上方的栏目浏览分类之后的博文页面。

```
<%@ page contentType="text/html; charset=UTF-8" language="java" %>
<%@taglib prefix="c" uri="http://java.sun.com/jsp/jstl/core" %>
<html>
<head>
     <title>${displayName}</title>
</head>
<body>
```

```
<%--<%@include file="comm/top.jsp" %>--%>
<jsp:include page="comm/top.jsp"/>
<div class="container">
     <c:forEach var="article" items="$ {articles} ">
          <div class="panel panel-primary">
              <div class="panel-heading">
                  <h3 class="panel-title">$ {article.title} </h3>
              </div>
              <div class="panel-body">
                  <h4>$ {article.summary} </h4>
                  <p><a class="btn btn-primary btn-lg"
                 href="/detail/firstPage?id=$ {article.id} " role="button">
              阅读全文</a>
</p>
              </div>
          </div>
     </c:forEach>
</div>
</body>
</html>
```

top.jsp：被上述 3 个页面引用，固定于每个页面的上方，主要用于跳转的页面。源码参见随书资源第 17 章。

运行之后的游客浏览首页如图 17.9 所示。

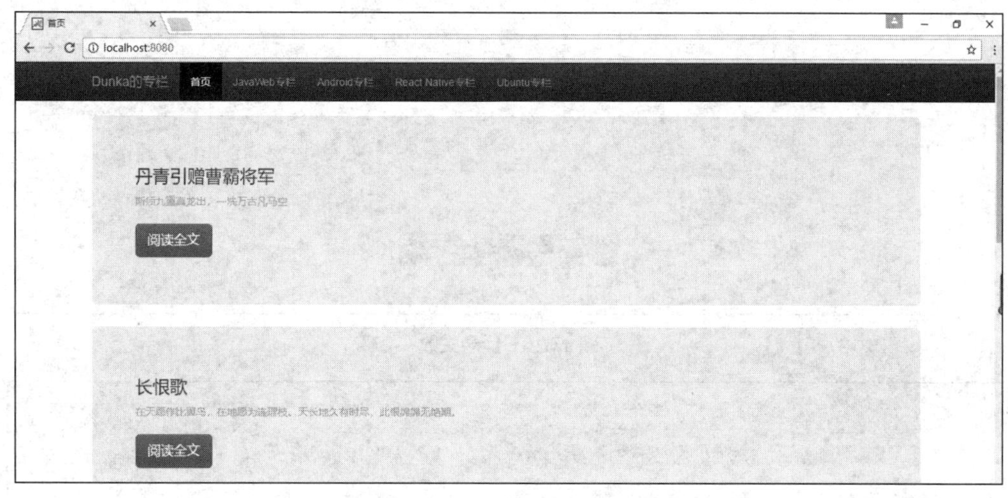

图 17.9　游客浏览首页

但在测试的时候，还是会有一些中文乱码的现象，在此附上编码过滤器的代码，以避免中文乱码的现象。

EncodingFilter.java 源码参见随书资源第 17 章。

在 webapp/WEB-INF/web.xml 中添加关于过滤的配置信息。

```
<?xml version="1.0" encoding="UTF-8"?>
<web-app xmlns="http://xmlns.jcp.org/xml/ns/javaee"
     xmlns:xsi="http://www.w3.org/2001/XMLSchema-instance"
     xsi:schemaLocation="http://xmlns.jcp.org/xml/ns/javaee
     http://xmlns.jcp.org/xml/ns/javaee/web-app_3_1.xsd" version="3.1">
```

```
        <!-- 编码过滤器 -->
        <filter>
            <filter-name>encodingFilter</filter-name>
            <filter-class>com.scau.dunka.util.EncodingFilter</filter-class>
            <async-supported>true</async-supported>
            <init-param>
                <param-name>encoding</param-name>
                <param-value>UTF-8</param-value>
            </init-param>
        </filter>
        <filter-mapping>
            <filter-name>encodingFilter</filter-name>
            <url-pattern>/*</url-pattern>
        </filter-mapping>

</web-app>
```

至此，整个系统部署编写完毕。最后通过测试，可以使用户更加直观地了解这个系统。

17.4　界面与测试

图 17.10～图 17.16 所示为项目操作的各环节的效果图。

图 17.10　登录失败

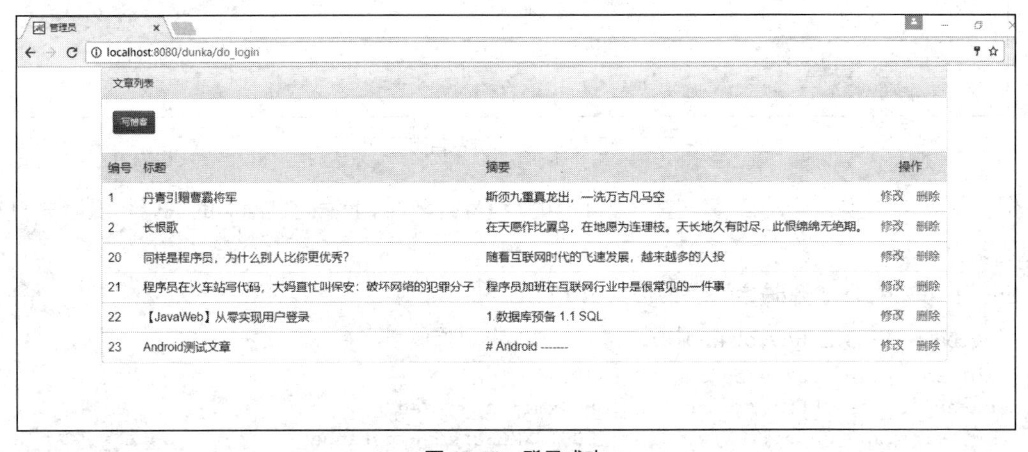

图 17.11　登录成功

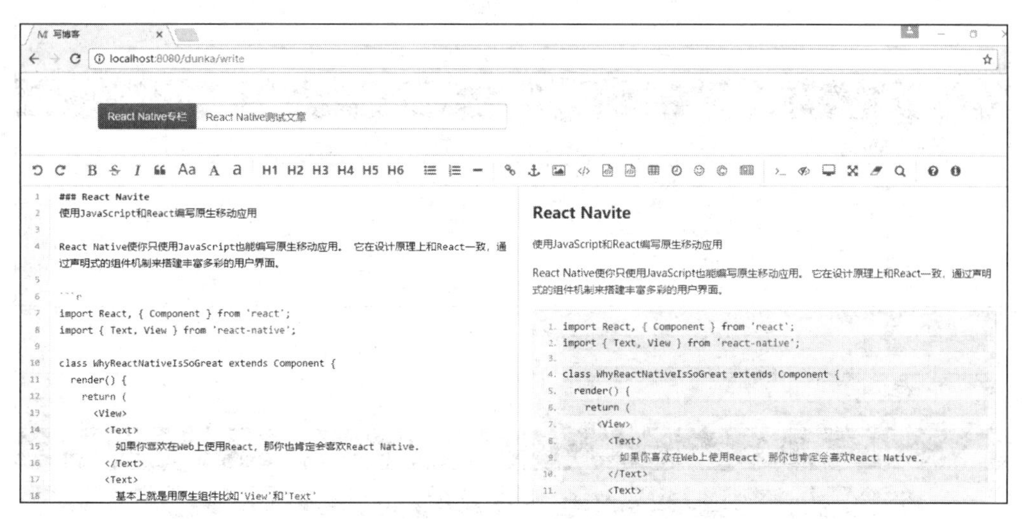

图 17.12 发表博文

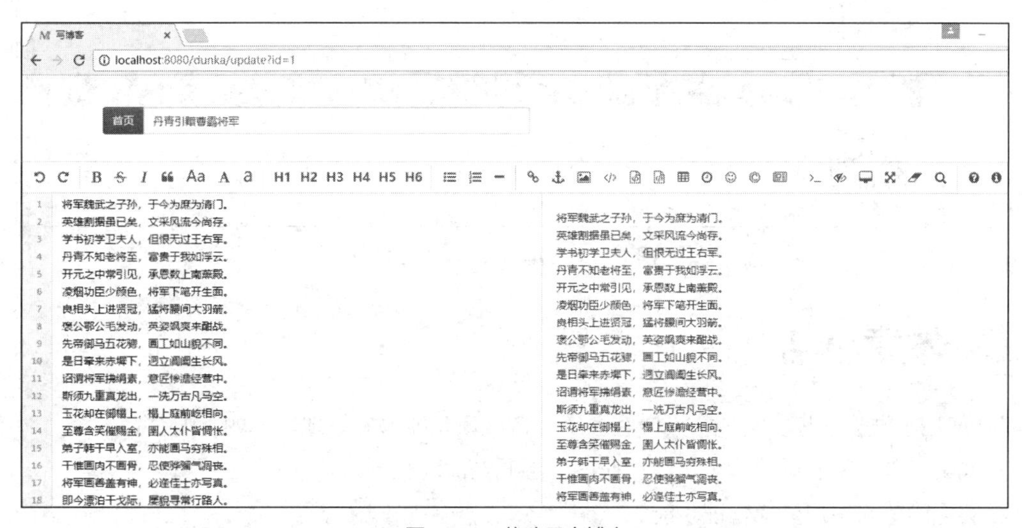

图 17.13 修改已有博文

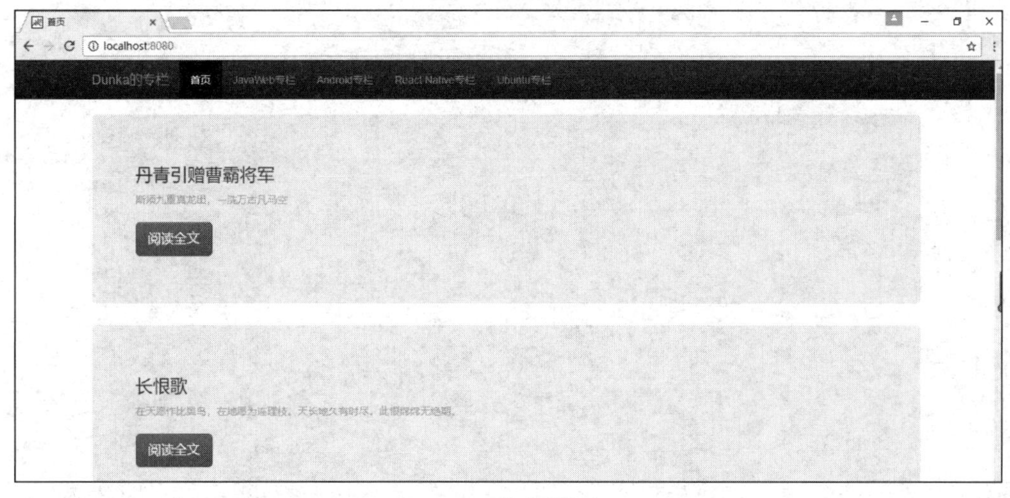

图 17.14 游客浏览首页

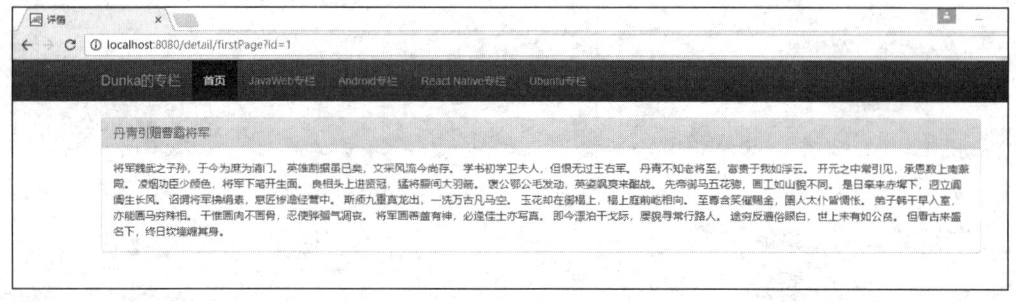

图 17.15 阅读全文

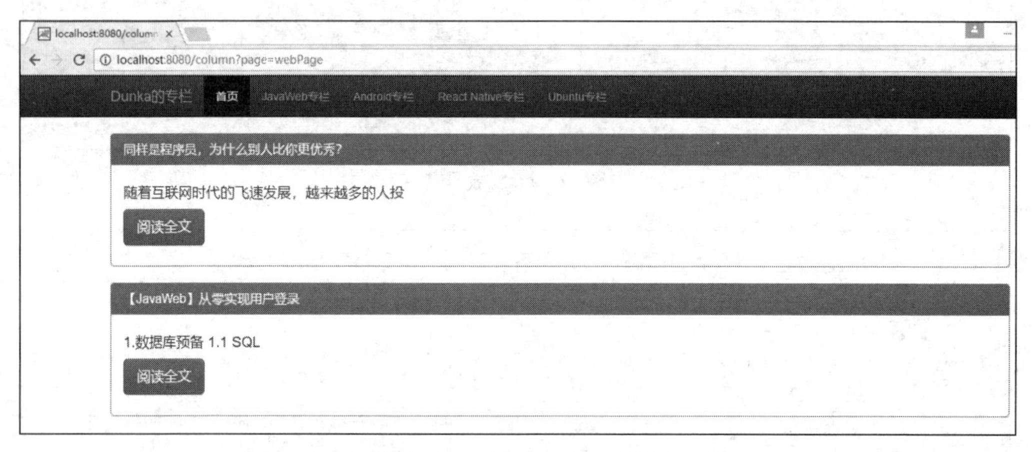

图 17.16 阅读 Java Web 专栏

17.5 本章小结

本章使用了框架一步步实现个人博客系统，希望读者能够更好地理解如下内容：

- 框架内置对象的调用，了解数据在各个层面的流动状况；
- 实现简单的用户登录管理功能；
- 实现博客的功能管理。